HISTOIRE

NATURELLE

DES POISSONS.

STRASBOURG, imprimerie de V.ᵉ BERGER-LEVRAULT.

HISTOIRE

NATURELLE

DES POISSONS,

PAR

M. LE B.^{ON} CUVIER,

Pair de France, Grand-Officier de la Légion d'honneur, Conseiller d'État et au Conseil royal de l'Instruction publique, l'un des quarante de l'Académie française, Associé libre de l'Académie des Belles-Lettres, Secrétaire perpétuel de celle des Sciences, Membre des Sociétés et Académies royales de Londres, de Berlin, de Pétersbourg, de Stockholm, de Turin, de Gœttingue, des Pays-Bas, de Munich, de Modène, etc.;

ET PAR

M. A. VALENCIENNES,

Professeur de Zoologie au Muséum d'Histoire naturelle, Membre de l'Académie royale des sciences de Berlin, de la Société zoologique de Londres, de la Société impériale des naturalistes de Moscou, etc.

TOME DIX-SEPTIÈME.

A PARIS,

Chez P. BERTRAND, ÉDITEUR,

LIBRAIRE DE LA SOCIÉTÉ GÉOLOGIQUE DE FRANCE,

rue Saint-André-des-Arcs, n.° 38.

STRASBOURG, chez Ve LEVRAULT, rue des Juifs, n.° 33.

1844.

AVERTISSEMENT.

Je termine dans ce volume l'histoire naturelle de
la longue série d'espèces de cyprinoïdes à mâchoires
dépourvues de dents. En comparant cette nombreuse
famille à celle des cyprinoïdes dont j'ai traité dans
le volume précédent, on ne peut qu'admirer la puis-
sante et active fécondité de la nature à varier à l'infini
les formes des êtres qu'elle laisse cependant voisins
les uns des autres, comme il arrive selon les lois des
affinités ordinaires pour les espèces, dont les individus sont tellement semblables entre eux, qu'ils
semblent tous être des épreuves tirées d'un même
moule, et dont on aurait seulement fait varier la
grandeur.

Pour apprécier les différences de l'œuvre créatrice,
il faut étudier les espèces jusque dans les moindres
détails, et l'on reste souvent étonné de la faiblesse
apparente des caractères ou des signes extérieurs
qui deviennent l'expression de la généralisation de

l'étude des détails. Il n'y a pas de classes, et l'on pourrait presque dire d'ordre dans nos différentes séries, qui ne comprennent de ces familles naturelles d'autant plus difficiles à traiter, qu'il faut se donner une grande peine pour arriver à la connaissance aussi complète que possible des moindres détails. Mais quelles que soient les difficultés attachées à l'étude de ces nombreuses familles, il faut en faire l'examen le plus minutieux, parce que c'est le seul moyen de comprendre les rapports des êtres entre eux, et c'est par elles que l'on finit par apprécier les rapports de ceux qui diffèrent le plus les uns des autres. En effet, ces grandes familles naturelles nous donnent, comme par une sorte de moyenne, les représentans du type le plus parfait de l'organisation générale de la classe, dont les groupes qui s'éloignent par des rayonnemens divers, résultats de combinaisons variées, servent de passages ou de liaison entre les différens ordres ou même entre les classes. Rien ne démontre mieux le peu de fondement de l'idée d'une série continue parmi les êtres que l'étude de ces familles. Il serait facile d'en citer des exemples choisis parmi les mammifères ou parmi les oiseaux. Les genres *Muscicapa*, *Motacilla* et *Turdus*, dans les passereaux, ne composent évidemment qu'un même groupe; et il est impossible de fixer la limite entre eux; ainsi tel naturaliste place la Rousserolle (*turdus arundinaceus*) parmi les fauvettes, et tel autre parmi les merles; et il est difficile de ne pas donner raison à tous les deux. Les naturalistes qui veulent donner à leur méthode un degré de précision auquel la nature se refuse souvent, appliquent à la division de ces familles des caractères de détails pris dans les formes extérieures; et, s'ils nomment ces sous-genres, comme on les appelle, je ne vois d'autres inconvéniens à cette manière de faire, que de multiplier trop les noms, et s'ils introduisent dans la nomenclature méthodique ces subdivisions, leurs dénominations particulières deviennent souvent contraires au principe admirable de la nomenclature binaire de Linné. M. Cuvier n'a pas toujours évité cet inconvénient de nomenclature, quand il a fait ses sous-genres dans le Règne animal. D'autres naturalistes savans, laborieux, pénètrent dans l'étude intime de l'organisation, et vont prendre pour caractères de légères variations d'organes qui n'ont pas une valeur assez forte pour la distribution méthodique, lorsque ces détails anatomiques ne peuvent pas être traduits à l'extérieur par un caractère simple, facile à saisir. Si l'on subdivise les genres naturels par ces moyens, on arrive à démontrer que l'on a mieux étudié les êtres qu'on ne l'avait fait précédemment ; mais la nomenclature nouvelle que l'on est forcé de créer, fait perdre en quelque sorte la trace des êtres les plus connus de tous. Cet emploi de travail donne naissance à de nouvelles théories, à l'étude desquelles s'applique aussi cet aphorisme qu'un savant illustre a répété dans plusieurs de ses éloges, c'est que « les détails sont la pierre de touche des théories.[1] » Si cette vérité doit être présente à la pensée du philosophe qui combine les données d'une science toute mathématique, elle doit être non moins souvent appliquée par le naturaliste qui veut aborder les secrets de la nature en ce qui touche l'étude des êtres vivants. C'est en vérifiant un à un tous les détails auxquels M. Agassiz a eu recours pour croire à la nécessité de diviser les ables en plusieurs nouveaux groupes, que je suis arrivé à croire qu'il ne fallait pas diviser de nouveau le genre des ables, mais qu'il fallait même y réunir les groupes voisins que M. Cuvier en avait sortis, comme les Brèmes. Je ne reviendrais pas ici sur les raisons qui m'ont fait différer d'avis avec mon ami M. Agassiz, si je ne recevais à l'instant même le travail de M. Heckel sur les poissons de l'Orient, décrits par lui dans le voyage de M. Russegger.

---

1 Arago, Eloge d'Herschell, Ann. long., année 1842, p. 344.

Le travail fait sur les matériaux rapportés de Syrie par M. Théodore Kotschy, loin de me laisser le moindre doute sur la détermination que j'ai prise, me le confirme en tous points. Je dois avouer que ce n'est pas sans quelque plaisir que j'ai vu paraître le travail de M. Heckel, parce que je ne contredisais M. Agassiz qu'avec peine; j'ai tant de confiance dans sa sagacité, que je craignais de n'avoir pas assez bien vu, assez attentivement examiné. Mais après avoir vu le beau travail de M. Heckel, comme je me trouve entièrement d'accord avec lui sur les détails, je suis confirmé dans ma manière de voir et avec les données qu'il me fournit, j'arrive à une tout autre théorie que lui. Le savant ichthyologiste de Vienne emploie comme caractère essentiel et en quelque sorte unique, le mode de dentition pharyngienne des cyprins, et il fait alors, par l'adoption de ce seul caractère, une méthode artificielle au lieu de rester dans la généralité que donne l'emploi de tous les traits d'organisation; principe fondamental de toute méthode naturelle. Par l'application rigoureuse de ces détails d'observations de la variation dans la forme des dents, on voit qu'il est obligé de faire un genre distinct de la Brème (*Cypr. brama*), de la Bordelière (*Cypr. blicca*) et de la Brème de Buggenhagen (*Cypr. Buggenhagii*), d'en éloigner le *Cypr. erythrophthalmus*.

Comment concevra-t-il d'ailleurs qu'une dent dont la couronne est en forme de godet ou de gobelet (*Becherzœhne*), ne se place parmi les genres à dents à couronne creuse, et pourquoi la placer parmi les dents mâchelières ordinaires? Que M. Heckel surtout, et que les naturalistes ne voient pas ici une critique du travail que j'ai sous les yeux. L'on ne saurait assez louer la patience et la persévérance avec laquelle il a fait ce long examen des cyprinoïdes, mais qu'il réfléchisse lui-même au résultat où l'application de cet examen minutieux l'a conduit, et il verra si l'on peut dire aujourd'hui ce que c'est qu'un poisson connu de tout le monde, un able ou poisson blanc. Il en est ici de ce qui a eu lieu en botanique. Tout le monde comprenait une bruyère ou un onagre. Depuis qu'on a divisé ces deux genres en plusieurs autres trop nombreux, on peut se demander si l'on connaît un *œnothera* ou un *erica*. Mais, je le répète, à ce travail la science a beaucoup gagné, car les espèces sont beaucoup mieux connues.

Je ne puis analyser avec détail dans cette préface tout le travail de M. Heckel et placer les nombreuses espèces qu'il a fait connaître : ce sera l'objet du supplément du volume suivant. Je ne dirai qu'un mot du groupe des Catostomes, qui forment la IV.ᵉ tribu de M. Heckel. Il a l'intention de séparer des catostomes ordinaires, sous le nom de Rhytidostomus, les espèces dont le peigne pharyngien compte soixante dents; mais il peut voir déjà la difficulté de l'application des caractères de dentition; car il réunit le *Cyprinus catostomus* de Forster au *Cat. elongatus* de Lesueur, quoique le premier n'ait la dorsale ni la bouche différente des catostomes, et que l'on ne connaisse pas la dentition du second. Il ne parle pas du *Cat. cyprinus* de Lesueur, qui est plus voisin de celui-ci; et, enfin, il donne aux *Exoglossum* le caractère des catostomes, dont ils diffèrent sous tous les rapports, ainsi que je le prouve au chapitre des Exoglosses. On voit ici que ce célèbre savant n'a pas pu étudier d'après nature.

Nos collections ichthyologiques se sont augmentées des recherches dues aux deux malheureux voyageurs, MM. Petit et Quartin-Dillon, qui ont succombé en Abyssinie. Je leur paie ici les remercîmens de l'administration du muséum, et le tribut de reconnaissance que nous leur devions.

Je renouvelle aussi à mon ami, M. Agassiz, mes remercîmens pour m'avoir donné tous ses dessins faits sur nature, pour le grand travail qu'il va publier dans son Histoire des poissons d'eau douce de l'Europe centrale.

6 Avril 1844.

TABLE

DU DIX-SEPTIÈME VOLUME.

SUITE DU LIVRE DIX-HUITIÈME.

CHAPITRE XIV.

CHAPITRE XV.

CHAPITRE XVI.

CHAPITRE XVII.

CHAPITRE XVIII.

HISTOIRE

NATURELLE

DES POISSONS.

CHAPITRE XIII.

Les Ables (*Leuciscus*, nob.).

Dans les douze premiers chapitres de ce livre j'ai fait connaître d'abord les cyprinoïdes qui peuvent être facilement distingués de tous leurs congénères, par la longueur de leur dorsale, précédée d'un rayon dentelé; ce sont les carpes qui, tantôt, ont la bouche garnie de barbillons, tantôt en sont dépourvues. Puis j'ai traité de tous les cyprinoïdes à dorsale courte et ayant des caractères particuliers peu importans, je l'avoue, mais donnant des facilités pour reconnaître les espèces si nombreuses de cette famille, multipliées par la nature à l'infini dans les eaux douces de l'ancien monde, et particulièrement en Europe et en Asie. L'Afrique n'a que peu de cyprins, et

1

l'Amérique n'en possède que quelques espèces dans les eaux de ses contrées septentrionales. La conformation des lèvres plus ou moins épaisses, plissées, garnies de cils ou de cirrhes, m'a aussi fourni des caractères dont plusieurs avaient été signalés par nos prédécesseurs.

J'arrive aujourd'hui à traiter dans les chapitres suivans de tous les cyprins qui n'ont plus ces caractères accessoires, et qui se ressemblent alors plus encore entre eux que tous ceux déjà décrits. Le nombre des espèces n'est pas moins considérable que celui des espèces qui appartiennent aux groupes précédens : aucune d'elles n'a de barbillons. M. Cuvier avait cru devoir les distinguer en Brèmes (*Abramis*) et Ables (*Leuciscus*), et il y avait ajouté le genre des Catostomes, établi par M. Lesueur pour des cyprinoïdes qui représentent, en Amérique, les Labéons de l'Asie. La longueur de l'anale caractérise les Brèmes ; la brièveté de cette nageoire les Ables. Ce caractère serait bon, si toutes les Brèmes, comme l'espèce vulgaire, avaient vingt-neuf à trente rayons, et si on augmentait graduellement vers le nombre de quarante et plus de la Sope. Mais à côté de notre brème vulgaire, il faut en placer plusieurs, toutes si voisines les unes des autres par la forme du corps, qu'on ne peut les séparer, pour les mettre dans différens genres, et chez lesquels nous voyons le nombre des rayons de l'anale se réduire de dix-huit à quinze.

Or, l'anale se raccourcissant ainsi, il devient difficile de poser la limite où devront commencer les Brèmes, et où finiront les Ables à treize ou quatorze rayons à l'anale.

M. Agassiz a essayé de préciser davantage les caractères de ces genres, en se servant de ceux que pouvait lui fournir la disposition des dents pharyngiennes de tous ces cyprins, en s'aidant aussi de caractères secondaires, tirés de la forme du corps, ou de la longueur respective des deux mâchoires, ou de la grandeur des écailles. Je ne puis regarder ces caractères que comme spécifiques; ils portent sur des organes qui n'ont pas ici une constance de combinaison avec d'autres formes, telle qu'on doive leur donner une valeur assez haute pour en faire un caractère de genre. Ainsi le genre Rhodeus comprenant la bouvière, a, d'après le célèbre ichthyologiste que je viens de citer, «le corps «large et comprimé, les dents pharyngiennes taillées en «biseau, une dorsale moyenne, la caudale fourchue.» Comment distinguer un poisson ainsi caractérisé d'une brème. Entre une dorsale moyenne, et une dorsale petite, où est la limite? Le genre Phoxinus, où il place le Véron, aurait le corps cylindrique, trapu; les écailles très-petites; dents pharyngiennes pointues; caudale fourchue. La petitesse des écailles sert seule à distinguer ce genre du suivant, les *Leuciscus*. Ceux-ci ne sont séparés des Aspius que par la longueur de la mâchoire inférieure, qui dépasse dans ces derniers la supérieure. Ce qui prouve mieux le peu de valeur de ces caractères, c'est la diagnose du genre des Brèmes (*Abramis*). M. Agassiz leur donne un corps comprimé, des dents pharyngiennes sur un seul rang, etc. Eh bien, pourra-t-il séparer la Bordelière de la Brème, placer l'une dans les *Leuciscus* et laisser l'autre dans les *Abramis*; cependant la Bordelière a les dents pharyngiennes sur deux rangs.

Je crois que M. Selys-Delongchamps, en écrivant dans la Faune belge le caractère des Brèmes, avait sous les yeux l'appareil dentaire pharyngien d'une Bordelière et non d'une Brème, puisqu'il leur donne deux rangées de dents. Les PELECUS ont les dents sur deux rangs, comme les *Leuciscus;* leur corps comprimé a bien quelque apparence extérieure d'un clupéoïde; mais c'est une ressemblance sans fondement. Quand on étudie son organisation, on ne tarde pas à se convaincre qu'elle est celle d'un cyprin, et qu'elle n'a rien de commun avec celle d'une Clupée.

J'en dis presque autant des sous-genres TELESTES et SCARDINIUS, que je trouve dans la Faune d'Italie. J'approuve seulement que M. le prince Charles de Canino les ait au moins considérés comme des sous-genres. Si le *cyprinus erythrophthalmus* a les dents pharyngiennes comprimées et dentelées, plusieurs espèces voisines ont aussi des dentelures moins profondes, qui s'effacent plutôt avec l'âge, mais qui, à cause de leurs variations, ne peuvent devenir caractère de coupe générique. Je crois donc qu'il faut faire, pour les cyprinoïdes dont il nous reste à parler, comme nous avons été obligé d'en agir, par exemple, à l'égard des Caranx, dans lesquels on trouve les coupes des Saurels, des Caranx, des Carangues, sans que l'on puisse indiquer un organe ou une combinaison de formes organiques assez constante et assez élevée pour faire porter sur elle la diagnose d'un genre.

Je n'établirai donc qu'un seul genre, les *Leuciscus,* supprimant celui des *Abramis* établi par M. Cuvier; et je diviserai l'histoire de toutes ces espèces, en les traitant par petites tribus ou sous-genres, comme on voudra les appeler, en tête desquelles j'inscrirai le nom de la coupe à laquelle chaque espèce me semble appartenir.

DES BRÈMES.

Le nom de *Brème*, qui est souvent écrit dans notre ancien langage, *Bresme, Brasme* ou *Bresmel*, a, sans aucun doute, beaucoup de rapport avec les noms allemands *Brasse, Brassens, Brachsen*, qui s'appliquent à l'espèce de poisson d'eau douce répandue dans toute l'Europe, et qui reçoit, dans les différentes langues, un nom plus ou moins semblable à celui de notre langue.

Mais l'on se tromperait si, par la similitude de ce mot avec celui d'ἀβραμις, que l'on trouve dans Oppien ou dans Athénée, on croyait que notre poisson était connu des Grecs sous le nom d'*Abramis*. Oppien place celui-ci à côté des chalcis et des thrisses parmi les poissons de mer qui nagent en troupes :

Χαλκίδες αὖ θρίσσαι τε καὶ ἀβραμίδες Φορέονται
Ἀθρόαι. [1]

Chalcides porrò, alosæque abramidesque feruntur
Catervatim......

Athénée[2] cite l'*Abramis* au nombre des quinze poissons de mer qui entrent dans le Nil; et en rapprochant de cè passage celui d'un écrivain arabe du 16.ᵉ siècle, Shemseddin Mohammed, ce serait, d'après lui, à un muge (*mugil*) que se rapporterait l'*Abramis*.

On trouve, dit-il, en Égypte, un poisson connu anciennement sous le nom d'*Abarmis*, et que l'on nomme aujourd'hui *Bouri*. Ce dernier nom est celui d'un muge

1. *Hal.*, liv. I, vers 244.
2. *Deipn.*, chap. XVII, p. 312,.B.

assez abondant dans le Nil, et les habitudes de ce poisson rendraient assez vraisemblable la conjecture de l'auteur arabe; car les muges vivent en troupes, et remontent de la mer dans les eaux douces. Mais comme dans le passage d'Athénée le *Cœstreus* ou le muge est cité avec l'*Abramis,* je suis porté à croire qu'il s'agit ici d'une espèce différente.

Aussi, Rondelet a-t-il soin déjà de faire remarquer que l'*Abramis* est un poisson différent de la brème. Belon, qui n'est point entré dans cette discussion sur le nom d'*Abramis*, ne l'emploie cependant qu'en y ajoutant l'épithète de *fluviatilis.*

M. Cuvier, qui savait très-bien que le nom français de brème n'avait de commun avec celui d'*abramis* qu'une ressemblance de lettres, et non de signification positive, n'en a pas moins pris ce mot pour dénomination du genre qu'il a établi dans la grande famille des cyprins, et qui a été généralement adopté. Mon célèbre maître, qui a fourni, d'après nos recherches communes, les notes du mot *Abramis* dans la nouvelle édition du Dictionnaire grec d'Henri Étienne, publié chez M. Didot par le savant illustre M. Hase, n'a pas même, contre sa louable habitude, dans la seconde édition du Règne, fait la moindre observation sur la signification ou l'application de ce mot. Il ne faut pas négliger de faire remarquer que le mot *Brama,* qui s'appliquerait mieux à notre brème, ne pouvait être employé, parce que Bloch l'avait déjà pris pour un genre de poisson de mer de la famille des squamipennes, sous lequel il range le *Sparus Raii,* que nos pêcheurs nomment *Brème de mer;* nouvelle preuve que ces hommes de la nature savent saisir les rapports les plus apparens qui existent entre les différens êtres, et qu'alors, malgré toutes les différences fondamentales que l'observateur éclairé sait reconnaître, les mêmes noms viennent confondre les objets les plus disparates. Comme les anciens n'ont jamais déterminé par une description les significations des mots qu'ils appliquaient aux diverses espèces dont ils avaient si bien étudié les habitudes, il en résulte que toute la synonymie ancienne, des poissons surtout, est toujours pleine de doute. Leurs ouvrages prouvent combien ont été multipliées leurs observations sur les mœurs des animaux, la seule partie de l'histoire naturelle, à laquelle quelques hommes qui ne se livrent pas à une science approfondie, voudraient encore la réduire aujourd'hui.

De la BRÈME COMMUNE.

(*Cyprinus Brama* et *Cyprinus Farenus*, Linn.)

Après les observations générales données tout à l'heure sur la signification du mot *Abramis,* et les preuves tirées de leurs ouvrages, que les anciens n'ont pas laissé, dans leurs écrits parvenus jusqu'à nous, de notions sur le cyprinoïde, presque aussi remarquable par sa taille que la carpe ou le barbeau, nous trouvons cependant que la plupart des auteurs, depuis la renaissance jusqu'à nos jours, ont tous parlé de la brème, ainsi que l'exposé que nous allons en faire va le démontrer.

Nous donnerons ensuite une description détaillée de ce poisson, et puis nous parlerons de son histoire naturelle et de ses mœurs.

Belon[1], qui ne donne pas de figures de la brème, la

_____
1. Bel., *De aquatil.*, p. 317.

cite sous le nom de *abramis fluviatilis,* mais en la confondant avec l'espèce suivante qu'il a entendu, déjà de son temps, nommer à Paris, *Haseaux;* puis il croit encore que les *Rosses* ou les *Roches* doivent être considérées comme des espèces de brèmes. On voit qu'il n'avait pas une idée bien arrêtée de l'espèce à laquelle il faut réserver le nom de *Brème.*

Rondelet[1] donne une figure de la brème, mais si mauvaise qu'elle ne ferait pas reconnaître le poisson. Ce que son article renferme de plus curieux, c'est ce qu'il rapporte sur sa taille. Il a vu des individus pêchés dans le célèbre lac Averne qui avaient une longueur de deux coudées, et larges d'un pied. S'il ne s'est pas trompé, c'est la taille la plus considérable que l'on puisse citer.

Gesner[2] a reproduit la figure et l'article de Belon, mais y a ajouté[3] un autre dessin, dont la pureté du trait et la brièveté de l'anale ne laissent aucun doute qu'il faut le rapporter au Harriot et non à la brème.

Aldrovande[4] donne la brème, soit en reproduisant la fausse figure de Gesner, soit en y ajoutant une autre sous le nom polonais de *Klessez.* Celle-ci a la tête petite, le museau très-pointu : si la figure était plus correcte, en général, je la regarderais comme celle d'une espèce différente de la brème ordinaire.

Willughby[5] a laissé le premier une bonne description de la brème et de son anatomie; mais je ne vois pas que

---

1. *De pisc. lacust.,* p. 154.
2. Gesn., *De aquat.,* p. 316.
3. *Ibid.,* p. 317.
4. *De pisc.,* p. 641 et 642.
5. Pag. 248, Q. 10, fig. 4.

sa figure, très-petite et mal caractérisée, justifie l'épithète
d'*optima* que lui donne Artedi; dont la phrase caractéristique a servi à faire prendre rang, dès la X.ᵉ édition, à
notre Brème, dans le *Systema naturæ*, sous le nom de
cyprinus Brama, qui reparaît sans aucun changement
dans la XII.ᵉ, et que Gmelin reproduit dans sa XIII.ᵉ
édition en y ajoutant une très-longue synonymie, et une
partie des observations que Bloch a faites. Dès l'année
1726, le comte de Marsigli[1] avait donné, dans son Histoire du Danube, une figure de Brème couverte des
tubercules qui s'élèvent sur le mâle au moment du frai.
Je n'ai jamais vu dans la Seine un poisson chargé d'un
aussi grand nombre de ces points que semble l'indiquer
l'ouvrage cité. Il y a aussi une figure de la femelle.

Duhamel en a aussi parlé et il a représenté la brème;
mais sa figure n'est pas si nettement caractérisée, que l'on
ne puisse hésiter à la rapporter tout aussi bien à l'espèce
suivante, qu'à celle dont nous nous occupons maintenant.
Après ces auteurs nous trouvons, dans la grande Ichthyologie de Bloch, une belle figure de la brème[2], tel que le
poisson existe pendant la plus grande partie de l'année,
sans ses tubercules. L'histoire de ce poisson y est fort
détaillée, à cause de son importance dans les provinces
de Prusse, par son abondance et la pêche lucrative à
laquelle elle donne lieu; puisqu'un seul coup de filet peut
valoir jusqu'à sept cents écus.

Voilà la description que nous avons faite sur des individus vivans de cette espèce, dont nous avons suivi la
pêche pendant long-temps dans la Seine.

---

1. *Hist. Danub.*, tom. IV, p. 49, tab. 16 et 17.
2. Bl., tab. 13.

La brème a le corps alongé et en ovale, dont le diamètre vertical fait, à très-peu de chose près, le tiers de la longueur totale. La tête est petite et courte. Elle est contenue cinq fois et deux tiers dans la longueur, par conséquent pas tout-à-fait deux fois dans la hauteur; elle est presque aussi haute à la nuque qu'elle est longue; mais comme le museau est gros et obtus, on voit son profil saillir au-dessus des narines, et être légèrement concave sur la région des yeux. A partir de la nuque, le profil du dos monte, par une courbe très-soutenue, jusqu'à la base de la dorsale; il est presque rectiligne depuis cette nageoire jusqu'à la caudale; le ventre est assez gros, sa courbure se soutient jusqu'à l'anus, et de cette ouverture le profil inférieur remonte très-obliquement vers la queue, dont la hauteur ne fait guère que le tiers de celle du tronc. L'œil est rond, éloigné du bout du museau de deux fois son diamètre, et seulement d'une fois au-dessous de la ligne du profil; le diamètre est compris cinq fois et demie dans la longueur de la tête. Les deux ouvertures de la narine sont rapprochées l'une de l'autre, sous la grosse saillie du museau, et plus près du bord que de l'orbite : une valvule lamelleuse les sépare. Au-dessous de l'œil on voit, sous la peau épaisse qui les recouvre, les osselets du sous-orbitaire formant une chaîne étroite sous l'œil. La première plaque, irrégulièrement arrondie et aussi large que l'œil, est tout-à-fait au-devant de l'orbite et même presque de la narine. Une rangée de gros pores se remarque le long de ces os, dont elle suit la courbure. Le préopercule est large. La distance du bord, montant en arrière de l'orbite, égale le diamètre de l'œil, et celle de cet organe à l'angle, qui est très-arrondi, égale une fois et demie ce même diamètre. L'opercule triangulaire est un peu plus large à son angle que le préopercule derrière l'œil; le sous-opercule, très-distinct, est en arc également large. L'interopercule donne un angle plus aigu que le préopercule, en arrière de l'angle de cet os. L'isthme des ouïes est large. La mâchoire supérieure dépasse un peu l'inférieure; les lèvres sont épaisses et garnies de très-fines papilles charnues, serrées en velours ras. Les pharyngiens supérieurs portent chacun cinq dents sur un seul rang; chaque dent a la couronne courbée

en crochet au bord externe, et la face de la couronne, d'abord
arrondie, s'aplatit par l'usage; l'usure même finit par atteindre le
crochet. On ne voit, de l'ossature de l'épaule, que la partie saillante de l'huméral. Dans l'aisselle de la pectorale, c'est une plaque
saillante et triangulaire plus large que haute. La pectorale est large
autant qu'elle est longue, et comprise six fois et demie dans la longueur totale. La ventrale est plus courte, car elle n'est que du
huitième du corps. Elle est de même triangulaire et aussi large
que longue. La dorsale s'élève à la moitié de la longueur sur la
vingt-troisième rangée d'écailles. Le premier rayon est très-court,
saillant à peine au-dessus des écailles; le second a la moitié de la
hauteur du suivant. Ce troisième rayon est près de deux fois plus
haut que la base de la nageoire est longue; le dernier n'a guère
que le tiers de la hauteur du troisième; l'anale commence sous la
vingt-septième rangée d'écailles. Sa hauteur au troisième rayon
surpasse un peu la moitié de l'étendue de la nageoire; c'est le
cinquième qui égale cette mesure; les autres se raccourcissent
successivement jusqu'au quatorzième environ; les suivans sont tous
égaux, et n'ont de hauteur que le cinquième de la longueur de la
base, qui mesure le quart de l'espace compris entre le bout du
museau et le bord de la caudale dans sa fourche. Les lobes de cette
nageoire sont assez larges et pointus; deux écailles assez longues
font une pointe mobile dans l'aisselle de la ventrale.

B. 3; D. 12; A. 28; C. 3 — 19, 4; P. 19; V. 9.

Les écailles sont assez grandes, régulières: j'en compte cinquante-
quatre rangées entre l'œil et la caudale, sur vingt et une dans la
hauteur. Chaque écaille, marquée de stries concentriques très-fines
des lames d'accroissement, ont quelques stries à la surface libre
rayonnantes du centre, et la surface radicale a un peigne composé
de cinq rayons à l'éventail. La ligne latérale, un peu courbe, passe
par la treizième rangée d'écailles.

La couleur est variable selon les fonds et la clarté des eaux dans
lesquelles on prend la brème; généralement, sur un argenté très-

brillant à reflets dorés ou irisés, le dos prend de légères teintes vertes; l'anale a du noirâtre; les autres nageoires sont blanches.

L'iris est argenté; la pupille entourée d'un cercle doré. Les lèvres sont jaunes en dedans.

La langue est très-petite, à peine distincte, tout-à-fait attachée entre les branches de la mâchoire.

A l'ouverture du corps l'on trouve le foie divisé en deux lobes, dont le droit est le plus grand, et le gauche le plus petit. Celui de droite est subdivisé en trois lobules longitudinaux et partagés eux-mêmes en petits lobes tertiaires. Sa couleur est rouge. La vésicule du fiel est petite; l'intestin court au milieu de toutes ces divisions du foie, conservant un diamètre à peu près égal. Il fait auprès de l'anus un repli, remonte jusqu'au diaphragme, redescend vers l'anus, se replie de nouveau pour revenir entre les parties supérieures du foie, d'où il revient droit à l'anus. La veloutée en est lisse et légèrement rougeâtre. La rate est petite et d'un beau rouge. La vessie aérienne est double; la seconde, trois fois plus longue que la première, est un peu courbée. La membrane externe du péritoine est très-épaisse et très-forte.

Les laitances ou les ovaires sont partagés en trois ou quatre lobes très-divisés, et les œufs de ces derniers sont petits, ayant à peine une demi-ligne de diamètre.

A l'extérieur le mâle ne diffère de la femelle que pendant le temps du frai. A cette saison, depuis la mi-Avril jusqu'en Juin, le corps du mâle se couvre de tubercules très-dures, grisâtres : il y en a plus sur la tête que sur le tronc. J'ai souvent observé ces sortes de pustules des brèmes, et Marsigli, en rapportant le même fait, fait remarquer que les pêcheurs les prennent, dans quelques localités, pour une espèce distincte.

Ebertz[1] et Grossinger[2] ont partagé cette erreur. Marsigli

---

1. *Naturlehre*, 11, p. 397.
2. *Univ. Hung.*, 111, 162.

signale aussi des différences entre les deux sexes qui ne
m'ont pas frappé, quoique j'aie péché beaucoup de brèmes.
Il dit que les mâles sont plus grands, plus larges et plus
aplatis que les femelles; que celles-ci ont la peau plus
pâle et plus blanchâtre.

Si nous comparons le squelette de la brème à celui de
la carpe, nous trouvons des différences de forme aussi
grandes à l'intérieur qu'à l'extérieur du corps.

Le dessus du crâne est beaucoup plus étroit, et la portion
moyenne est relevée sur les bords externes des frontaux, au lieu
d'être uniformément lisse et bombée comme dans la carpe. Les
pariétaux sont petits, et les mastoïdiens plus larges, mais ils sont
plus déclives. La crête impaire de l'occipital est plus oblique et
plus triangulaire. L'ethmoïde a en avant une forte échancrure;
au lieu de cette pointe en forme de cœur, de carte à jouer,
tel que cela existe dans la carpe; les apophyses transverses de
la première vertèbre sont droites, pointues et plus courtes que
celles de la carpe, qui d'ailleurs a les os courbes ou arqués.
L'apophyse épineuse de la seconde vertèbre est plus haute et
plus étroite. Les apophyses transverses de cette vertèbre sont plus
courtes, descendent plus verticalement, et les osselets de Webber
sont beaucoup plus courts et moins larges. L'apophyse occipitale
du basilaire est moins longue, mais large; sa cavité, pour recevoir
le tubercule pharyngien, est très-petite, celui-ci étant à peine
aussi gros que la moitié d'un petit pois. Les os de la ceinture
humérale sont plus grêles que ceux de la carpe. Je compte vingt-
trois vertèbres dorsales, dont les quinze qui suivent les trois premières portent des côtes. Il y a vingt et une vertèbres caudales,
en tout quarante-quatre vertèbres. Au-devant de la dorsale, il y a
huit interépineux du dos qui ne soutiennent pas de rayons, mais
qui contribuent à donner de la hauteur verticale au corps. Puis il
y a dix interépineux pour les rayons de la nageoire du dos. L'anale
n'a que vingt-cinq interépineux, qui sont grêles et hauts.

On voit une bonne figure du crâne de la brème dans le supplément à l'Ichthyologie britannique de M. Yarell sur la vignette de la page 42.

La brème est très-répandue dans toutes les eaux douces de l'Europe réunies en grands lacs ou fleuves, tels que la Seine, la Loire, le Rhône, l'Escaut, le Rhin, le Danube, etc. On en prend fréquemment dans la Seine, de la longueur de quinze à dix-sept pouces; j'en ai même un de vingt-trois pouces. Nous en avons reçu dans le Cabinet du Roi, de la Somme, par M. Baillon. J'en ai pris dans les eaux de la Belgique, dans le lac de Harlem, dans les environs de Berlin, comme à Tegel, chez M. de Humboldt; M. Nitsch nous en a envoyé de l'Elbe; M. le marquis de Bonnay et M. de Schreibers, du Danube. Nous en avons de différens lieux de la Suisse. Mme Magin qui, par son alliance avec la famille de M. de Lacépède, devait bien être utile à l'Ichthyologie, en a donné au Cabinet du Roi des individus pris à Bordeaux.

Je trouve ce poisson cité dans les Faunes départementales de la France; ainsi M. Millet le compte dans son histoire du Maine et Loire; M. de Larbre, dans sa zoologie de l'Auvergne.

J'ai observé sur ces nombreux individus des variations assez notables dans le nombre des écailles ou des rayons de l'anale; mais comme ces variations ne se trouvent pas à la fois sur le même individu dans les écailles et le nombre des rayons, je n'ai pas cru devoir les considérer comme des caractères spécifiques; toutefois je vais donner ici les limites. Je vois le nombre des rayons de l'anale varier de trente à vingt-six; c'est dans la Seine où le nombre est le plus généralement de vingt-huit. Les rangées d'écailles dans des individus de quinze pouces étaient de cinquante-six, et je n'ai plus trouvé que quarante-sept sur des individus longs de neuf pouces, et que quarante-cinq sur de plus petits individus, longs de sept à six pouces seulement. Les Brèmes que M. Baillon nous a envoyées d'Abbeville, ont les nageoires plus noires que celles de notre Seine.

La brème ne paraît pas vivre ni au Groenland ni en Islande; aussi ne la trouvons-nous citée ni dans le *Fauna Groenlandica* de Fabricius, ni dans M. Reinhardt, ni dans Mohr, ni dans Faber. M. Low ne la compte pas parmi les poissons des Orcades; mais elle est commune dans les lacs d'eau douce de la Norwége, et elle est d'une prodigieuse abondance en Suède.

Linné la compte déjà dans le *Fauna suecica*[1]; Muller, dans le *Fauna danica*[2]; mais M. Nilsson[3] a soin de dire qu'il ne l'a jamais observée dans les contrées septentrionales et occidentales de la Norwége. Il en a vu un individu pêché en Scanie du poids de quatorze livres. Je la trouve aussi dans le catalogue des Poissons du Danemarck fait pour M. Cuvier par S. M. le Roi de Danemarck, alors prince royal.

M. Ekström la décrit aussi en détail dans son Traité des poissons du Mörkö : il lui donne vingt-huit rayons à l'anale, en portant ce nombre à vingt-neuf chez les vieilles. Je crois que ces nombres varient selon les individus, et que ce n'est pas l'âge qui le fait changer.

---

1. *Faun. suec.*, p. 121, n.° 318.
2. *Prod. Faun. dan.*, p. 51, n.° 441.
3. Nils., *Prod. pisc. Scand.*, p. 30.

On les pêche aussi très-communément dans les provinces
de la Russie, voisines de la mer Caspienne, et dans toutes
les eaux de la basse Allemagne. Elle ne se montre pas si
commune en Bavière. Ce cyprinoïde ne paraît pas se trouver en Italie et en Espagne. Nous le retrouvons dans les
différens lacs de la Suisse, et surtout dans le lac de Zurich,
où la brème serait assez commune pour que M. Escher
cite une pêche de trois mille individus faite à Pfeffikon
d'un seul coup de filet[1]. Cette pêche serait peu de chose,
s'il faut en croire Bloch, qui en rapporte une autre faite
en Mars 1779 de cinquante mille brèmes, pesant plus de
neuf mille kilogrammes, faite d'un seul coup dans un lac
de Suède.[2]

En Angleterre la brème est très-abondante; tous les
auteurs qui ont parlé des poissons de ce pays en font
mention, et plusieurs en donnent des figures. C'est ce
qu'ont fait Isaac Walton[3], Donovan[4], Mme Lee[5] et
M. Yarell[6]; ou dans leurs Faunes, Pennant[7], Turton[8],
Flemming[9] et Jennepes[10]; ces deux derniers adoptant
le genre de Cuvier sous le nom d'*Abramis Brama*.

Dans le *Complet Angler* je trouve quelques détails
curieux sur le haut prix de la brème vers la septième
année du règne de Henri V, et sur l'emploi qu'on en

---

1. Escher, *Beschreibung des Zürcher-Sees*, 120.
2. Bloch, Hist. nat. des poissons, vol. 1, p. 65.
3. Is. Walton, *Compl. angl.*, p. 258.
4. Donov., pl. 93.
5. *Fresh Water of Great Brit.*, liv. 10.
6. *Engl. fish.*, p. 385.
7. *Brit. Zool.*, p. 309.
8. *Brit. Faun.*, p. 108.
9. *Brit. Anim.*, p. 187.
10. *Brit. vert.*, p. 407.

faisait comme mets recherché. Je cite ces faits, parce qu'ils confirment ce que nous avons rapporté plus haut de l'introduction de la carpe en Angleterre sous le règne de Henri VIII.

Aujourd'hui que l'on a la carpe en abondance, la brème a perdu de sa valeur. J'ajouterai, à cette occasion, que quelques auteurs ont cru pouvoir soutenir que la carpe était connue en Angleterre avant l'époque assignée plus haut. Cela est vrai; la valeur de ce poisson n'y était pas ignorée, mais il n'y était pas encore propagé. Il est cité comme un des mets recherchés dans le repas donné en 1419 à l'occasion du couronnement de Catherine, épouse de Henri V; dans celui donné en 1429, lors du couronnement de Henri VI. Mais il ne faut pas oublier qu'on les faisait alors venir de France, et qu'à cette époque on préférait de beaucoup les carpes de la Saône à celles de la Seine. La preuve que la carpe a été encore long-temps un poisson renommé en Angleterre, c'est qu'elle figure au nombre des mets servis en 1505 dans la fête splendide donnée à l'occasion de l'installation de l'archevêque de Cantorbery. Ce n'est plus aujourd'hui qu'on conserverait le souvenir d'une carpe servie sur une table, à moins qu'elle ne fût d'une taille prodigieuse.

MM. Hartmann[1] et Nenning[2] citent la brème dans leur Ichthyologie, l'un du lac de Constance, l'autre de la Suisse en général; nous la trouvons aussi mentionnée dans l'ouvrage de Reissinger[3] sur les poissons de la Hongrie, où, suivant cet habile naturaliste, les eaux de ce pays seraient

---

1. *Helv. Ichth.*, p. 228.
2. *Die Fische des Bodensee*, p. 32.
3. *Spec. Ichth. Hung.*, p. 81.

très-profitables à la croissance et au développement de ce poisson ; car il fait varier la taille entre un pied et quatre pieds, et le poids entre une et trente livres ; ce qui me paraît énorme ; et enfin, Pallas la décrit dans son *Fauna rossica* comme abondante. De toutes les grandes eaux fluviales des lacustres de toute la Russie, elles s'avancent dans la mer Caspienne, où elles deviennent très-grandes, et où souvent elles atteignent à deux pieds ; mais cet illustre naturaliste observe qu'elle manque dans toutes les eaux de la Sibérie Trans-Ourale.

Le nom anglais de la brème est *Bream*, et l'affinité que ceux de toutes les langues du Nord ont avec celui-ci, montre qu'ils dérivent tous d'une même étymologie. Quelques-uns cependant sont plus éloignés de cette racine mère. En suédois, c'est *Braxen*; en danois *Brasen*, que l'on donne aussi au *cyprinus ballerus*, suivant Muller. Les auteurs suisses sont d'accord pour le nommer *Brœhsmen*; Reissinger donne, avec le nom allemand de *gemeiner Brœhs*, celui de *Bleintzen*, et pour nom hongrois, celui de *Durda*. Pallas nous donne aussi les noms de ce poisson dans les nombreux dialectes des peuplades qu'il a parcourues. Les Russes l'appellent *Lestsch*, les Cosaques du Tanaïs *Tschabok*, réservant aux plus petites le nom de *Podlestschi* : les autres Cosaques l'appellent *Polutschabok*. Les pêcheurs de Novogorod donnent aux brèmes qui dépassent un demi-pied, la dénomination de *Podlestschik*, et aux plus petites celle de *Peretschen*; les Tartares la nomment *Kurbanbalyk*, c'est-à-dire *piscis jejunus*, et chez les Kirghises des bords du Sirr elle porte le nom de *Jodi*, et chez les tribus kalmouques ceux de *Zygbi* ou de *Tchybe*.

M. Nordmann la compte aussi parmi les poissons de sa Faune pontique, et il affirme qu'elle atteint souvent à un poids de quinze livres.

J'ai vu en abondance la brème sur le marché de Berlin, où je l'ai toujours entendu nommer *der Bley*. Bloch donne ce nom comme étant celui de l'adulte, et auquel on ajoute l'épithète de *Schoss* quand elle n'a qu'un ou deux ans, ce qui fait, pour le nom de cet âge, *Schoss-Bley*, et à trois ans elle prend celui de *Bleyflinck*.

Mais il est à remarquer que les ichthyologistes des contrées méridionales de l'Europe depuis Salvien ne font aucune mention de ce pays : ainsi M. Risso, Cornide, M. le prince de Canino, n'en parlent pas.

La nourriture de la brème consiste en vers, insectes, etc. Elle a pour ennemis les oiseaux de proie; mais on assure qu'une brème du poids de quatre à cinq kilogrammes, comme on en trouve dans la Seine au-dessus de Rouen, peut résister par la force de son nager à une buse qui la saisirait dans ses serres, fatiguer l'oiseau, et finir par le noyer en l'entraînant sous l'eau avec elle.

Plusieurs vers intestinaux tourmentent la brème. Rudolphi cite deux échinorhynques, *Ech. claviceps*, que j'y ai observé, et *Ech. rodulosus*; le *distoma globiporum*, le *caryophyllœus mutabilis*, le *tœnia laticeps*, le *fasciola bramœ ou f. annulata*; et le plus commun de tous, la *ligula simplicissima* ou *l. abdominalis*, qui se trouve dans tant d'autres poissons. M. Nordmann a aussi trouvé des helminthes dans les yeux de ce cyprin.

La brème croît assez vite; elle fraie dès la première année. A l'époque du frai, elles se rassemblent en troupes sur les fonds unis et garnis de roseaux. Il faut cependant remarquer que la brème réussit mal dans les eaux très-herbeuses. Chaque femelle, d'après Bloch, serait suivie de trois ou quatre mâles. Comme les carpes, elles montent à la surface de l'eau, et font un grand bruit en nageant. Elles lâchent leurs œufs vers Avril, Mai et Juin, et à trois époques différentes : les plus vieilles sont les premières, et les jeunes, au contraire, vers la fin de la saison.

Bloch admettait plusieurs variétés de ce poisson ; mais il y a lieu de croire qu'il confondait ensemble plusieurs des espèces distinguées récemment par les ichthyologistes allemands. Il admet aussi que les brèmes peuvent, avec les autres cyprins, donner naissance à des métis, et il cite, entre autres, des mulets de brèmes et de dobules, ou même de rotengle (*cyprinus erythrophthalmus*); et il croit que ce sont ces métis qui se mettent en tête des troupes de brèmes. Outre que cette assertion n'a d'autres fondemens que des ressemblances mal appréciées entre des individus qui sont très-probablement d'espèces variées, il faut aussi remarquer que ces divers cyprinoïdes ne fraient pas à la même époque; et quoique l'intervalle entre le temps du frai de chaque espèce ne soit pas très-long, il l'est assez pour rendre difficile le croisement entre des individus d'espèces différentes.

On distingue bien dans la Seine deux espèces de brèmes; l'une, la *brème proprement dite,* et une autre est appelée la *conique;* mais le poisson ainsi nommé est tout différent : c'est la rosse, *cyprinus rutilus.*

L'habitude de nager en troupes fait que l'on pêche la brème avec de grands filets qu'on nomme tramail. Le produit de cette pêche est de quelque importance dans la Seine, surtout un peu au-dessus de Rouen, entre Elbœuf et Diéppedale, ou même Duclair. Celles que l'on pêche au-dessous sont amaigries, parce qu'elles ont été emportées par la rapidité du courant lors des grandes eaux, et que l'eau, devenant trop saumâtre, nuit à ces poissons.

On dit dans ce pays que la brème se plaît dans cette partie de la Seine à cause des gouffres profonds dont le lit de ce fleuve est creusé, et où elle aime à s'enfoncer. Près d'Ornans, non loin de Besançon, sur la Loue, il existe un trou très-profond qu'on nomme *puits de la brème*. Dans les grandes pluies l'eau déborde, se répand dans la campagne, et laisse sur les prés quantité de brèmes avec des truites et des ombres; mais elles sont fort maigres.

La préférence que l'on donne à la brème sur les autres poissons voisins varie selon les pays; ainsi en Hongrie, suivant Leske, on la préfère à la carpe.

On ne fait subir en Europe aucune préparation à la brème; mais Pallas rapporte que sur les bords du Volga on la sale, comme on le fait en Hollande pour les limandes ou les flets, et qu'alors les habitans en font des provisions. Ils prétendent aussi, dans cette contrée, que les œufs de la brème sont malsains, et ils ne les mangent point : mais en Allemagne et en France on ne partage pas cette même crainte.

M. Nordmann remarque qu'il faut considérer le *cyprinus farenus* de Linné ou d'Artedi comme le jeune de la brème. Je me rapproche de son avis, en établissant que le *cyprinus farenus* est une variété ou mieux encore une espèce nominale non distincte du *cyprinus brama*, et j'en tire la preuve de la description et de la figure que M. Ekström[1] a donnée

1. *Fisch. von Mörkö*, trad. allem. de Creplin, p. 4o, pl. iii.

de ce poisson. Cet auteur lui donne de vingt-quatre à
vingt-huit rayons à l'anale; une longueur de trois pouces
et demi, et une largeur d'un pouce et demi. Il aura eu
sous les yeux à la fois des jeunes de la brème et de la
bordelière, et il a fait figurer un jeune de cette dernière.
Ce qui peut faire d'abord paraître une sorte de confusion
dans cette citation, c'est que lui et les autres auteurs ont
copié la phrase fautive de Linné. En effet, Artedi ayant
trouvé un petit cyprin au lac Mälar, l'a introduit dans
sa synonymie[1] comme dans son species[2], avec cette phrase :
Cyprinus *iride flava, pinna ani ossiculorum viginti septem.* Cette même diagnose, qui convient parfaitement à la
brème, se retrouve dans la description des espèces : à ce
second endroit il donne le détail de toutes les parties, et
bien évidemment il inscrit par un *lapsus calami* pour
nombre des rayons de l'anale *triginta septem.* Linné,
dans son *Fauna suecica,* prend ce nombre au lieu de
celui de la phrase, le conserve dans le *Systema naturæ.*
Gmelin, Lacépède et Bloch se contentent de suivre l'auteur du *Systema naturæ,* au lieu de remonter à la source.
Ce qui prouve bien que le nombre vingt-sept est le véritable, c'est que M. Ekström, qui a fait sa description sur
des individus du lac Mälar, n'a aussi trouvé que vingt-sept
rayons; c'est encore ce nombre qui est indiqué par M. Nilsson[3], qui a conservé un *cyprinus farenus,* décrit aussi sur
des individus du lac Mälar. Ce qui ajoute à la ressemblance, c'est le nombre des vertèbres, qui est de quarante-

---

1. Art. syn., p. 13, n.° 28.
2. Art. sp., p. 23, n.° 12.
3. Nils., *Prod. ichth. Scand.*

quatre dans les individus des deux espèces. A la vérité, Artedi ne donne que treize côtes à son *cyprinus farenus;* mais ces variations peuvent dépendre facilement de la préparation du squelette. Je ne pense pas qu'il faille croire que le *cyprinus farenus* n'a été établi que sur des jeunes brèmes; car Artedi donne, aux individus de son *farenus,* une longueur de onze pouces. Au nom de *Faren* ou *Farren,* déjà donné par Artedi, MM. Ekström et Nilsson ajoutent ceux de *blicka* ou *blecka* et *lucka.* Je ne pense pas que ces différentes dénominations soient autres que des noms de localités diverses.

De la BORDELIÈRE.

(*Leuciscus blicca, Cyprinus bjoerkna,* Art.)

Nous adoptons pour cette seconde espèce, très-voisine de la brème, le nom que Bloch lui a donné, quoiqu'elle ait été connue d'Artedi, et décrite par lui et par Linné sous la dénomination de *cyprinus bjœrkna,* mais non adopté par les naturalistes, qui ne reconnurent pas l'erreur commise par Linné sur le nombre des rayons de l'anale. Artedi a, en effet, donné une bonne description de notre poisson sous cette phrase : CYPRINUS *quincuncialis, pinna ani ossiculorum viginti quinque,* répétée, soit dans sa synonymie[1], soit dans le species[2]; et dans la description de l'anale il ne change pas ce nombre de rayons. Linné le reproduisit dans son *Fauna suecica*[3], mais en y ajoutant

---

1. Art., Syn., p. 12, n.° 27.
2. Spec., p. 20, n.° 9.
3. *Faun. suec.,* p. 124, n.° 328.

cette observation, résultat d'une confusion d'espèce :
« Dans un poisson de cette espèce j'ai compté trente-
« cinq rayons à l'anale; *in speciei hujus pisce numeravi*
« *radios pinnœ ani triginta quinque.* » Ce qui ne prouve
rien autre chose, si ce n'est que l'individu sur lequel Linné
a compté les trente-cinq rayons, n'était pas de l'espèce de
la bordelière à laquelle il le rapportait. Ce grand homme,
en écrivant le *Systema naturœ,* a préféré ce qu'il a cru
être une bonne observation, faite par lui-même, à celle
d'Artedi, et on vit alors paraître le *cyprinus bjœrkna* dans
la X.ᵉ édition et dans la XII.ᵉ, en y ajoutant toutefois,
comme synonymie, la phrase d'Artedi, de sorte que la
même espèce a pour diagnose dans la première phrase
trente-cinq rayons à l'anale, et dans la seconde phrase,
celle d'Artedi, seulement vingt-cinq. Bloch, qui ne savait
pas le latin, a mal compris la note de Linné, et s'est
persuadé que l'illustre auteur du *Systema naturœ* assu-
rait expressément que le nombre des rayons de l'anale dans
l'espèce du *cyprinus bjœrkna* était de trente-cinq rayons.
Voilà ce qui explique les incertitudes qu'il a manifestées
dans son ouvrage, et pourquoi il a donné à ce poisson un
nom nouveau. Gmelin, qui a compilé sans critique, est
venu, après Bloch, conserver l'espèce mal caractérisée du
cyprinus bjœrkna, et introduire dans le Système et en
double emploi l'espèce du *cyprinus blicca* de Bloch;
mais en changeant cette dénomination en celle de *cypri-*
nus latus, synonymie que M. Retzius a placée à tort dans
l'édition de son *Fauna suecica* sous *cyprinus brama.* Cet
auteur a commis d'ailleurs une autre faute, bien plus grave,
en changeant la note de Linné sur le *cyprinus bjœrkna,* et
en lui donnant un sens étendu que Linné n'avait pas

voulu lui donner. Mais, enfin, voilà un des poissons les plus communs en Europe, le plus facile à observer, introduit dans nos catalogues scientifiques sous trois noms différens.

Ce poisson, si abondant dans toutes nos eaux douces, est, en effet, déjà connu de Rondelet[1]. Il prétend qu'on lui donne le nom de *bordelière,* parce qu'il se tient de préférence sur les rives ou sur les bords des eaux; circonstance que je n'ai pas vérifiée : je l'ai pêché tout aussi fréquemment en pleine eau que près des berges, là où l'on trouve aussi des brèmes.

Rondelet a cru que l'on pouvait rapporter à cette bordelière le βαλλερος d'Aristote[2]; mais il est facile de voir que ce passage ne justifie pas plus ce rapprochement pour ce poisson que pour tout autre. En parlant des choses nuisibles aux poissons des eaux douces, l'auteur grec dit qu'un helminthe, naissant vers la canicule, tourmente le ballère et le tillon, qu'il l'affaiblit, et que, le forçant à monter vers la surface de l'eau, il le fait périr par excès de chaleur.

Aldrovande, Gesner et leurs copistes n'ont parlé de la bordelière que d'après Rondelet, et n'ont même donné qu'une copie de sa figure.

Il faut remarquer que, par une singulière erreur de transposition, Artedi a placé tous ces synonymes, ceux des auteurs de la renaissance et celui d'Aristote, sous sa vingt-quatrième espèce de cyprin, qui est la sope, qu'il n'en a indiqué aucun sous son *cyprinus bjœrkna;* mais cette transposition a induit quelques naturalistes en

---

1. Rondelet, *De pisc.*, p. 154.
2. *Hist. anim.*, l. VIII, c. XX.

erreur; ainsi, Meidinger[1] a donné une bonne figure de la bordelière, mais sous le nom de *cyprinus ballerus*. Il n'a indiqué que dix-sept rayons à l'anale de son poisson, ce qui ne l'empêche pas de citer la phrase d'Artedi avec ses quarante rayons, et d'entasser toute la synonymie d'Artedi sans l'avoir vérifiée le moins du monde. Gmelin, en établissant son *cyprinus latus,* a cité comme synonymes le *cyprinus plestya* de Leske[2], et le *cyprinus ballerus* de Wulff[3]; mais celui-ci parle sous ce nom d'une autre espèce, la sope, et Leské, se fiant plus à Gronovius qu'à l'examen de la nature, fait varier le nombre des rayons de l'anale depuis vingt jusqu'à vingt-sept, ce qui prouve qu'il a confondu ensemble la brème, ses variétés et la bordelière, et que son poisson n'était pas probablement le même que celui de Gronovius, qui ne compte que dix-neuf rayons dans son texte, tout en citant aussi Linné et Artedi avec les quarante rayons signalés dans la diagnose de leur *cyprinus ballerus.*

Bloch, avons-nous dit, a donné une assez bonne figure de la bordelière et une histoire meilleure que celle de ses prédécesseurs; cependant il a fait quelques confusions à l'égard de Wulff, et surtout en ce qui touche Artedi et Linné.

Voici la description que j'ai faite de cette espèce, comme pour la brème, sur le poisson pêché par moi et décrit encore vivant.

Ce poisson ne vient jamais aussi grand que la brème; sa forme est à peu près la même; mais le profil du dos

---

1. *Icon. pisc. Aust.,* tab. 7.
2. *Ichth. Leske spec.,* p. 69.
3. *Ichth. bor.,* p. 51, n.° 69.

est moins courbe, et la tête est moins étroite à proportion; le museau est encore plus obtus; et un des caractères qui le font le plus facilement distinguer de la brème,
est la brièveté de l'anale, qui est en même temps plus
haute à proportion.

La hauteur du tronc est un peu plus de trois fois dans la longueur, et son épaisseur huit fois et demie. La tête est cinq fois et
demie dans la longueur, et la distance du bout du museau au bord
postérieur de l'œil est plus longue que la moitié de la tête. Le
diamètre de l'œil est trois fois et demie dans la longueur de la
tête : il est séparé de l'autre par un diamètre et trois quarts
seulement. Le sous-orbitaire, le préopercule, l'opercule et le sous-
opercule sont comme dans la brème. Mais l'interopercule n'a pas
l'angle montant qui, dans la brème, sépare le préopercule de
l'opercule. Le profil du front est plus courbe, surtout près des
narines, où il descend très-obliquement. Les ouvertures de la narine
sont placées comme dans la brème, mais la membrane qui les
sépare ne s'élève pas en crête au-dessus d'elles.

Les pharyngiens ont les dents sur deux rangées : l'externe en a
cinq, l'interne deux; celles-ci sont petites et en tubercule mousse;
les autres ressemblent à celles de la brème, mais il me paraît que'elles
s'usent moins vite.

La dorsale naît au milieu de la distance, entre le bout du museau
et le fond du croissant de la queue. La hauteur de cette nageoire,
double de la base, est une fois et deux tiers dans la hauteur du
corps, et sa longueur est le tiers de cette même hauteur. La
distance de la fin de la dorsale à la queue est moindre d'un
cinquième que la hauteur du corps. On compte dix rayons, dont
le premier, simple, est moitié plus court que le second, qui est
le plus long. Le dernier est un peu plus du tiers de celui-ci.
L'anus s'ouvre sous la fin de la dorsale. L'anale commence
aussitôt après ; sa longueur est une fois et deux tiers dans la
hauteur, et sa hauteur est un peu moins de la moitié de celle du
corps. Elle n'a que vingt-trois rayons, dont les deux premiers

sont simples. Le dernier est moindre que le tiers du troisième, qui est le plus long. La distance de l'anale à la caudale n'est pas si grande que la hauteur de la queue. La caudale est fourchue, mais ses lobes sont égaux; elle a vingt rayons, dont les deux supérieur et inférieur sont simples, tous les autres sont branchus. La pectorale est médiocre : elle a seize rayons. La ventrale est un peu plus petite qu'elle; on lui compte neuf rayons, dont le premier est simple : ils sont attachés très en avant de la dorsale, à une distance qui est une fois et demie dans la longueur du corps.

D. 10; A. 23; C. 19; P. 16; V. 9.

Il y a dans son aisselle une écaille pointue triangulaire, plus grande que celle que l'on voit à la brème.

La ligne latérale est nue, presque droite, légèrement courbée en bas : elle est placée très-peu au-dessous de la moitié du corps; elle est marquée par une suite de gros points relevés sur chaque écaille. Les écailles sont plus grandes que celles de la brème; on en compte quarante-deux dans la longueur et quinze dans la hauteur : elles sont striées comme celles de la brème. La couleur générale est d'un beau blanc d'argent à reflets dorés, avec une teinte verte sur le dos. Le dessus de la tête est vert; les nageoires verticales sont noirâtres; les pectorales et les ventrales sont rougeâtres. L'iris de l'œil est argenté; le tiers de sa partie supérieure est d'un beau vert mêlé d'or. Tout le corps est marqué de très-petits points noirs, que l'on ne voit pas dans la brème. Les lèvres sont blanches. La langue est encore moins visible que celle de la brème.

Les viscères n'offrent pas de différences notables avec ceux de la brème : quant au squelette,

je trouve quarante vertèbres, quatorze côtes seulement. Le dessus du crâne est méplat, au lieu d'être arrondi; l'apophyse épineuse de la troisième vertèbre est plus étroite et moins profondément fourchue. Ce qu'il importe bien de noter, c'est que les pharyngiens ont les dents sur deux rangées, cinq sur le rang externe et deux sur l'interne.

Outre ces exemplaires de la Seine, nous avons encore comparé entre eux ceux que le Cabinet du Roi a reçus de la Somme par M. Baillon; de Strasbourg, par M. Hammer; de l'Elbe, par MM. Thienemann et Nitsch, et ceux que j'ai moi-même pris dans l'Escaut à Gand, dans le lac de Harlem, dans la Sprée à Berlin, et dans le lac de Tegel chez M. le baron de Humboldt.

Je n'ai pas vu d'individus qui dépassassent un pied; et ceux de cette taille, dans la Seine ou dans la Somme, sont très-rares.

Le nom le plus commun que les pêcheurs de Paris lui donnent, est celui de *harriot;* on entend dire aussi quelquefois *hazelin.* Il y fraie, depuis le commencement de Mai jusqu'à la fin de Juin, et ordinairement à trois reprises différentes. Les œufs sont tous séparés, et déposés dans les racines de saules et dans les herbes. Le mâle n'a jamais le corps couvert de ces verrues que l'on observe sur les brèmes.

Je ne vois pas ce poisson compté dans les Faunes les plus septentrionales de l'Islande ou du Groenland; mais il devient commun en Suède, où on le nomme *Blicka, Braxen panka, Braxen blicka;* dans le Smoland on dit *Braxen flicka,* et en Scanie, selon M. Nilsson, on nomme cette espèce *Bjelk.* Selon Linné et Artedi les noms seraient *Björkna,* et selon M. Nilsson, *Bjerkna* ou *Bjärk-fisk,* et aussi *Blicka.* MM. Fries et Ekström disent, dans leurs Poissons de Scandinavie, *Björknan.* Ils en donnent une fort bonne figure coloriée, et discutent dans leur description la synonymie de ce poisson d'une manière complète. Je dois cependant faire remarquer que je n'ai jamais observé, soit en France, soit en Allemagne, les nageoires

paires et l'anale aussi rouges qu'ils les représentent. Sans la
forme de cette nageoire et le nombre des rayons, je croi-
rais, par la couleur, qu'il s'agirait de quelques gardons ou
de quelques rosses. Je les ai vues verdâtres ou brunes avec
un simple reflet rougeâtre : mais Bloch a fait les nageoires
trop vertes. Dans la traduction allemande de M. Creplin
je trouve pour nom suédois *Bjelke,* comme dans Nilsson,
et ceux de *Pank,* de *Björk-fisk* et de *Björkna.* Cet
auteur nous donne, pl. IV de cet ouvrage, une bonne
figure de cette espèce. Müller ne l'a pas mentionnée dans
son *Fauna danica,* et cependant le Roi de Danemarck
l'a inscrite, dans le catalogue des poissons de ce pays, sous
le nom de *Brassen,* que Bloch donnait déjà avec celui
de *Bunka* en norwégien. Je l'ai toujours entendu nommer
die Güster sur le marché de Berlin; mais Bloch y ajoute
beaucoup d'autres noms, qui varient en effet dans les
diverses localités, comme pour tous les autres poissons.
Cette espèce a été moins connue en Angleterre que la
brème; car ni Pennant, ni Turton, ni Donovan, ni Flemming n'en font mention; cependant M. Yarell l'a donnée
dans son Histoire des poissons d'Angleterre, vol. 1, p. 340,
en notant que la première notion en est due au Rev. Revelt
Sheppart, qui fit connaître à la Société linnéenne que deux
sortes ou variétés de brèmes existent dans la rivière de
Trent près Newark : celle dont nous nous occupons ici
étant le *white bream* (la brème blanche) des pêcheurs de
cette contrée; puis, M. Jennyns l'a trouvée dans le Cam,
et l'a signalée dans son Système des animaux vertébrés du
comté de Cambridge. Je ne la vois, de même que la
brème, signalée par aucun des auteurs des Faunes méridionales de l'Europe; mais l'Orient la nourrit, du moins

je la trouve indiquée dans la *Fauna pontica* de M. Nord-mann; quoique la méthode suivie par ce zoologiste dis-tingué, me laisse beaucoup d'incertitudes sur plusieurs points. Il établit deux variétés distinctes, l'une à dorsale basse, l'autre à dorsale plus haute : la première de ces deux variétés serait, selon lui, sans aucun doute, le *cyprinus blicca* de Bloch; mais la seconde, qui n'aurait que dix-neuf à vingt-trois rayons à l'anale, serait, selon lui, le poisson que Guldenstædt et Pallas ont appelé *cyprinus laskir*. Or, Pallas[1] porte, dans sa phrase, le nombre des rayons de l'anale aux environs de quarante; *p. ani rad. fere quadraginta;* et puis, donnant la descrip-tion laissée par Guldenstædt, je vois que le nombre des rayons de l'anale est de vingt-sept, et qui auraient été à trente chez quelques individus. Rien ne prouve que ce naturaliste n'ait eu sous les yeux une brème ordinaire; j'incline tout-à-fait à le croire ainsi, et je pense que Pallas a rédigé sa phrase sur un *cyprinus ballerus,* dont M. Nord-mann nous a donné des exemplaires. Enfin, le poisson représenté dans la *Fauna pontica* pl. XXII, fig. 1, est peut-être d'une espèce tout-à-fait distincte, et à laquelle il ne faudrait pas laisser le nom de laskir, ni même celui de *abramis blicca.* Cependant je n'ose pas introduire sur ces documens une espèce nouvelle; je laisse ce soin à M. Nordmann, qui lira, j'espère, avec indulgence et amitié ces observations, et qui, pouvant se procurer encore plusieurs autres exemplaires de son *abramis laskir,* décidera mieux que moi la question.

---

1. *Zoogr. ross. asiat.*, III, p. 326.

La Brème aux petites écailles.

(*Abramis microlepidotus,* Agassiz.)

M. Agassiz a indiqué, sous le nom d'*abramis microle-pidotus,* dans son mémoire sur les poissons du lac de Neufchâtel, le nom d'une brème du Danube, qu'il croit d'une espèce distincte de la brème ordinaire. Il en a envoyé un beau dessin colorié, et j'avoue que les différences avec la brème ordinaire me paraissent bien légères.

La hauteur est trois fois et deux tiers dans la longueur totale; la tête y est comprise six fois; le museau est saillant et obtus; les nageoires ressemblent à celles de notre brème.

D. 11; A. 29, etc.

Je ne trouve que cinquante rangées d'écailles entre l'ouïe et la caudale, nombre qui se rencontre dans beaucoup de nos brèmes.

La couleur est verdâtre foncé sur le dos, sur la dorsale et la caudale; l'anale est verdâtre avec le bord rembruni; les nageoires sont vertes. Les teintes sont plus prononcées et différentes de celles que j'ai jamais vues sur nos brèmes.

Le dessin est long de neuf pouces.

La Brème a petite dorsale.

(*Abramis micropteryx,* Agassiz.)

Je trouve encore parmi les dessins de M. Agassiz la représentation d'une brème voisine de la commune et de la bordelière par le nombre des rayons, mais qui me paraît s'en distinguer par la petitesse et la hauteur de la dorsale. Cette nageoire n'a que neuf rayons; sa base ne fait pas les deux cinquièmes de sa hauteur, et le dernier rayon n'est pas si élevé. Comme le rayon le plus haut égale en longueur le lobe de la caudale et fait les trois quarts de la hauteur du corps, cette nageoire courte paraît haute et donne un aspect particulier au poisson. D'ailleurs la hauteur est près du quart de la longueur totale; la tête, dont le museau est obtus, est comprise cinq fois et deux tiers dans cette même mesure. L'anale ressemble à celle de la bordelière avec un rayon au moins de plus.

D. 9; A. 26, etc.

Je compte quarante-huit à cinquante écailles dans la longueur, neuf au-dessus de la ligne latérale et cinq au-dessous.

Le poisson, argenté, a le dos verdâtre.

Le dessin est long de six pouces : c'est l'*abramis micropteryx* du mémoire de M. Agassiz dans le Recueil de la société d'histoire naturelle de Neufchâtel.

La Brème argentée.

(*Abramis argyreus*, Agassiz.)

Le même savant a aussi indiqué dans ce travail, sous le nom d'*Abramis argyreus*, une espèce ou une simple variété de la brème, ou peut-être du *cyprinus Buggenhagii*, et

qui n'a que vingt-quatre rayons à l'anale; la hauteur est trois fois et deux tiers, et la tête cinq fois et un tiers dans la longueur totale. Le museau, obtus, n'est pas très-saillant. La dorsale est haute et pointue.

D. 11; A. 24, etc.

Je compte quarante-neuf rangées d'écailles : elles sont toutes pointillées, ce qui fait paraître le poisson comme sablé.

Le dessin est long de sept pouces.

De la SOPE.

(*Leuciscus ballerus*, nob.; *Cypr. ballerus*, Linn., Art.)

Artedi a donné le caractère spécifique[1] et une description complète[2] de ce poisson, mais en lui donnant la synonymie de son *cyprinus björkna* ou de notre bordelière; ce qui n'a pas empêché Linné de prendre pour dénomination spécifique de la sope le nom de *ballerus*, sur la signification duquel nous n'avons plus à revenir, après ce que nous en avons dit à l'article de la bordelière. La sope se nomme en suédois *blicca;* c'est ce nom que Bloch a pris dans cette langue septentrionale pour en faire la dénomination spécifique de la bordelière : ainsi dès l'origine il y a eu transposition de noms entre les deux espèces.

Quoique la sope soit très-commune dans les contrées septentrionales de l'Europe, je ne crois pas qu'elle s'avance vers le sud autant que les brèmes précédentes; aussi Rondelet n'en fait aucune mention. Linné l'a introduite dans le *Systema naturæ* d'après le travail d'Artedi. Bloch[3] en a donné une belle figure, et je ne la trouve plus que dans les ouvrages des naturalistes les plus récens qui ont écrit sur les poissons du nord ou de l'est de l'Europe.

Le premier individu d'après lequel j'ai pu en faire une description, était conservé dans le Musée de Leyde : M. Temminck l'avait pris dans la Sprée. Je ne l'ai vu qu'une seule fois sur le marché de Berlin. J'ai pu depuis

---

1. Art., Syn., p. 24.
2. Sp., p. 23, sp. 11.
3. Bl., tab. 9.

compléter cette première description sur des exemplaires d'Odessa, que j'ai dues à l'obligeance de M. le professeur Nordmann.

Cette espèce a l'anale beaucoup plus longue que la précédente; le corps est étroit et beaucoup plus alongé, surtout dans la région caudale, ce qui est en rapport avec l'extension de la nageoire de l'anus; les écailles sont petites; la tète courte, pointue, sans museau arrondi ni saillant; l'œil assez grand.

La hauteur est trois fois et demie dans la longueur totale. La tète mesure le sixième de cette longueur; l'œil n'est pas éloigné du bout du museau d'une fois son diamètre, lequel est du tiers de la longueur de la tète. La pièce antérieure du sous-orbitaire est très-étroite; la bouche est petite, peu fendue; la mâchoire inférieure est plus longue que la supérieure; la base de la dorsale est deux fois et un tiers dans le plus long rayon de la dorsale, qui est une fois et demie dans la hauteur du tronc. L'anale a près de trois fois en longueur sa hauteur. La pectorale est pointue et dépasse un peu l'insertion de la ventrale. La caudale est fourchue.

D. 11; A. 41, etc.

Les écailles sont petites : il y en a soixante-cinq rangées au moins entre l'ouïe et la caudale.

La ligne latérale est infléchie et un peu au-dessous de la moitié du tronc.

La couleur est verdâtre sur le dos, argentée sur les côtés et le ventre; il y a du noir à l'anale, et du noirâtre à la caudale.

Je n'ai pas fait l'anatomie ni examiné le squelette de ce poisson; mais j'ai vu les dents pharyngiennes : elles sont au nombre de cinq sur un seul rang. Leur pédoncule est grêle et haut; la couronne, à crochets pointus, était usée sur les trois premières.

La sope, non moins commune en Suède que les précédentes, est très-bien figurée dans l'ouvrage des Poissons de Scandinavie par MM. Fries et Ekström[1]. M. Nilsson la cite aussi dans son Prodrome, et ces différens auteurs lui donnent le nom de *Flika* ou de *Braxenflika* : je ne la trouve cependant pas dans la traduction de M. Creplin. Müller la compte dans le *Fauna danica*, et l'indique sous les noms de *Brasen* et de *Bunke*. Le catalogue du Roi de Danemarck ne porte que le premier de ces noms, et la donne comme très-commune. Le nom de *Zope* est usité dans les provinces allemandes du royaume de Prusse; Bloch y ajoute les dénominations de *Schwope* ou *Schwape* en Poméranie, et de *Bleyer, Ruduly* et *Sarg* en Livonie, et celui de *Sapa* en Russie; mais M. Nordmann applique ce dernier nom à une autre espèce. Bloch ajoute que la sope ne se trouve que dans la mer Baltique ou à l'embouchure des fleuves qui s'y jettent.

Pallas faisait déjà savoir qu'on trouve le *cyprinus ballerus* dans le Volga, où les Russes le nomment *sintepa,* et les Cosaques *scisgha* ou *senetz.* M. Nordmann ajoute que l'espèce est très-abondante dans tous les fleuves qui se jettent dans la mer Noire, et dit que les pêcheurs russes d'Odessa l'appellent *sinetz.* On trouve aussi ce poisson dans l'Obi. Mon illustre ami, M. Alexandre de Humboldt, m'en a donné un bel exemplaire, qui a été déposé dans le Cabinet du Roi.

La Clavetza.

(*Leuciscus sopa,* nob.; *Cyprinus sopa,* Pall.)

Depuis long-temps Pallas, sous le nom de *cyprinus sopa,* ou Guldenstædt sous celui de *cyprinus clavetza,*

---

1. *Scand. fish.,* liv. 5, pl. 26.

ont fait connaître une espèce des rivières orientales de l'Europe, et qui est voisine de la sope.

Pallas ne l'a vue nulle autre part que dans les affluens du Volga, le Sura, le Samara, le Kinel, et Guldenstædt a observé la sienne dans le Tanaïs, près le *Palus Mœotide*. M. Nordmann a démontré la similitude des descriptions de ces deux auteurs.

Le même naturaliste a fait aussi remarquer que cette espèce a été depuis décrite par M. Heckel sous un nouveau nom, celui de *Abramis Schreibersii*[1]. Les individus qui ont servi à établir cette espèce nominale, venaient du Danube; ceux de M. Nordmann sont originaires du Bug, du Dnieper et du Dniester. C'est d'après un de ces dernières localités que j'ai fait la description suivante.

Cette brème a de la ressemblance, par la forme alongée de son corps, avec la sope; elle en a aussi avec la vimbe par son museau obtus, quoiqu'il soit moins arrondi et moins saillant. Elle s'en distingue d'ailleurs, parce que

sa tête est plus petite, son œil est plus grand, et son anale beaucoup plus longue. Sa plus grande hauteur est trois fois et demie dans la longueur totale; la tête y est six fois et un tiers. Le diamètre de l'œil est compris trois fois dans la longueur de la tête. La pièce antérieure du sous-orbitaire n'a que la moitié de la largeur du diamètre; la bouche est petite, et les deux mâchoires paraissent égales quand la bouche est ouverte.

Les dents pharyngiennes sont au nombre de cinq et sur un seul rang, mais elles sont plus petites, soit de leur pédoncule, soit de leur couronne. Celle-ci a son crochet plus recourbé, la facette usée plus petite; la cinquième dent est presque conique.

La dorsale répond au milieu de la longueur du tronc; sa base

---

1. Heckel, Arch. de Vienne, t. I, tab. 20, fig. 4.

n'a pas la moitié de la hauteur du plus long rayon de la nageoire, lequel est compris une fois et pas tout-à-fait moitié dans la hauteur du tronc. L'anale est basse, mais très-longue. Sa base a presque trois fois la longueur des rayons antérieurs. La pectorale, alongée, dépasse de la pointe l'insertion de la ventrale, qui est plus courte d'un quart.

D. 11; A. 42; C. 19; P. 20; V. 9.

La ligne latérale, presque droite, est tracée par le milieu du corps. Je compte quarante-six rangées d'écailles sur le côté. Les couleurs sont argentées, verdâtres sur le dos; il y a du noir à la caudale et à l'anale.

Les individus d'Odessa que M. Nordmann a donnés au Cabinet du Roi, sont longs de neuf pouces.

M. Nordmann dit qu'on en apporte fréquemment en hiver sur le marché d'Odessa, où on les nomme *Clavetza*.

Je vois, par les dessins originaux et non encore publiés qui m'ont été confiés par la généreuse amitié de M. Agassiz, que ce savant ichthyologiste a eu connaissance de cette espèce; je crois du moins devoir y rapporter un dessin qui ressemble à la figure de M. Nordmann ou à celle de M. Heckel par la grosseur du museau, par le prolongement du lobe inférieur de la caudale, mais qui porte cependant le nombre des rayons de l'anale à quarante-six.

L'exactitude de M. Dinckel, qui prête à M. Agassiz le secours de son habile pinceau, étant parfaitement connue, je ne puis croire qu'il aurait augmenté le nombre des rayons de cette nageoire. M. Agassiz se proposait de désigner l'espèce du nom de *abramis balleropsis*. On la trouve indiquée sous ce nom dans le mémoire de ce professeur sur les cyprins du lac de Neufchâtel. Comme il connaît très-bien les poissons du Danube et les travaux de

M. Heckel, il ne serait pas impossible, qu'à cause du nombre des rayons, mon savant ami n'ait voulu en faire le type d'une espèce distincte : pour décider ce point, il faudrait avoir la nature sous les yeux. Nous voyons déjà le nombre des rayons varier de trente-huit à quarante-deux. D'après les observations de M. Nordmann, nos brèmes offrent des variations aussi grandes; je crois qu'on peut admettre de telles différences dans le nombre des rayons de cette espèce. Que l'on ne dise pas que les ichthyologistes séparent le *cyprinus blicca*, qui n'a que vingt-cinq rayons, du *cyprinus brama*, qui en a vingt-huit. Cette légère différence ne m'aurait pas décidé à elle toute seule; mais le caractère si positif de la dentition pharyngienne, qui entraînerait dans une manière de voir différente de la mienne, non pas seulement une distinction spécifique, mais une séparation générique, ne peut laisser le moindre doute sur l'établissement de l'espèce de la bordelière à côté de la brème.

La Brème de Buggenhagen.

(*Leuciscus Buggenhagii*, nob.; *Cypr. Buggenhagii*, Bl., pl. 95.)

La forme élevée du corps, celle de la dorsale, le museau obtus et soutenu, établissent les plus grandes ressemblances entre le poisson que Bloch a dédié à M. le comte de Buggenhagen et sa bordelière; mais l'anale est encore plus courte.

J'ai pu vérifier l'exactitude des caractères, et compter le nombre des rayons sur le poisson même de Bloch, encore conservé dans le Musée de Berlin, et que j'ai dû à l'amitié de M. Lichtenstein.

Ce poisson me paraît fort rare en France; je ne l'ai jamais trouvé dans la Seine; mais je viens de le décrire avec détails d'après nature, parce que j'ai reçu de M. Baillon cette brème, qui devient aussi longue dans les eaux de la Somme que la bordelière. Il faut, en général, remarquer que la Somme nourrit plusieurs poissons du nord de l'Allemagne, et qu'elle paraît être la limite où cessent de s'avancer de ce côté de l'Europe plusieurs espèces germaniques.

Elle a l'anale courte; cette nageoire contient encore moins de rayons que la bordelière. La dorsale est aussi moins pointue; le museau est moins gros; la hauteur du tronc fait le tiers de la longueur du corps, la caudale n'y étant pas comprise. La tête entre pour quatre fois et demie dans cette même mesure. L'œil, plus grand, n'est éloigné du bout du museau que d'une fois le diamètre, qui est compris trois fois et deux tiers dans la longueur de la tête. Le chanfrein est plus convexe que dans les autres brèmes; et ce qui sera un caractère d'une bien autre importance, si on le vérifie sur plusieurs exemplaires, c'est que l'individu que j'ai sous les yeux a six dents pharyngiennes. Le premier rayon de la dorsale répond à la moitié de la longueur du tronc. La hauteur du plus long rayon de cette nageoire est une fois et demie dans celle du corps sous lui, et la longueur de sa base est des deux tiers de son rayon le plus haut, et est égale au rayon le plus long de l'anale. La base de celle-ci est d'un cinquième seulement plus haute que ce rayon. La caudale est très-fourchue, et cinq fois et demie dans la longueur totale. La pectorale, plus longue que large, n'est pas du septième de cette même longueur. La ventrale est un peu plus courte et un peu plus large à proportion.

D. 13; A. 18; C. 4 — 19 — 5; P. 18; V. 9.

Les écailles sont striées comme celles de la brème. J'en trouve quarante-huit rangées entre l'ouïe et la caudale. La ligne latérale, infléchie vers le ventre, est sur la troisième écaille, et elle n'en a que cinq à six au-dessous d'elle.

La couleur est un vert rembruni sur le dos et sur les nageoires. Les plus grands individus du cabinet n'ont que treize pouces. J'en ai un plus petit, que M. Hollandre a envoyé de la Moselle, et qui paraît beaucoup plus argenté que ceux d'Abbeville. Mais je trouve aussi que les jeunes individus préparés par M. Baïllon, sont encore plus clairs que les adultes.

Bloch avait reçu ce poisson des eaux de la Pène dans la Poméranie suédoise. Il dit que les pêcheurs se réjouissent de voir un poisson de cette espèce entrer dans leurs filets, parce que c'est pour eux l'indice d'une pêche abondante de brèmes. Ils croient que l'espèce dont il s'agit précède toujours ces cyprinoïdes, et aussi ils l'appellent *Leiter* (conducteur ou guide).

Cette espèce se rencontre aussi dans la Moselle; du moins je pense qu'il faut y rapporter le poisson désigné par M. Hollandre, dans sa Faune, sous le nom de *cyprinus abramorutilus*. Je vois aussi que c'est l'opinion de M. Selys Delongchamps, auteur de la Faune belge. Ce zoologiste a cru devoir distinguer de ce poisson, sous le nom de *abramis Heckelii,* une brème dans laquelle je ne puis voir qu'une simple variété de notre espèce. Le caractère le plus saillant consisterait dans la présence de deux écailles de plus au-dessus de la ligne latérale, c'est-à-dire que l'*abramis Buggenhagii* en a huit, et l'*abramis Heckelii* en aurait dix ; le long de la ligne latérale on en compterait de quarante-huit à cinquante-trois ; mais comme j'ai examiné, grâce à l'obligeance de M. Baïllon, un grand nombre de ces poissons pris dans la Somme, et que tout récemment je viens de recevoir par les soins de son amitié un

1ɔ.   6 exemplaire qui lui avait été indiqué comme le véritable *abramis Heckelii,* je ne puis conserver, après avoir comparé ce dernier aux premiers, le moindre doute sur l'identité spécifique de ces brèmes à anale courte, chez lesquelles, comme dans notre brème commune, le nombre des écailles varie, mais, comme on le voit, dans des limites assez rapprochées.

La brème de Buggenhagen doit être peu commune en Angleterre; car je ne la vois figurée que dans le supplément de l'Histoire naturelle des Poissons d'Angleterre par M. Yarell, pag. 39. L'individu lui a été envoyé du comté d'Essex. Cet habile et zélé ichthyologiste nous apprend aussi que M. W. Thompson, de Belfast, à qui l'ichthyologie doit tant de faits importans sur l'histoire des poissons d'Irlande, a aussi rencontré cette brème dans la rivière Logan, près de la ville de Belfast.

La Brème persa.

(*Cyprinus persa*, Pallas.)

Faut-il distinguer de la brème de Buggenhagen le *cyprinus persa* de Pallas?

Cet illustre naturaliste ne l'a pas vue, et il ne la fait connaître que d'après les manuscrits de G. Samuel Gmelin. Voici cette description :

C'est un poisson d'un pied de long, tenant de l'ablette et du barbeau. La tête est presque semblable à celle de ce dernier; le museau est avancé; la bouche inférieure; point de barbillons. Le corps, couvert de grandes écailles, argenté, alongé et un peu élargi. La ligne latérale courbe ou infléchie vers le ventre.

B. 3; D. 10; A. 17—18; C. 19; P. 16; V. 9—10.

La caudale est fourchue; les nageoires inférieures sont rougeâtres.

Cette couleur des nageoires semblerait distinguer cette brème de l'espèce de Bloch; mais les nombres des rayons l'en rapprochent.

Pallas croit qu'il faut rapporter à celui-ci l'espèce que Guldenstædt a confondue avec le *cyprinus vimba,* nommé en Géorgie *gwelana ,* très-abondant dans les lacs qui versent dans le Cyrus, où les Cosaques le nomment *seruschka.*

Gmelin avait observé le poisson, dont nous reproduisons la courte description, dans les eaux de la Perse.

La Brème aux nageoires rouges.

(*Abramis erythropterus,* Agassiz.)

Parmi les beaux dessins qui m'ont été communiqués par M. Agassiz, je trouve la représentation d'une brème qui me paraît avoisiner le *cyprinus persa* à cause de la couleur des nageoires : elle est indiquée sous le nom que nous lui conservons dans le mémoire de ce naturaliste.

Ce poisson a le dos convexe; le profil du ventre droit jusqu'à l'anus, et remontant obliquement vers la queue.

La hauteur est comprise trois fois et demie dans la longueur totale. La tête est petite, à peu près du septième de cette même longueur. La dorsale, haute de l'avant et pointue, est assez bien celle d'une brème. L'anale est courte pour un poisson de ce groupe. La caudale est fourchue; la pectorale est aussi un peu longue pour les brèmes.

D. 10; A. 15, etc.

Je compte quarante rangées d'écailles entre l'ouïe et la caudale; six rangées seulement au-dessus de la ligne latérale et autant au-dessous. Les écailles sont donc plus grandes que celles de toutes ces brèmes. Elles donnent à ce poisson l'aspect d'un gardon. Le dos est vert foncé; le reste du corps est argenté. La dorsale a une teinte rougeâtre mêlée à son fond vert; toutes les autres nageoires sont rouges, ou mieux couleur de rouille.

Ce poisson est long de huit à neuf pouces.

La Brème de Leuckart.

(*Abramis Leuckartii,* Heckel.[1])

Les eaux du Danube nourrissent une brème à anale si courte, que je me demande pourquoi cette espèce n'a pas été classée près de plusieurs de nos *leuciscus* ordinaires.

Elle a la tête oblongue, comprise cinq fois dans la longueur totale, qui comprend la hauteur sous la dorsale trois fois et trois quarts. Le chanfrein est un peu concave; le dos et le ventre sont régulièrement arqués; la caudale fourchue; l'anale peu pointue de l'avant.

D. 13; A. 18 ou 20; C. 8—17—6; P. 17; V. 10.

Les écailles sont de médiocre grandeur; M. Heckel en compte onze au-dessus de la ligne, cinq au-dessous, et quarante-six dans la longueur. La couleur est celle de nos brèmes. Un verdâtre argenté sur le dos, et de l'argent brillant sur les flancs. Les nageoires paires sont blanches; la dorsale et l'anale ayant quelques teintes rembrunies.

Ce poisson a quelque ressemblance, par le nombre des écailles et par la petitesse de l'anale, avec la brème de Buggenhagen; mais le profil du corps n'est pas le même, car il est ici plus régulièrement ovalaire. On le nomme près de Vienne du même nom, *Pleinzen* ou *Spitzpleinzen,* que l'on donne à l'*abramis sopa.*

---

1. *Arch. Vienn.,* p. 229, t. I, tab. XX, fig. 5.

La BRÈME VIEILLE.

(*Abramis vetula,* Heckel. [1])

Dans le même mémoire, le savant ichthyologiste de Vienne a fait connaître, sous le nom d'*abramis vetula,* une brème

à tête assez grosse; à corps alongé, épais et haut en avant, dont le profil fait une ligne très-convexe entre la nuque et la dorsale : cette nageoire a les premiers rayons hauts et pointus; ceux de l'anale, qui est longue comme dans les brèmes, sont également prolongés, de sorte que la nageoire a la forme d'une faux. Les lobes de la caudale sont assez pointus.

D. 12; A. 28; C. 5 — 17 — 6; P. 14; V. 10.

La plus grande hauteur du corps est comprise quatre fois et un quart dans la longueur totale; on la mesure au milieu de l'espace compris entre la nuque et la dorsale. Au-dessus de l'anale, le tronçon de la queue n'a plus guère qué le tiers de cette hauteur. La longueur de la tête est du cinquième de la longueur totale. Le museau est épais et obtus. Il y a treize rangées d'écailles au-dessus de la ligne latérale, sept au-dessous, et cinquante-deux écailles dans la longueur.

Cette espèce vient du lac Neusiedler, où elle n'est pas très-commune, et où on la nomme, comme la sope, *Pleinzen,* nom que l'on donne à plusieurs sortes de brèmes.

Le nombre des rayons de l'anale semble rapprocher cette brème de l'espèce commune; mais la forme du corps l'en éloigne beaucoup. Je ne connais ce poisson que par la description et la figure de M. Heckel.

---

1. *Arch. Vienn.*, t. I, p. 23o, pl. XX, fig. 6.

La Brème aux yeux noirs.

(*Abramis melanops*, Heckel, t. II, tab. IX, fig. 3.)

Cette espèce a le corps alongé et l'anale courte. Le peu de hauteur du corps, comme le peu d'étendue de l'anale, feraient tout aussi bien placer ce poisson parmi les ables qu'à côté des brèmes.

La tête est plus longue qu'aux deux précédentes; la hauteur du tronc égale la longueur de la tête, et n'est pas tout-à-fait du cinquième de la longueur totale. Le museau est petit et saillant au-dessus de la mâchoire inférieure; la tête est étroite; le diamètre de l'œil est presque du quart de la longueur de la tête, et le bord de l'orbite est éloigné de plus d'une fois ce diamètre. La hauteur de la dorsale égale deux fois la longueur de la base. La longueur de l'anale égale sa hauteur. La caudale est fourchue. La pectorale n'atteint pas à la ventrale.

D. 11; A. 21, etc.

Il n'y a que cinquante-huit à soixante écailles sur le côté. La ligne latérale est un peu infléchie. Au-dessus d'elle sont dix rangées d'écailles et six seulement au-dessous. La couleur est foncée, gris plombé sur le dos, et couvert sur les flancs de petites verrues noirâtres.

L'individu, long de six pouces et demi, est dû à M. Nordmann.

Cette espèce a d'abord été distinguée par M. Heckel[1] (*loc. cit.*), qui la regarde comme avoisinant le *cyprinus vimba*, mais s'en distinguant par un museau plus court et une tête plus épaisse: d'ailleurs les nombres des rayons sont différens. Les dents pharyngiennes, que M. Heckel

---

1. *Beytr. zur Ichth. Arch. Vienn.*, t. II, p. 154, tab. 8, fig 3.

a eu soin de figurer tab. 8, fig. 12, sont au nombre de
cinq et taillées en biseau. Les individus du Cabinet de
Vienne viennent du fleuve Marizza en Rumélie. M. Nordmann, qui a donné dans son *Fauna pontica* une figure
de cette espèce, pl. XXII, fig. 2, avait pris l'un de ces
exemplaires dans un rapide de Codor en Abassie, l'autre
venait de Crimée.

La BRÈME DÉLICATE.

(*Leuciscus tenellus,* nob.; *Abramis tenellus,* Nordm.
Voyage en Crimée, p. 310, n.° 8.)

Le même professeur a donné aussi des eaux douces
de la Crimée

une petite brème à anale courte, dont la tête, étroite et pointue, est
du cinquième de la longueur totale; la hauteur du tronc est du
quart de la longueur totale; le museau est obtus; l'anale, courte,
est aussi haute que longue; la dorsale n'a qu'une fois et demie
en hauteur la longueur de sa base; la caudale est fourchue.

D. 11; A. 16 à 18.

Le nombre des écailles de la ligne latérale varie de cinquante
à cinquante-cinq.

L'individu est long de quatre pouces.

Sur un fond argenté brillant, le poisson a le dos verdâtre clair,
ainsi que le sommet de la tête.

Dans la saison du frai, en Juin, les opercules et les écailles du
mâle se couvrent de petites granulations ou proéminences verru-
queuses noires, ce qui fait paraître les flancs plus foncés que
de coutume.

M. Nordmann n'a encore observé cette espèce, reconnaissable à sa petite taille et à la petitesse de ses écailles,

que de la petite rivière nommée Tschornaia Retschka
(rivière noire) qui passe par Inkerman, non loin de
Sébastopol en Crimée, et qui fournit l'eau nécessaire
aux docks d'Inkerman.

La Brème naine.

(*Leuciscus parvulus,* nob.)

Je trouve encore avec ce même poisson un autre plus
petit, d'une espèce qui me paraît toutefois distincte,
quoique M. Nordmann semble l'avoir confondue avec la
précédente.

Le corps est plus alongé et la tête plus petite; la hauteur est
quatre fois et demie, et la tête cinq fois dans la longueur totale.
L'œil est plus grand; le profil de la tête plus convexe. L'anale
est plus longue et plus basse; car la base comprend une fois et un
tiers son rayon le plus long.

D. 11; A. 21.

Lá ligne latérale est flexueuse; les écailles sont médiocres, et
la couleur verdâtre, avec reflets argentés.

Ce poisson n'a pas quatre pouces : il vient de la Crimée.

De la Zerte.

(*Abramis vimba,* Bl.)

Les eaux douces du nord de l'Europe nourrissent une
espèce à corps plus alongé et remarquable par la saillie
de son museau charnu : c'est le *Cyprinus vimba.*

La hauteur du tronc est quatre fois et deux tiers dans sa longueur
totale; la caudale entre pour un sixième dans cette même longueur;
la tête pour un cinquième et quelque chose. Le museau est arrondi

et saillant. L'œil de grandeur moyenne; le diamètre est compris quatre fois et demie dans la tête : il égale la largeur de la première pièce du sous-orbitaire. J'ai observé les dents pharyngiennes sur un des deux individus pris par moi dans la Sprée, et sur un autre venant de l'Obi. Elles sont au nombre de cinq sur un seul rang : la première a le crochet pointu et recourbé et la couronne plate; la seconde et la troisième sont arrondies; la quatrième usée; la cinquième mousse : toutes les dents avaient la couronne usée et plate sur la Zerte de l'Obi. Le profil monte par une courbe peu saillante vers la dorsale, dont le premier rayon répond à la moitié de la longueur du tronc. La hauteur de la nageoire du dos est une fois et un tiers dans celle du corps sous lui; la longueur de la base égale la moitié du plus long rayon. La base de l'anale est une fois et deux tiers plus grande que son rayon le plus long, lequel n'a pas la moitié de la plus grande hauteur du côté.

La pectorale est étroite, et n'est pas plus alongée que la ventrale.

D. 11; A. 22; C. 4 — 19 — 5; P. 17; V. 9.

Il y a cinquante-six rangées d'écailles dans la longueur, et dix-sept dans la hauteur. Elles sont petites et striées comme celles des autres espèces. La ligne latérale, tracée sur la dixième écaille, est à peu près droite. Les couleurs sont celles de la brème.

Nous conservons dans les galeries un individu long de dix pouces, envoyé de Dresde par M. Tinnemann. Il y en a aussi du Danube, qui ont été donnés au Cabinet du Roi par M. de Schreibers. Je l'ai trouvée une seule fois, au mois de novembre, sur le marché de Berlin.

La première description complète de cette espèce a paru dans le travail d'Artedi[1], qui, la croyant nouvelle, l'indique dans sa Synonymie, sans aucune citation d'auteurs précédens.

____

1. Art., *Syn.*, p. 14, n.° 32, et Sp., p. 18, n.° 8.

17.

Quelques naturalistes ont cru devoir aussi rapporter à la Zerte le *Cyprinus capito anadromus dictus* (*Syn.*, p. 8, n.° 13) du même auteur; mais, comme je le démontrerai plus bas, c'est un assemblage de plusieurs êtres distincts.

Par la description d'Artedi nous apprenons que le nom de *Wimba* est suédois; que ce poisson se trouve dans le lac Mæler et dans la rivière Sala, qui coule auprès d'Upsal. Il est du nombre des cyprins dont l'intestin est court; car il n'est qu'une seule fois réfléchi, et égale à peine la longueur du corps de l'animal quand il est étendu. Le péritoine brille d'un bel éclat d'argent poli. Artedi indique aussi qu'à la fin de mai, la tête, le dos et quelquefois les flancs se couvrent de petits tubercules nombreux et blanchâtres, mais que tous les individus n'en ont pas. Il est probable que les mâles seuls sont sujets à ces pustules. C'est d'ailleurs, comme on le sait aujourd'hui, commun à un grand nombre d'espèces d'Ables.

Nous devons nous attendre à trouver ce poisson compris dans le *Fauna suecica,* et il l'est en effet. M. Retzius ajoute à la dénomination d'Artedi et de Linné, les variantes de *Wimma* et de *Noswimma.*

Bloch, qui a vu cette espèce à Berlin, en a publié une bonne figure, pl. IV, sous le nom allemand que les pêcheurs de ces contrées lui donnent, *die Zærthe;* mais en conservant le nom de Linné ou d'Artedi. Il faut d'ailleurs y joindre celui de *Gæse* à Drambourg sur la Drage. Suivant Bloch, les noms livoniens seraient *Wemgalle* ou *Weingalle, Winb, Wimb* et *Sebris.* Sauf le dernier, les autres se rapprochent assez bien de celui des Suédois pour voir qu'ils dérivent d'une même racine. En Russie on l'appellerait *Taraun.* Cet ichthyologue nous apprend que la Zerte est de passage dans les eaux de la Prusse ou de la Silésie; qu'on la voit sortir de la Baltique vers la Saint-Jean, ou des baies de cette mer, pour entrer dans l'Oder, et remonter de là dans les affluens de ce fleuve, tels que l'Inna et la Warthe; que dans ces rivières elle y cherche des pierres lavées par le courant pour y déposer ses œufs. Ils sont de la grosseur de la graine de pavot. Dans un ovaire du poids de trois quarts d'once, Bloch estime qu'il y en avait 28,800.

Cette habitude de sortir de la mer pour remonter dans les fleuves est donc commune à ce poisson de la famille des cyprins, comme nous le voyons dans celles des nombreuses espèces de la famille des salmonoïdes ou des clupéoïdes. Comme ces animaux séjournent plus ou moins longtemps dans les rivières et à des points assez élevés au-dessus du niveau de l'Océan, pour que l'influence des marées ne puisse y faire sentir la présence de l'eau de la mer, on voit que la distinction des poissons entre *poissons marins* et *poissons d'eau douce,* est tout-à-fait impossible. Je fais cette remarque pour répondre à cette demande si souvent faite par les géologues, de la distinction possible des poissons selon leur séjour.

La zerte ne paraît guère dépasser un pied et un pied et demi. On la prend en grande abondance à l'époque du frai, et sa pêche, soit au filet, nommé carreau, soit à la ligne, avec des vers de terre, paraît productive dans les environs de Landsberg sur la Warthe, et dans ceux de Custrin. Elle croît lentement, et meurt bientôt après être sortie de l'eau. Cependant Bloch rapporte que M. Marwitz a essayé de la transporter, et que le succès de ces essais a prouvé qu'elle est du nombre des poissons

dont on pourrait enrichir et aménager nos eaux douces.
On aurait d'autant plus raison de le faire, que sa chair
est blanche et de bon goût. On la mange fraîche ou mari-
née, et sous cette dernière préparation on en exporte en
assez grande quantité de Landsberg. Bloch observe que,
dans quelques endroits, on confond la zerte avec le nez
(*cyprinus nazus*). La fente de la bouche de l'un est assez
différente de celle de l'autre pour que toute méprise à cet
égard soit possible, lorsque l'on examinera les deux espèces
avec quelque peu d'attention; mais cette remarque sert à
expliquer pourquoi aucun auteur n'a fait connaître la zerte
avant Artedi, du moins d'une manière assez nette, pour
que l'on ne puisse pas accuser Artedi d'avoir oublié ses
prédécesseurs en rédigeant son *Synonymia piscium*.

Il me paraît, en effet, hors de doute, que Gesner[1] a
donné, dans ses Paralipomènes, une figure de la zerte,
et qu'il parle de ce poisson lorsque, l'appelant le nase de
l'Elbe, il dit qu'il remonte de la mer dans ce fleuve; mais
déjà il a aussi confondu les noms allemands qu'il lui donne,
car il l'appelle indifféremment *Zärte* ou *Blicke,* et de plus,
dans sa description, il parle très-distinctement de *six* dents
pharyngiennes. Ce nombre est celui des dents du nez (*cypr.
nasus*), ou bien du *cyprinus Buggenhagii,* qui reçoit
mieux aussi le nom de *Blicke,* que le nez. J'aime à citer
ce fait des six dents rapporté par Gesner, car il prouve
déjà l'ancienneté de la connnaissance du nombre des dents
de cette sorte de brème. Mais Bloch, regardant plus la
figure que le texte, n'a pas hésité à compter Gesner parmi
les synonymes de son poisson. L'article de Willughby[2]

1. *Paralip.*, p. 11.
2. P. 257, ch. XIII.

repose tout entier sur celui de Gesner, et par conséquent le *cyprinus capito anadromus dictus* d'Artedi[1] ne représente qu'une espèce factice, que Linné n'a pas citée avec raison sous son *cypr. vimba*. Bloch a donc eu tort d'embrouiller la bonne espèce d'Artedi, ou le Cypr. vimba, du *cyprinus capito anadromus dictus*. Gmelin a suivi l'ichthyologiste de Berlin, de sorte qu'il entasse sans critique tous ces synonymes. On voit encore cités par ces auteurs et Leske[2], qui a évidemment confondu la zerte et le nez, et Marsigli[3], qui a cependant figuré la zerte et non le nez, quoique dans le texte il l'appelle *Näse;* et Wolff, qui, sous le nom de *cypr. rutilus,* a plutôt aussi donné la zerte que toute autre espèce. Bloch critique Wolff d'avoir cité Schwenkfeld[4], qui donne pour nom vulgaire de son *Alosa fluviatilis,* les dénominations de *Zerte* ou *Zärt.* Je ne vois pas sur quels caractères il se fonde pour rapporter à un autre poisson le peu de mots que l'historien de la province de la Silésie a laissés sur cette espèce.

Siemssen[5] l'indique aussi parmi ses poissons du Mecklenbourg.

La zerte est donc assez répandue en Allemagne. Muller, qui la compte dans son *Fauna danica*[6], nous prouve aussi qu'elle habite les eaux du Danemarck, et il lui donne pour noms vulgaires *Flire* ou *Blikke.* Les successeurs d'Artedi et de Linné ont aussi donné, en Suède,

---

1. *Syn.*, p. 8, n.° 13.
2. *Ichth. Lips.*, p. 44, n.° 8.
3. Tom. IV, p. 17, tab. 6.
4. Schw., *Thes. Sil.*, p. 447.
5. Siems., p. 79.
6. P. 51, n.° 440.

de nouveaux détails sur la vimbe. M. Retzius a ajouté quelques mots à son histoire dans son édition du *Fauna suecica.* M. Nilsson [1], dans ses Poissons de la Scandinavie, nous dit qu'elle habite la Baltique, d'où elle remonte au printemps dans les fleuves et dans les lacs, depuis la préfecture de Bleking jusque dans la province d'Upland; mais qu'on ne la voit jamais en Scanie, dans le Gothland méridional, qui est cependant aussi baignée d'un côté par la Baltique.

Les noms de *Wimma* ou de *Noswimma* sont de l'Upland, tandis qu'à Bleking on l'appelle déjà *Särte.* MM. Fries, Ekström, et M. Creplin [2], dans la traduction de ces auteurs, ajoutent aux noms allemands déjà cités par Bloch, ceux de *Nase* ou de *Meernase;* mais comme ils ne parlent pas du *cypr. nasus,* je me demande s'ils ont bien distingué les deux poissons. Si l'on en croit Bloch, cela doit être; car on ne pourrait pas donner au *cypr. nasus* le nom de *Meernase.*

Je ne crois pas que ce poisson s'élève plus au nord. Il ne paraît pas se trouver en Angleterre; car aucun ichthyologiste de ce pays, depuis Pennant jusqu'à M. Yarell, n'en fait mention. Il n'existe pas en France ni en Suisse, où l'on trouve le nez (*cyp. nasus*).

Je ne la vois pas non plus en Italie; mais en revenant vers l'est de l'Europe, je la trouve comptée parmi les poissons de la Hongrie dans l'ouvrage de M. J. Reissinger [3], qui l'indique comme très-féconde dans le Danube, puisqu'elle y pond jusqu'à trois cent mille œufs, et dont la

---

1. Nilss., p. 31.
2. Crepl., *Fish. von Mörk.*, p. 49.
3. Ichth. hongr., p. 72.

chair, de très-bon goût, se mange de diverses manières.

On trouve aussi la zerte dans la mer Noire et dans la Caspienne, et dans tous leurs affluens. Déjà Pallas[1] la décrit et nous donne, sur son abondance, des détails curieux. Les Russes du *Palus Mœotide*, du Tanaïs et du bas Volga la nomment *Taran;* ceux du Volga supérieur, *Selawa* ou *Silewa;* près du Jaïk, *Ghustera;* ceux des contrées plus septentrionales, *Stscheberka,* et au lac Ladoga, *Sireck.* Cette brème sort de la mer en bandes si innombrables que non-seulement on les transporte par charretées dans les diverses provinces, mais que les marchands qui en font le commerce, après les avoir séchées ou salées, sont obligés de bien faire leurs marchés avec les pêcheurs, dans la crainte de n'être pas forcés d'en accepter plus de soixante-dix mille individus, qu'ils peuvent prendre d'un seul coup de filet. C'est, d'ailleurs, une grande ressource dans les contrées moins poissonneuses, et surtout dans le temps du carême, à cause de la bonté de la chair qui a peu d'arêtes.

A la suite de la description du *cyprinus vimba,* Pallas[2] a donné, d'après Guldenstædt, un *cyprinus carinatus* de la mer d'Azoff, et que l'on appelle *Ribez* ou *Ribtschik,* que M. le professeur Nordmann regarde comme identique avec la zerte. Il cite cette dernière dans sa Faune pontique[3], et je crois aussi que M. Eichwald[4] en a dit quelques mots dans sa Faune de la mer Caspienne.

M. de Humboldt l'a aussi trouvée, avec M. Ehrenberg,

1. *Faun. ross. asiat.,* p. 322.
2. Pall., l. c., p. 323.
3. *Faun. pont.,* p. 508.
4. *Faun. casp. prod.,* p. 130.

dans l'Obi. Il en a donné au Cabinet du Roi un exemplaire de ce fleuve.

Ce que je viens de rapporter sur la multiplication de cette brème, d'après Pallas, prouve combien il serait utile d'importer ce poisson dans nos eaux douces.

La Brème alongée.

(*Abramis elongatus*, Agass.)

Je vais aussi parler de l'espèce citée par M. Agassiz dans son Mémoire sur les poissons du lac de Neuchâtel, sous le nom d'*Abramis elongatus,* parce qu'il a eu la bonté de m'en communiquer le dessin.

Cette espèce me paraît très-voisine de la précédente par la saillie de son museau, par la forme de sa dorsale, la coupe de son corps, la grandeur des écailles et la courbure de la ligne latérale; mais la hauteur et la brièveté de l'anale semblent l'en distinguer. La base de cette nageoire n'est pas plus longue que le premier rayon n'est haut; les derniers rayons sont plus hauts, de sorte que la nageoire est moins pointue de l'avant.

Voici les nombres d'après le dessin :

D. 11; A. 21; C. 21, etc.

Ce poisson paraît avoir sept pouces et demi : il vient du Danube.

————

J'ai reçu, sous le nom de *Brème* de la Nouvelle-Orléans, un poisson du lac Ponchartrain, qui a le corps assez élargi, l'anale presque aussi longue que celle de l'espèce précédente; mais, comme sa mâchoire inférieure, quand elle est abaissée, paraît dépasser la supérieure, je pense qu'il vaut mieux placer cette espèce auprès des Ables, voisins du Rotengle.

———

M. Agassiz dit qu'il connaît des brèmes de l'Inde. On doit, en effet, rapporter à ce groupe la description suivante tirée de M. Buchanan. Je n'ai pas vu ce poisson, mais il nous en est venu de Bombay une autre espèce, voisine de celui de Buchanan.

Les figures des dessins chinois, si souvent citées par Lacépède, représentent aussi une brème.

Le CYPRIN KOTI.

(*Cyprinus cotio*, H. B., p. 393, n.° 74.)

M. Buchanan le rapporte à ses Cabdio, et formule ainsi sa diagnose :

Cabdio ayant dix rayons à la dorsale, trente-six à l'anale, douze à la ventrale.

B. 3; D. 10; A. 36; C. 19; P. 16; V. 12.

La forme est épaisse et quelquefois trapézoïdale; la tête, ovale, est de grandeur moyenne; la nuque est couverte par un os déprimé en forme de parallélogramme; la bouche est petite et termine le museau; les deux mâchoires sont presque égales; les lèvres sont très-minces; les narines sont près des yeux, lesquels sont grands et hauts : leur pupille est circulaire. Au-devant de la dorsale, le bord du dos est tranchant et plus penché que le profil du crâne. Les écailles sont petites et peu adhérentes. L'anale occupe tout le dessous de la queue et monte obliquement en arrière. La couleur est verte sur le dos; le ventre brille de l'argent poli, et est diaphane. Sur le commencement de la dorsale il y a une petite tache noire, et sous le devant du thorax, au-dessous de la ligne latérale, une rangée de cinq ou six autres autour d'une dépression bleuâtre et brillante. Les yeux sont argentés, teintés de vert foncé en dessus.

Le koti est un poisson des étangs et des fossés du Bengale très-commun, croissant à quatre pouces, et dont la chair est remplie d'arêtes.

La Brème de Duvaucel.

(*Leuciscus Duvaucelii*, nob.)

Nous avons reçu des eaux douces du Nepaul une petite brème assez semblable à celle figurée par M. Buchanan; mais je lui trouve

la saillie du museau, au-devant de l'œil, plus élevée, de sorte que le museau est plus obtus et plus carré. La ligne du profil jusqu'à la nuque est plus droite; celle du dos est assez la même; mais le ventre est plus saillant au-dessous des pectorales et au-devant des ventrales. Ces nageoires ne sont pas aussi larges; l'anale est moins haute; la hauteur du tronc fait un peu plus du tiers de la longueur totale, qui comprend la tête près de cinq fois. Le premier rayon de la dorsale est fort et un peu dentelé.

D. 10; A. 36; C. 19; P. 15; V. 9.

La ligne latérale est droite, un peu au-dessus de la moitié du tronc. Les écailles sont petites : il y en a soixante rangées entre l'ouïe et la caudale. Le dos et le ventre paraissent avoir été verdâtres; les flancs sont argentés. Je ne vois aucune trace de cette série de points noirs représentés sur la figure de M. Buchanan, au-dessus de la pectorale.

L'individu est long de dix pouces dix lignes. Nous le devons à feu M. Alfred Duvaucel. Je me suis fait un vrai plaisir de lui dédier cette espèce.

*L'*Able rhomboïdal.

(*Leuciscus rhomboidalis*, nob.)

M. de Lacépède n'a pas fait mention du poisson représenté au folio 14 de ce recueil de dessins chinois. Le
caractère de vérité empreint sur ce dessin ne me laisse
aucune hésitation à le citer.

Le corps est en losange, dont le côté de la queue est plus long
que celui de la tête, dans le rapport de 13 à 10, en comptant de
la base des rayons antérieurs de la dorsale; la hauteur du tronc
sous cette nageoire est comprise deux fois et demie environ dans
la longueur totale. La longueur de la tête mesure la moitié de la
hauteur du corps. Le profil est convexe et comme bossu au-dessus
de l'œil, puis il monte en ligne droite vers la nageoire du dos,
et redescend aussi en ligne droite vers la queue; celui du ventre
est courbe sous la gorge, droit le long de l'anale; l'angle répond
à l'insertion de la ventrale; la ligne latérale est tracée en ligne
droite par le milieu du corps. Ce qui me fait rapporter ce poisson
auprès des brèmes, c'est l'étendue de l'anale, qui égale le tiers de
la longueur du corps sans y comprendre la caudale. Si l'on pouvait supposer que le peintre chinois ait compté les rayons, on
dirait que cette nageoire a quarante-neuf rayons. La dorsale, haute
et triangulaire, est courte; le lobe supérieur de la caudale est
arrondi. Le poisson est verdâtre, à reflets argentés.

La longueur du dessin est de huit pouces et demi.

DES BOUVIÈRES.

Les zoologistes qui croient devoir séparer les Ables
en plusieurs genres distincts, ont considéré comme devant
être type d'une de ces coupes, la Bouvière. M. Agassiz

lui a donné le nom de *Rhodeus,* et le caractérise ainsi :
« Corps large et comprimé; dents pharyngiennes taillées
« en biseau; dorsale moyenne; caudale fourchue. »

Le caractère des dents pharyngiennes ne se vérifie que
sur des poissons dont les dents sont usées, parce qu'elles
sont poussées depuis long-temps; mais dans les individus
qui viennent de les renouveler, la couronne est arrondie,
terminée par un petit crochet, comme dans tous les autres
ables. D'ailleurs, pourquoi ne pas en indiquer le nombre,
pour l'opposer à celui des autres genres? Je suis d'un autre
côté tout-à-fait de l'avis de M. Agassiz, quand il trouve
que M. Cuvier a réuni à tort les bouvières aux vrais
cyprins; mais certes, aucun naturaliste ne pourra, en
partant de la diagnose que je viens de citer, séparer les
Bouvières des Brèmes ou de tout autre able. Si l'on voulait combiner le manque de barbillons des Bouvières avec
un autre que nous fournirait la roideur du troisième rayon
de la dorsale, on pourrait peut-être tirer de là un caractère pour faire un groupe de ces poissons, et qui serait
en quelque sorte aux Barbeaux ce que la Gibèle et le
Characin sont aux Carpes. Toutefois, il y a plus de différence entre la Bouvière et le Barbeau qu'entre lui et les
derniers, et notre poisson avoisine aussi beaucoup les
Brèmes par la forme générale, surtout depuis que nous
ne comptons comme caractère essentiel des brèmes qu'une
très-longue anale.

La Bouvière.

(*Cyprinus amarus,* Bl.)

Le joli petit poisson connu de tous les pêcheurs sur la
Seine ou la Marne sous le nom de *Peteuse,* mais qui est

plus généralement nommé en France BOUVIÈRE, me paraît assez répandu dans les eaux douces de l'Europe. Je l'ai vu pêcher dans le lac de Tegel, près de Berlin, tout aussi fréquemment que dans la Seine. Cependant Linné n'a pas mentionné cette espèce; elle ne paraît que dans la XIII.e édition du *Systema naturæ* par Gmelin, d'après les documens de Bloch. On doit, en effet, à cet ichthyologiste[1] une première figure coloriée et une description de ce poisson; mais les caractères qu'il lui donne sont erronnés, car il fait reposer sa diagnose sur le nombre des rayons de la ventrale et de la pectorale, qu'il porte à sept, tandis que la nageoire de la poitrine a douze rayons, et celle du ventre en a neuf, à peu de chose près comme dans tous les autres ables.

Les couleurs dont il l'enlumine ne sont pas non plus exactes; il a exagéré la ligne foncée, et peinte en noirâtre, qui sépare le vert brillant du dos de l'argenté du ventre, et qui devient bleuâtre ou rose, selon la saison, sur la queue. D'ailleurs, Bloch a fait une autre faute, en prenant cette bandelette pour la ligne latérale, et c'est ce qui explique comment il en est fait mention dans l'article de Gmelin, rédigé d'après celui de la grande Ichthyologie de Bloch, et comment aussi cet auteur, dans son Système posthume, l'indique aussi apparente que dans tous les autres poissons.

Gmelin, en composant l'article du *cyprinus amarus,* n'a pas fait attention aux citations de Bloch, et surtout à celle de Duhamel[2], qui a donné, avant cet auteur, une

---

1 Bl., pl. 8, fig. 3.
2. Traité des pêches, II.e part., sect. III, p. 514, pl. 26, fig. 5.

bonne figure, mais en noir, et une description détaillée de ce petit cyprin : Duhamel a bien compté le nombre des rayons de la ventrale.

Bloch s'est trompé, en croyant que Rondelet[1], et d'après lui Gesner[2], ont représenté la Bouvière. Il est facile de reconnaître, à la longueur de l'anale, que ces figures ont été faites d'après de très-jeunes brèmes (*cypr. brama*, Linn.).

M. Cuvier avait placé la Bouvière dans son genre des carpes, et cela à cause du second rayon de la dorsale, qui forme, dit-il, une épine roide; ce poisson a, il est vrai, une sorte d'épine à la dorsale, mais je trouve cependant que l'illustre auteur du Règne animal a exagéré la force de ce rayon épineux, plutôt par le rang qu'il lui assigne dans le genre des carpes que par les expressions dont il s'est servi, puisqu'il dit que le second rayon de la dorsale forme une espèce *assez* roide : ce rayon n'a d'ailleurs aucune dentelure; il se termine par une pointe grêle et déliée, et il n'a aucune ressemblance avec l'épine tronquée, forte et dentelée des carpes, même du *cyprinus auratus*. La dorsale de notre petit poisson est beaucoup trop courte, et la forme des dents pharyngiennes, semblable à celle des autres ables, me paraît aussi devoir éloigner la bouvière du genre des carpes : comme elle manque aussi de barbillons, on ne pouvait la ranger auprès du Barbus.

M. Agassiz n'a pas hésité à en faire le type d'un genre particulier sous le nom de Rhodeus.

Voici comment il le caractérise : « Corps large et com-

----

1. *De pisc. fluv.*, p. 204, ch. 28.
2. *De pisc. fluv.*, p. 283.

« primé; dents pharyngiennes taillées en biseau; dorsale
« moyenne; caudale fourchue. »

Or, ainsi que je l'ai déjà dit, et comme le prouve la
description détaillée que l'on va lire, tous les ables ont
les premières dents de l'arc pharyngien taillées en biseau.
Les autres caractères signalés par M. Agassiz ne sont plus
opposés à ceux des divers poissons de la même famille,
et ne peuvent véritablement être considérés comme génériques. Si l'épine de la dorsale était aussi remarquablement
roide que la place assignée à ce poisson par M. Cuvier
pourrait le faire croire, je n'aurais pas hésité à accepter
le genre proposé par mon ami, M. Agassiz, en me servant
de la nature de l'épine pour le caractériser; j'ai même
cherché à voir si je ne pourrais grouper autour de la
bouvière quelques-uns de ces cyprinoïdes de l'Inde indiqués par MM. Buchanan et J. M'clelland, et je l'ai fait,
malgré que ces poissons aient un rayon osseux trop pro-
noncé, et une forme générale trop différente pour être
ramenés exclusivement au type de la bouvière. D'un autre
côté, que l'on examine avec soin le second rayon de nos
brèmes, de nos gardons, de nos rosses, on le trouvera
non moins simple, et, dans quelques espèces, à peu près
aussi roide que celui de la bouvière : ce sont des nuances
trop légères pour leur donner l'importance que doivent
avoir les organes qui caractérisent les genres; je vois, au
contraire, dans les formes de la bouvière, dans les couleurs, dans leurs variations, tout ce que nous observons
dans les autres ables. C'est, ce me semble, ce qu'on va
prouver dans la description suivante :

La forme du corps de la bouvière ressemble beaucoup à celle de
la brème : c'est un ovale alongé dont le plus court diamètre ou la

hauteur est comprise trois fois et deux cinquièmes dans la longueur totale. Le museau est obtus et tronqué; la longueur de la tête est cinq fois et demie dans la longueur totale; l'œil, éloigné du bout du museau d'une fois son diamètre, est assez grand : il n'est pas tout-à-fait du tiers de la longueur de la tête; la fente de l'ouïe est en arc assez régulièrement arrondi; le profil du dos monte par une courbe régulière jusqu'à la base du premier rayon de la dorsale, lequel est implanté sur le milieu de la courbe, entre le bout du museau et la naissance de la caudale. La longueur de la nageoire égale, à peu de chose près, la hauteur du second rayon, et mesure le cinquième de l'arc entier du dos. L'anale, beaucoup plus en arrière que la dorsale, est aussi un peu plus longue. La caudale est peu fourchue; les pectorales sont petites; les ventrales touchent à la naissance de l'anale.

D. 10; A. 11; C. 19; P. 12; V. 9.

Les écailles sont minces, striées, peu adhérentes. J'en trouve trente-neuf rangées entre l'ouïe et la caudale.

La ligne latérale offre une différence remarquable entre elle et celle des autres poissons. Elle est excessivement courte; car elle se montre, comme à l'ordinaire, sur la première écaille qui suit le sur-scapulaire, par une petite tubulure un peu jaunâtre; elle paraît descendre ou s'infléchir comme celle des autres ables, mais elle s'arrête subitement à la sixième écaille. On ne peut la suivre plus loin. Il me paraît que le dessinateur de M. Agassiz a représenté ce qui existe de cette ligne, par les deux traits indiqués sur les premières écailles.

Cependant si l'on poursuit, par la dissection, le rameau du nerf de la huitième paire qui suit le raphé médian des muscles latéraux du tronc des poissons, on le trouve aussi long et dans les mêmes conditions que celui des autres ables. Je suis entré dans ce détail sur cet organe remarquable de la bouvière, parce qu'il prouve que Bloch s'est trompé en ce qu'il a dit de la ligne latérale de ce poisson; d'un autre côté, cette ligne est si courte, qu'elle a échappé à un très-habile observateur. M. Heckel[1] a nié l'existence de cette ligne latérale dans le poisson. J'ai cru devoir aussi insister sur la présence du nerf que j'ai suivi sans difficulté, parce que je crois que l'on a généralisé trop vite les rapports de cette branche de nerf de la ligne latérale avec cet organe glanduleux; ou plutôt que l'on a cru qu'il y a entre la ligne latérale et le nerf plus de liaison qu'il n'en existe effectivement. Souvent des branches assez -fortes et assez longues de ce nerf suivent le corps sous la peau, sans qu'il y ait de ligne latérale; et, dans le cas dont il s'agit, cette absence a lieu sur le trajet presque tout entier du nerf.

La couleur est verdâtre ou brunâtre sur le dos, selon la nature du fond, et argentée sous le ventre; les nageoires sont transparentes et teintées de verdâtre, avec une lisière mal terminée et quelques petits traits noirâtres sur le bord de la caudale; mais il faut remarquer que, pendant le temps du frai, qui a lieu dans la Seine depuis le mois de Mai jusqu'en Août, les flancs et le ventre prennent une jolie teinte laque et rose pâle, et que le long du milieu du tronçon de la queue il y a une petite bandelette bleue plus étroite en avant, ou comme pointue sous la dorsale, qui devient, par l'intensité de sa couleur, un véritable ornement du poisson, tandis que cette bandelette est à peine visible pendant le reste de l'année.

M. Agassiz l'a figurée sous ses deux livrées, pl. 48, n.ºs 1 et 2, dans ses Poissons de l'Europe centrale.

L'intestin est pelotonné sur lui-même en faisant cinq circonvolutions; il est très-étroit, aucune dilatation ne marque l'estomac; les autres viscères ressemblent à ceux des cyprins en général.

---

1. *Arch. Vienn.*, 1836, t. III, p. 233, tab. XXI.

17.

Son foie n'est pas plus volumineux ni autrement lobé que celui des autres ables, et sa vésicule du fiel est petite ou du moins pas plus grosse proportionnellement que celle du foie de tous ces poissons.

Je compte à la colonne vertébrale quatorze vertèbres abdominales et dix-huit caudales. Il y a treize côtes; la première vertèbre abdominale n'en soutenant pas; le premier interépineux de la dorsale répond à la huitième vertèbre, et je ne compte que huit de ces os.

Les dents pharyngiennes de ce poisson sont au nombre de quatre sur chaque arceau : elles ressemblent tout-à-fait à celles des autres cyprins de cette famille, portées sur un pédicule; la couronne se dilate en une petite couronne comprimée, à bord interne, renflé à sa base, et courbé en crochet aigu à sa pointe; le bord de la première et de la seconde dent est devenu méplat par l'usure; celui de la troisième est denticulé; celui de la quatrième l'est un peu moins; la cinquième a le bord tout-à-fait arrondi : ces dents sont sur un seul rang.

Que l'on ne regarde pas ces descriptions comme trop minutieuses; car, si l'on prend pour réelle la diagnose de ce genre, telle que M. Agassiz nous l'a donnée, on devrait croire que ces organes taillés en biseau diffèrent essentiellement de ceux des autres cyprinoïdes; ce que je démontre ici ne pas être, et ce qui me semble confirmer, ainsi que je le ferai pour les autres groupes, la proposition émise plus haut, qu'il faut considérer comme d'un même genre toutes ces variétés d'ables.

La longueur du plus grand individu que j'ai observé dans la Seine est de deux pouces huit lignes : généralement on ne les trouve que de deux pouces.

La Bouvière, figurée dans l'atlas des Poissons de l'Europe centrale, sera décrite dans l'ouvrage de M. Agassiz.

Ce n'est pas un poisson rare. Il me paraît que sa petitesse l'a fait négliger par presque tous les ichthyologistes. Il est bien évident que Bonnaterre, dans son Encyclopédie, et Lacépède dans son ouvrage sur les Poissons, n'en parlent que d'après Bloch. Je la trouve mentionnée dans le catalogue que S. A. R. le prince royal de Danemarck avait rédigé pour M. Cuvier, et comme ce savant auguste a eu soin de dire quelles espèces il n'a pas vues, quand il les cite, il devient certain que la bouvière avance au Nord jusque dans les torrens du Holstein.

Je l'ai prise moi-même à Tegel; nous en avons reçu, par les soins de M. Hammer, des individus pris dans le Rhin, près de Strasbourg, et par ceux de M. Agassiz; d'autres sont venus de Munich. Elle est commune dans toutes les eaux douces de France où j'ai recherché des poissons; mais il est impossible de limiter sa circonscription, à cause du silence que gardent sur son compte les auteurs qui ont fait connaître les autres poissons de leur pays. Ainsi, aucun auteur anglais, Pennant, Tuston, Flemming, Jennyns, Yarell ne la citent pas dans leurs Faunes ichthyologiques d'Angleterre : doit-on en conclure qu'elle n'existe pas dans ce pays? Nilsson ne l'a pas comptée parmi les poissons de la Suède. Bien qu'elle soit commune en France, ni Delarbre, ni Millet n'en parlent dans les Faunes qu'ils ont données de leurs départemens. Hartmann, Nenning ne l'ont pas nommée dans leur Ichthyologie helvétique.

Bloch est le seul ichthyologiste allemand qui la cite : il n'en est pas fait mention dans Siemssen et dans les autres ichthyologistes. Reissinger ne l'a pas inscrite dans son catalogue des Poissons de Hongrie.

Si j'ai cité ces auteurs estimables, ce n'est pas assurément dans le but critique de signaler un oubli, c'est pour engager à rechercher au milieu des ablettes et du frai de gardon et de vandoise, avec lesquels on pêche communément cette espèce, qui doit être plus répandue en Europe, que le silence de ces auteurs semblerait le faire croire : un poisson qui a été vu dans la Seine, dans le Rhin, dans le Danube, dans le Holstein, dans le Brandebourg, qui a, dans chaque contrée, un nom connu de tous les pêcheurs, et dont les individus sont nombreux, doit être répandu en Europe.

Son nom allemand est *Bitterling*, et Bloch croit qu'il a reçu ce nom à cause de son amertume. *Bitter*, veut bien dire amer, mais je suppose qu'il faudrait rechercher l'étymologie du nom de ce poisson dans une tout autre cause : c'est plutôt une corruption de quelque mot peu connu. Le fait est que l'on mange souvent à Paris la bouvière mêlée aux goujons, et que sa chair ne m'a pas paru plus amère ni d'un goût différent que celle de tous ces petits poissons un peu moins gras et délicats que les goujons : je ne saurai aussi dire pourquoi on la nomme *Bouvière*. Duhamel prétend que c'est à cause de son habitude de se tenir sur la vase. C'est une erreur : ce poisson se plaît beaucoup plus dans les grands courans d'eau vive, sur fond de sable, avec le goujon, que partout ailleurs. Quant à l'expression de *Peteuse*, elle désigne, par une sorte de mépris, la petitesse de ce poisson, et elle est en même temps une sorte de moquerie ou de dérision que les pêcheurs se lancent entre eux quand, livrés à la pêche du goujon, qui se fait au carreau ou à l'échiquier, ils tirent dans le filet ce poisson peu estimé, au lieu de goujon.

J'ai nourri souvent et pendant long-temps dans de grands vases ce joli petit poisson : je l'ai observé avec soin, pour m'assurer s'il rendait de l'air par ses intestins, s'il faisait entendre le moindre bruit : je n'ai jamais rien observé de semblable.

M. Agassiz[1] rapporte à la Bouvière deux poissons fossiles d'OEningen ; les uns sous le nom de *Rhodeus elongatus,* et l'autre sous celui de *Rhodeus latior.* A en juger par les figures, toujours si bien faites et si sûres de ce savant zoologiste, je ne crois pas que le n.º 4 soit de la même espèce que les poissons figurés sous les n.ºˢ 5 et 6. Le n.º 4 a moins de ressemblance avec une Bouvière qu'avec de jeunes gardons ; et quant au n.º 7, la longueur de l'anale et la forme du corps ne me paraissent devoir justifier non plus ce rapprochement : ce sont de petits ables, comme la bouvière en est un ; mais je ne crois pas que cette espèce vivante soit la plus voisine de celles représentées dans les poissons fossiles.

Il faudrait avoir les pièces originales sous les yeux et les étudier avec soin, pour se décider ; mais le *Rhodeus latior* me paraît être voisin d'un jeune *cyprinus erythrophthalmus,* si toutefois il n'est pas d'un genre voisin des *Pœcilies* ou des *Lebias,* dont il a bien la tournure. Et quant aux *Rhodeus elongatus,* ils me semblent, comme je viens de le dire, devoir être voisins de jeunes gardons, ou vandoises, ou pour mieux dire, des ables en général.

____

1. Poiss. foss., vol. V, tab. 54, fig. 4, 5, 6, 7.

L'ABLE A STIGMATE.
(*Leuciscus stigma*, nob.)

On peut rapprocher de notre Bouvière un petit poisson
du Mysore,

dont la hauteur est trois fois et un quart dans la longueur totale;
le museau est assez obtus; la tête mesure près des deux tiers de la
hauteur du tronc; l'œil de grandeur médiocre; il n'y a pas de barbillons. Le profil du dos, soutenu derrière la nuque, se porte
presque en ligne droite vers la dorsale, puis il descend très-peu
en courbe concave jusqu'à la caudale. Le profil du ventre est plus
régulièrement arqué.

La dorsale est petite, a le second rayon fort, mais non dentelé;
l'anale est courte, à rayon assez fort, sans dentelure; la caudale
est fourchue.

D. 2/8; A. 2/5; C. 19, etc.

Les écailles sont assez grandes : j'en compte vingt-deux sur la
longueur.

Les couleurs paraissent avoir été uniformes et probablement
argentées sur le corps. La dorsale seule a sur la base du quatrième et du cinquième rayon mou, une petite tache noire.

Nous devons ce petit poisson, long d'environ trois
pouces, à M. Dussumier.

Ce poisson pourrait être pris, du premier aspect, pour
un systome de M. J. M'clelland, mais il est certainement
d'une espèce distincte.

L'ABLE DES EAUX CHAUDES.
(*Leuciscus thermalis*, nob.)

Il convient aussi de placer près de cette espèce une
autre, que nous devons à M. Reynaud, et que son habi-
tation rend curieuse.

C'est un petit poisson à dorsale et à anale courte; leur second
rayon est fort et sans dentelures; la hauteur est trois fois et demie
dans la longueur totale; la tête fait les deux tiers de la première de
ces deux mesures; le museau est moins gros qu'au précédent; le
profil du dos plus régulièrement arqué; celui du ventre beaucoup
plus droit.

D. 2/8; A. 2/5; C. 19.

La caudale est profondément fourchue; il y a vingt-quatre rangées d'écailles.

Une ressemblance de ce poisson avec la bouvière, et plus importante que celle tirée de la forme générale, se trouve dans la
ligne latérale, qui n'est marquée que sur les huit premières écailles;
le dos est vert; le ventre argenté; une tache noire est de chaque
côté de la queue; une autre est sur le bas des premiers rayons de
la dorsale, et une bandelette grise de points plus ou moins foncés
s'étend jusqu'au dernier; il y a aussi du noirâtre sur l'anale.

Le plus long de ces petits individus n'a que deux pouces
et demi. Ils viennent tous d'une source d'eau chaude de
50°; de Cania, dans l'île de Ceylan.

L'espèce est voisine du *systomus gibbosus* de J. M'clelland; mais celui-ci a la tache des côtés du corps au-dessus
de l'anale, et n'a pas de tache ronde noire sur la dorsale.

L'ABLE DE DUVAUCEL.

(Leuciscus Duvaucelii, nob.)

Feu M. Alfred Duvaucel a envoyé du Bengale une espèce
voisine de celles-ci.

La forme du corps est semblable; la ligne latérale s'étend sur
tout le côté; je compte vingt-sept rangées d'écailles le long des
flancs; le corps est argenté; une tache noire est de chaque côté à

la base de la caudale; une autre sur la dorsale; le gros rayon de cette nageoire n'est pas dentelé.

D. 2/8; A. 2/5, etc.

La caudale est fourchue.

Il diffère du *leuc. stigma*, parce qu'il a le museau moins gros; du *leuc. thermalis*, par la ligne latérale et la couleur de la dorsale.

Les individus ont un peu plus de trois pouces.

L'ABLE SOUFRÉ.

(*Leuciscus sulphureus*, nob.)

Une autre espèce, voisine des précédentes, s'en distingue par la couleur uniforme du corps ou des nageoires; il n'y a pas de taches sur les côtés de la queue.

Le profil du dos et du ventre est régulier et peu courbe; la hauteur fait le tiers de la longueur jusqu'au bord de la fourche de la caudale; le rayon de la dorsale n'a pas de dentelure; l'œil mesure un peu moins du tiers de la longueur de la tête; le museau est plus pointu qu'aux précédens; l'anale est courte.

D. 10; A. 7, etc.

La couleur est un jaune soufré pâle, avec des teintes argentées.

Ce poisson vient du Mysore. Il est long de quatre pouces : on le doit à M. Dussumier.

L'ABLE FILAMENTEUX.

(*Leuciscus filamentosus*, nob.)

Je placerai encore dans le voisinage de ces espèces, à cause de la forme générale du corps et de la nature du second et gros rayon de la dorsale, un des poissons les plus curieux de la famille des cyprinoïdes.

Le corps, comprimé, est un ovale régulier et tient aussi beaucoup de celui de nos Rotengles (*cypr. erythrophthalmus*). La hauteur est près d'être le tiers de la longueur totale; la courbe du dos est régulière, un peu moins convexe que la courbure du ventre n'est concave. La tête est petite et courte : elle est comprise six fois dans la longueur totale; la distance du bout du museau à la fin de l'occiput est des trois quarts de la longueur de la tête. Le bout du museau est renflé, et avance un peu plus que la mâchoire inférieure. L'œil est de grandeur médiocre, compris trois fois et demie dans la longueur de la tête. La dorsale s'élève à peu près au milieu de la longueur du tronc; son second rayon est gros, arqué, sans dentelure, et aussi haut que les deux tiers du tronc sous lui, et d'un tiers plus grand que la base de la dorsale n'est longue. Le premier rayon mou est branchu; il n'offre rien de remarquable et que l'on ne trouve dans tous les autres poissons, les cinq derniers sont dans le même cas; mais le second, le troisième et le quatrième sont profondément divisés, et les branches sont alongées en filamens, tels que le troisième rayon égale la hauteur du corps. Le cinquième rayon mou est un peu plus haut que le suivant.

L'anale est courte, la caudale est fourchue; elles ne présentent, ainsi que les nageoires paires, aucune particularité digne d'être signalée.

D. 10; A. 8; C. 19, etc.

Les écailles sont grandes : je n'en compte que vingt et une entre l'ouïe et la caudale, et neuf dans la hauteur. Une écaille a sept stries à l'éventail radical, et de nombreuses et très-fines stries concentriques. La ligne latérale est bien marquée, et descend, en suivant une courbe paralèlle à celle du ventre, sur la sixième rangée d'écailles, jusqu'à la hauteur de l'anale, où elle se redresse et se rend droit par le milieu du tronçon de la queue à la caudale.

J'ai eu soin d'examiner les dents pharyngiennes de ce cyprinoïde : elles sont en petite massue, à pointe un peu distincte et

courbées en crochets très-courts. Elles sont sur trois rangs : cinq
à la rangée externe, trois à la seconde, et deux à la troisième.

M. Dussumier, qui l'a vu frais, nous indique les couleurs
suivantes :

Le dos verdâtre, à reflets argentés et dorés ; les flancs et le ventre
blanc d'argent ; une large tache noire sur le tronçon de la queue
à la hauteur de l'anale ; les rayons de la dorsale verts ; le dernier,
rouge clair ; la membrane est hyaline ; la caudale, d'un très-beau
rouge, a le bout des deux lobes noir très-foncé. Les pectorales
et les ventrales rosées ; l'anale a la base blanche et le bord d'un
beau rouge.

Ce zélé naturaliste en a rapporté plusieurs exemplaires
au muséum : il les a pris dans les eaux douces d'Alypey.
Ils ont cinq pouces et demi de long.

L'ABLE DE BÉLANGER.

(*Leuciscus Belangeri*, nob.)

J'ai trouvé, dans les collections faites dans l'Inde par
M. Ad. Bélanger, un poisson qui a la forme et l'anale d'une
brème, mais dont la dorsale porte en avant un rayon dentelé qui l'éloigne de ce groupe ; la dentelure de ce rayon
empêche aussi de le placer dans le groupe des Bouvières ;
d'ailleurs il ne peut prendre place dans le genre des barbeaux, puisqu'il n'a pas de barbillons ; il se rapproche du
barbus apogon, dont j'ai parlé dans l'appendice, mais
celui-ci a une anale courte.

Le corps de l'espèce dont il s'agit ici a le corps comprimé et
élevé ; la hauteur n'est contenue que deux fois et deux tiers dans

la longueur totale; l'épaisseur est le quart de la hauteur. Le ventre est tellement comprimé, que le bord en est tranchant, mais sans aucune dentelure, comme celles des clupées. La tête est petite; elle mesure le cinquième de la longueur totale; l'œil est médiocre, un peu bas; le museau en coin; les deux mâchoires égales; le dessus du crâne est assez large et convexe; le profil monte par une courbe très-soutenue jusqu'à la dorsale, d'où il descend assez brusquement le long de la base de cette nageoire, pour se porter en ligne droite à la caudale. La courbure du ventre est plus régulière et très-arquée. Il y a deux petits rayons durs au-devant du long et fort rayon dentelé de la nageoire du dos. Cette épine mesure les deux tiers de la hauteur du tronc. L'anale est basse et longue; la caudale, fourchue, a deux gros et larges lobes arrondis; les nageoires paires sont de peu d'étendue.

D. 10; A. 21; C. 19, etc.

Les écailles sont petites : j'en compte soixante-quinze rangées entre l'ouïe et la caudale, et quarante-cinq dans la hauteur. Une écaille est presque deux fois aussi longue que haute : elle n'a pas de stries rayonnantes, et les transversales sont infiniment petites et fines. La ligne latérale est droite et bien marquée par le milieu du côté; le dos est verdâtre; le reste blanc, à reflets argentés, sans aucune tache.

J'ai examiné les dents pharyngiennes de cette espèce; elles sont sur trois rangs; la première rangée en a quatre, les deux autres n'en ont que deux : elles sont comprimées, à couronne plate, coupées obliquement et hérissées de tubercules au nombre de cinq sur chaque côté de la couronne, avec un tubercule pointu et impair sur le devant de la dent.

L'on pourrait faire de ce poisson le type d'un genre distinct, si l'on ne voyait trop de variations dans ces dentitions. Le plus grand de nos individus a près de huit pouces de long. Quoique ce poisson soit assez grand, et qu'il venait des eaux douces du Bengale, je ne le trouve pas cité dans M. Buchanan, ni dans le Mémoire de M. J. M'clelland.

___

DES ABLES.

Après la Bouvière (*cypr. amarus*, Linn.) nous arrivons aux espèces réunies par les ichthyologistes sous la dénomination spéciale d'Ables, en plaçant d'abord le poisson si commun dans toute l'Europe, qu'Artedi et Linné nommèrent *cyprinus erythrophthalmus*. Il a le corps alongé de certaines Brèmes, en même temps qu'on le voit conduire aux formes moins élevées de notre gardon (*cypr. rutilus*), et par celles-ci nous arrivons au meunier et à la vandoise (*cypr. dobula, et cypr. leuciscus*).

C'est à ces poissons que M. Agassiz voulait réserver plus spécialement le nom de *Leuciscus*, tiré, suivant lui, de Rondelet et de Klein, et auquel il donne pour diagnose générique « un corps fusiforme, plus ou moins comprimé; « des dents pharyngiennes subconiques, un peu crochues « à leur sommet, plus ou moins tronquées et même dente- « lées de leur bord interne, disposées sur deux rangées; « la caudale fourchue; la dorsale et l'anale petites et de « même forme l'une que l'autre. »

On verra se reproduire ici les mêmes objections qu'aux diagnoses déjà discutées; le *cyprinus erythrophthalmus* a effectivement deux rangées de dents; mais le *cypr. rutilus*, que M. Agassiz place dans ce groupe, ne les a que sur un seul rang; et l'on verra que cette espèce n'est pas la seule qui fasse exception au caractère générique imposé par le savant ichthyologiste de Neufchâtel au groupe des *leuciscus*. Il a divisé ce genre en deux sections, dans chacune desquelles il fait connaître un beaucoup plus grand nombre de poissons, que les écrivains qui suivaient les ouvrages de Linné ou de Bloch ne l'avaient encore fait.

Le prince Charles Bonaparte de Canino a, dans sa Faune d'Italie, travaillé beaucoup aussi les cyprinoïdes de cette partie de l'Europe, en traitant du *Squalo* des pêcheurs de Rome. Ce savant zoologiste établit trois sous-genres dans les *leuciscus* d'Agassiz, caractérisés d'après la direction de la fente de la bouche et l'avance plus ou moins prononcée de la mâchoire inférieure : ainsi les LEUCISCUS comprennent les espèces dont la fente de la bouche descend un peu obliquement, et dont le museau avance au-dessus de la lèvre inférieure ; le *cyprinus leuciscus,* lui et les espèces qui pourraient être confondues, mais à tort et par suite d'un examen trop superficiel ; le *L. Rhodeus, L. Majalis,* etc., d'Agassiz appartiennent à ce groupe ; dans une seconde division, sous le nom de SCARDINIUS, le savant italien réunit les espèces qui ont la fente de la bouche oblique, mais la mâchoire inférieure plus avancée que la supérieure : tels sont le *cyprinus erythrophthalmus* et les espèces voisines, *Scardinius Scardafa,* etc., et enfin sous le nom de SQUALIUS les espèces qui ont la fente de la bouche droite, c'est-à-dire, dans une direction intermédiaire entre celles des *leuciscus* et celles des *scardinius :* or il est facile de concevoir que le plus ou moins d'épaisseur d'une des deux lèvres change cette direction, et doit rendre très-difficile l'appréciation des caractères.

Quelques pages plus loin le savant auteur revient sur ces distinctions : il déclare qu'il ne les considère plus comme de simples sous-genres ; que son opinion est de leur donner un rang plus élevé, et de faire de chacune d'elles un genre distinct, auquel il ajoute un quatrième, celui des *Telestes,* dont la diagnose générique est ainsi exprimée : « Corps arrondi, alongé; tête courte; museau « arrondi, dépassant la bouche petite et fendue vers le bas; « la dorsale, opposée aux ventrales, plus ou moins arron- « die, la pectorale grande; les écailles petites; la ligne laté- « rale tracée par le milieu de la hauteur; les dents pharyn- « giennes, crochues, disposées sur deux rangs, l'un de cinq, « l'autre de deux. » Je ne puis voir dans cet exposé que des caractères de détails qui appartiennent à l'espèce; mais rien qui s'applique à un groupe générique, aux dentelures près : ce sont les dents pharyngiennes d'un *cypr. erythroph- thalmus,* ou mieux ce sont celles d'un *cypr. dobula.* Mais c'est la bouche d'un gardon et non celle d'un meunier.

J'ai examiné de nombreux exemplaires de ces espèces, et ainsi qu'on va le voir dans les descriptions suivantes, j'ai toujours embrassé l'ensemble de leur caractère, et plus je les ai étudiées, plus je me suis convaincu de ce que j'ai établi au commencement de ce volume, c'est que, loin de diviser les ables, il est mieux de réunir les genres ou les sous-genres que l'on y avait formés. Je retrouve ici l'application des mêmes principes qui m'ont dirigé lors de la rédaction de l'article des serrans. Ce groupe naturel, très-étendu, par conséquent très-varié dans ses formes, avait été subdivisé en plusieurs genres, parce que les espèces avaient été considérées trop isolément, mais dès qu'on a réuni un très-grand nombre de ces formes si voisines, alors on acquiert bientôt la conviction que les coupes reposent sur des caractères de trop peu d'importance. Que l'on ne regarde pas comme la critique des travaux de nos prédé-cesseurs ces observations; c'est au contraire pour avoir profité de l'exactitude de leurs descriptions, de l'étude approfondie qu'ils ont fait de l'organisation de ces poissons, jusque dans leur moindre détail, que j'ai, j'ose le croire, mieux appris à les connaître. Rien ne me paraissait plus séduisant que la possibilité de distinguer les ables en plusieurs groupes, par des caractères aussi tranchés que ceux fournis par la dentition; mais l'étude apprend bientôt que ces organes, trop variables, ne peuvent donner que des caractères spécifiques et non génériques.

L'on remarquera aussi que dans l'étude des ables je me fonde sur des recherches et des observations anciennes et respectées depuis un grand nombre d'années. Ainsi, grâces aux savantes et habiles recherches de M. Savigny, dont je ne saurais trop souvent répéter le nom, nous avons réuni, dès 1822, dans les collections du muséum, les différentes espèces de l'Italie; elles y étaient classées et nommées, et nous y avions encore réuni toutes celles que s'empressaient d'envoyer à M. Cuvier les zoologistes les plus célèbres. Dans les nombreux voyages que j'ai fait en Hollande, en Belgique, dans le nord de l'Allemagne, je n'ai pas cessé de recueillir des cyprins, et c'est ainsi que j'ai reconnu qu'il existe, dans les eaux douces de l'Europe, un bien plus grand nombre d'espèces que Linné et Artedi ne l'avaient signalé.

J'ai été heureux de voir les ichthyologistes de notre époque partager les mêmes opinions que moi, et aussi je me suis empressé d'adopter les noms qu'ils ont donné à ces espèces, laissant de côté ceux que j'avais imposé depuis plus de vingt ans dans les collections du Muséum. Si même quelquefois je rappelle que les collections du Cabinet du Roi possèdent depuis long-temps ces espèces, c'est pour rendre hommage aux travaux des savans qui nous ont aidé depuis tant d'années, et non dans la puérile vanité de revendiquer une sorte de priorité sur l'établissement de telle ou telle espèce.

Après avoir publié toutes les ables de notre Europe, je ferai connaître les espèces exotiques conservées dans le Cabinet du Roi, et qui ne sont pas, proportionnellement, en nombre aussi considérable. M. Agassiz a indiqué, dans ses Recherches sur les poissons fossiles, plusieurs espèces perdues, voisines des *leuciscus;* ce sont les *L. OEningensis, L. pusillus* et *L. heterocercus,* qui tous trois viennent d'OEningen ; le *Leuciscus papyraceus* de Brown vient des lignites tertiaires; le *Leuciscus leptus,* du Habichtswald ; le *Leuciscus gracilis* et le *Leuciscus Hartmanni* viennent de Steinheim.

Du Rotengle.

Leuciscus erythrophthalmus, nob. (*Cypr. erythrophthalmus Auctorum*).

Ce qui paraît distinguer chez le vulgaire cette espèce parmi ses congénères, c'est la couleur rouge de l'œil ; aussi la trouve-t-on désignée par tous les Allemands sous le nom de *Rothauge* (œil rouge). C'est par une corruption de cette expression que l'on arrive à celle de Rotengle, qui est assez généralement adoptée en France, quoiqu'on applique, particulièrement aux environs de Paris, à ce Rotengle le nom de Rosse, qui est aussi donné au Gardon par les pêcheurs de profession. C'est par la couleur rouge carminée et pure de l'anale, et souvent du lobe inférieur de la caudale, qu'on le reconnaît aisément dans les viviers. Bien que le nom de Rosse soit le plus connu dans nos environs, j'ai préféré, pour éviter toute confusion, employer la dénomination de Rotengle; en voici la description faite après en avoir comparé un assez grand nombre d'individus.

Nous voyons, dans cette espèce, que les proportions du corps varient beaucoup avec l'âge.

La hauteur de l'ovale du corps d'un adulte est comprise généralement trois fois et un tiers dans la longueur totale; quelquefois même elle n'en fait que le tiers : mais je trouve cette hauteur trois fois et demie, trois fois et trois quarts, et même quatre fois dans la longueur des jeunes individus. La tête est petite, elle est comprise un peu plus de cinq fois et demie dans la longueur totale.

L'œil est contenu quatre fois dans la tête, et la distance du tronc du museau au bord de l'orbite est plus grande que le diamètre; la fente de la bouche est petite, et quand elle est à demi ouverte, la mâchoire inférieure dépasse la supérieure.

Le dessus du crâne est convexe, il y a deux fois le diamètre entre les deux yeux; les quatre osselets sous-orbitaires sont étroits, le premier est le plus large, le troisième est le plus long. Le bord du préopercule descend droit jusque sous le dessous de la gorge; l'angle est presque droit, un peu arrondi au sommet. L'interopercule est étroit, suit le bord de l'os précédent, et se porte au-delà de l'angle en s'arrondissant. L'opercule a quelques stries; le sous-opercule est pointu en arrière et suit en avant le contour de l'inter-opercule. Les trois rayons branchiostèges complètent le dessous de l'appareil branchial; les ouïes sont très-ouverts; les dents pharyngiennes sont sur deux rangées. Il y a quatre grandes postérieures, dont le bord interne est dentelé, et l'extrémité pointue et recourbée; les dents antérieures sont courtes et aussi dentelées : ces dents donnent un caractère excellent pour reconnaître le rotengle. L'épaule est assez forte; la plaque pectorale a l'angle mousse. La nageoire est de la longueur de la tête; elle atteint presque à la

ventrale, qui est plus courte. La dorsale, reculée sur le dos au-delà
de la ventrale, est d'un tiers plus haute que longue; son bord est
concave; l'anale est plus basse, mais répond pour sa forme à cette
dorsale. La caudale est fourchue.

B. 3; D. 10; A. 15; C. 19; P. 16; V. 9.

Bloch a donc représenté les deux nageoires impaires
verticales beaucoup trop arrondies. J'en ai fait déjà la
remarque pendant que j'étais à Berlin.

La ligne latérale est formée d'une série de traits disposée sur
une courbe très-concave, un peu au-dessous des deux tiers de la
hauteur prise aux ventrales, sur la huitième rangée d'écailles. J'en
compte douze dans la hauteur, et quarante-deux dans la longueur.

La couleur est un vert doré ou bronzé avec des taches d'un vert
très-foncé dans l'angle de chaque écaille, le tout brillant de reflets
souvent rougeâtres; ce qui contribue à faire appeler cette espèce
du nom de *rosse* ou *rousse*. La couleur varie d'ailleurs selon la
nature plus ou moins limpide ou courante des eaux dans lesquelles
vit cette espèce : la dorsale et la pectorale sont verdâtres à teinte
rouge de carmin; la caudale, l'anale et les ventrales sont d'un beau
rouge de laque; l'iris de l'œil est généralement rouge plus ou
moins doré; je l'ai même souvent trouvé d'un beau jaune doré.

Le foie du rotengle est d'un volume peu considérable; le lobe
est très-petit, remonté vers le haut du diaphragme; il est triangulaire, sa face interne est creusée en gouttière pour s'appuyer sur
l'estomac; de son extrémité inférieure part un petit appendice, qui
s'attache sous l'intestin du lobe gauche. Près du diaphragme il y a
une bande transversale qui réunit aussi les deux lobes : le droit
atteint à peine en arrière la moitié de la longueur de l'abdomen,
mais son épaisseur est très-petite; il se subdivise en deux autres
lobes, dont un, sur la ligne moyenne, est placé entre l'estomac
et le repli supérieur de l'intestin; l'autre, sous l'estomac, est plus
large que le précédent : il sert à s'attacher avec le lobe gauche.
Sa couleur est rouge pâle; la vésicule du fiel est petite, étroite,

remplie d'une bile transparente et très-pâle; le canal cholédoque est gros et court, il s'insère sous l'œsophage vers son tiers supérieur; il est un peu renflé auprès de son insertion.

La rate est petite, située à droite sur l'estomac; elle est mince vers le haut et plus épaisse vers le bas. La couleur est rouge vif.

L'œsophage et l'estomac sont continus sous la forme d'un sac plus étroit vers le bas; leur longueur atteint les deux tiers de l'abdomen; l'intestin remonte ensuite vers le diaphragme, se replie de nouveau et se porte droit à l'anus : en dedans la veloutée est très-fine, garnie de très-fines stries transverses.

Sa couleur est jaune pâle, mais elle devient rouge dans le rectum, qui a près de son ouverture une rangée de stries longitudinales assez fortes.

La vessie natatoire est double, la postérieure pointue, plus grande que l'antérieure; le canal aérien va de son extrémité antérieure s'ouvrir dans l'œsophage tout près du diaphragme; il se renfle à son entrée dans l'intestin.

Les laitances sont grandes, elles s'ouvrent derrière l'intestin au-devant de la vessie urinaire; celle-ci est petite et a une ouverture à part dans le cloaque; les uretères sont longs et grêles, ils partent du milieu des reins. Ceux-ci sont renflés sous la première vessie natatoire, ils deviennent ensuite grêles et longs; leur couleur est rouge noir; ils ne sont point lobés.

Le dessus du crâne est court; la crête interpariétale peu longue; les interépineux de la dorsale grêles.

Je ne compte au squelette que trente-sept vertèbres, comme Artedi l'a indiqué. Leske porte aussi le nombre des vertèbres à trente-sept, et c'est pour lors son *cyprinus rutilus*; mais je pense qu'il faut y réunir ceux qui ont trente-neuf vertèbres et qu'il donne comme son *cyprinus erythrophthalmus*.

J'en ai vu des individus longs d'un pied. Je rencontre cette espèce en abondance dans les rivières, les lacs, les étangs, les marais, les ruisseaux stagnans de toute l'Europe.

Outre ceux de la Seine et des lacs des environs de Paris, le Cabinet du Roi en possède des individus envoyés de la Somme par M. Baillon, d'Abbeville; du Rhin, par M. Hammer, de Strasbourg; de l'Elbe, par M. Tinnemann, de Dresde; du lac de Zug et du lac de Genève, par M. Major; des eaux douces du Piémont et du Milanais, par M. Savigny. J'en ai rapporté de l'Escaut à Gand, des canaux de la Hollande autour du lac de Harlem, du lac de Tegel près Berlin, et le marché de cette ville en reçoit du Havel, de la Sprée et de toutes les eaux du Brandebourg. M. de Humboldt et son compagnon de voyage dans la Sibérie orientale l'ont suivi depuis Moscou jusque dans l'Obi à Tobolsk et dans les différens lacs de la Russie.

Les collections du Muséum possèdent aussi des exemplaires de Rotengles, qui ont été envoyés de Rome par M. le prince Charles Bonaparte de Canino, sous le nom vulgaire de *Scardofa.* J'ai retrouvé d'autres poissons tout-à-fait semblables, originaires du lac de Como, et dont nous sommes redevables aux soins éclairés de MM. Rickett et Pentland; ils sont nommés comme les autres, *Scardofa.* J'ai examiné avec le plus grand soin les dents pharyngiennes et les autres parties de ces poissons; aucune n'a offert la moindre différence spécifique avec le *cyprinus erythrophthalmus.* Je le regarde comme de cette espèce.

Le premier auteur qui ait parlé du *Rothauge* est Schwenckfeld[1]. Artedi cependant ne l'a pas cité, parce qu'il a peut-être cru que l'auteur allemand avait confondu

---

1. Schwenckf., *Theriotr. Siles.*, p. 443.

sous son Εϱυθϱοφθαλμος d'autres espèces voisines; cependant ce que Schwenckfeld dit de la couleur de l'anale, ne peut laisser aucune incertitude. Dès cette époque le Rotengle, devenu gros, passait pour être agréable au goût, malgré sa chair molle, farcie d'épines, ce qui empêchait qu'on l'estimât autant qu'il devait l'être.

Willughby[1] avait tiré des manuscrits de Baldner, de Strasbourg, un *Rothauge,* qu'il présente comme voisin des brèmes, et qui est bien en effet l'espèce dont il s'agit ici. J'ai comparé les figures de Baldner à nos poissons, et je trouve deux représentations de notre espèce, et qui appartiennent à deux variétés désignées chacune par un nom particulier, et qui, par conséquent, sont peut-être d'espèces distinctes : je suis d'autant plus porté à le croire que M. Agassiz m'a envoyé le dessin d'un poisson du Danube, qui se rapporte tout-à-fait à la seconde variété. L'une, le *Rothauge,* ne vient pas, dit Baldner, aussi large que le *Rothkehl;* il aime les eaux tranquilles; il dépose son frai sous les herbes et entre les racines des arbres; dans le temps où il fraie, il est de mauvais goût : son poids ne dépasse pas une livre. La dorsale de ce *Rothauge* est peinte en verdâtre, comme je l'ai vu très-souvent; la caudale est aussi rouge que l'anale, ce que je n'ai pas observé. A l'époque d'Artedi[2] on ne trouvait ce poisson nommé que par Willughby, et il croit qu'aucune figure n'en avait été publiée. Cet habile ichthyologiste en a donné une description détaillée[3]. Cependant, dès l'année 1726, le comte

---

1. Willughby, *de pisc.*, p. 249, ch. IV.
2. Arted., *Syn.*, p. 4, n.° 3.
3. *Descript.*, p. 9, n.° 2.

Marsigli avait donné, dans son Histoire du Danube [1], un dessin du *Rothauge,* qui me paraît toutefois appartenir tout aussi bien à notre Gardon qu'au Rotengle. Linné, suivant Artedi, a introduit l'espèce dans le *Systema naturæ* dès la X.ᵉ édition, et on la retrouve sans changement dans la XII.ᵉ Les auteurs de faunes spéciales, comme Wulff dans son Ichthyologie de la Prusse, Leske dans celle de Leipsick, comptent alors notre poisson, le premier, sous la nomenclature de Linné; le second lui donne le nom de *cyprinus erythrophthalmus,* ou de *Rothauge,* quand il a trente-neuf vertèbres, et sous celui de *cypr. rutilus* ou de *Rothfedern,* quand il en a trente-sept. Klein en donne une bonne figure.

Bloch, qui voyait un si grand nombre de ces poissons sur le marché de Berlin, aurait dû en donner une meilleure figure; si elle n'est pas cependant aussi bonne que celle de plusieurs autres espèces des eaux douces de la Sprée ou du Havel, elle n'est pas moins reconnaissable à la couleur rouge de laque des nageoires. Il n'a pas peint l'iris de l'œil en rouge. Cet ichthyologiste a commencé la synonymie du rotengle, mais il s'est trompé quand il a voulu reprendre Artedi sur la citation de Willughby. Bloch rapporte, contre l'opinion du zoologiste suédois, la figure Q 3, n.° 1, de l'auteur anglais à notre rotengle. Cette figure, toute médiocre qu'elle est, représente, je crois, quelques brèmes à anale courte, à cause de la brièveté de sa dorsale, quoique les écailles, rangées par séries longitudinales distinctes, rappellent davantage un poisson voisin de nos *cypr. carassius,* ainsi que semblerait le confirmer le nom

----

1. *Hist. Danub.,* tom. IV, p. 41, pl. 13, fig. 4.

Rudd, que lui donne Willughby. Cependant je vois cette figure de Willughby rapportée au rotengle par la plupart des ichthyologistes anglais. Je crois qu'ils se sont laissés tromper par la dénomination anglaise ajoutée sur la planche de Willughby. Bloch a servi à faire l'article de Gmelin dans la XIII.[e] édition du *Systema naturæ,* et celui de M. de Lacépède. Celui-ci rapporte, d'après Bloch, que les écailles du mâle se couvrent de petits tubercules au temps du frai. Je n'ai pas observé de mâle dans cet état.

Si, après ces auteurs généraux, nous consultons les faunes particulières, nous voyons que le rotengle, comme les autres cyprins, ne monte pas plus au nord que la Suède. Linné[1] et Retzius[2] le comptent dans le *Fauna suecica.* M. Nilsson[3] le cite aussi dans l'Ichthyologie scandinave, et il croit que l'on doit rapporter à cette espèce celle établie par Holberg (*Götheb. N. Handl.*) sous le nom de *cypr. compressus.* Je vois dans la traduction de l'ouvrage de M. Ekström par M. Creplin[4], que la même opinion y a eté adoptée.

Muller[5], dans son *Fauna danica,* et S. A. R. le prince royal de Danemarck la citent dans le catalogue des poissons communs dans les eaux de cette contrée. Ce poisson est non moins commun en Angleterre. Je trouve dans Donovan[6] une figure un peu alongée de notre rotengle, et c'est lui qui me décide à y rapporter le *Rud* de Pen-

---

1. *Faun. suec.,* p. 123, n.° 324.
2. *Faun. suec. edente Retzio,* p. 358, n.° 118.
3. *Prod. ichth. Scand.,* p. 28, n.° 5.
4. Ekström, *Fisch. von Mörkö,* trad. all. de Creplin, p. 21.
5. *Zool. dan., prod.,* p. 51, n.° 437.
6. Donov., *Brit. fish.,* pl. XL.

nant[1]; car son article est d'ailleurs fort peu significatif, et les noms de *Ruda* ou de *Carussa,* qu'il prend dans le *Fauna suecica* de Linné, pour les rapporter à notre espèce, sont différents de ceux cités par l'illustre auteur de cette Faune septentrionale. Je vois encore un *cyprinus erythrophthalmus* cité dans Turton[2], dans Flemming[3], dans Jenyns[4] et dans l'élégant ouvrage de M. Yarell[5], qui en donne une figure d'une parfaite exactitude. Il faut aussi citer la figure que Mme Ed. Bowdich[6] en a donné dans son Histoire des poissons d'eau douce d'Angleterre. L'espèce, non moins répandue en Allemagne, est citée par tous les naturalistes de ce pays. Ainsi j'ajouterai, aux auteurs déjà mentionnés, Siemssen[7] pour le nord de l'Europe; Meidinger[8], qui en laisse une figure très-reconnaissable, mais où le dos est trop roux; et Reisinger[9], qui la suit dans les fleuves ou les eaux stagnantes de la Hongrie.

Je la trouve encore dans la Faune belge de M. Selys-Longchamps, qui aurait remarqué dans les nombreux individus de ce poisson, pullulant dans toute la Belgique, une variété regardée par M. Heckel comme d'une espèce distincte. Mais ces distinctions en espèces dépendent de la valeur que l'on accorde à certains caractères de détails, qui me paraissent devenir minutieux par leur trop rigou-

---

1. *Brit. Zool., III*, p. 310.
2. *Brit. Faun.*, p. 108, n.° 121.
3. Flem. *Brit. an.*, p. 188, n.° 66.
4. *Brit. vert. anim.*, p. 412, n.° 92.
5. *Brit. fish.*, p. 361.
6. Bowd., *Freshwaterfishes*, n.° 31.
7. *Fische Meckl.*, p. 75.
8. Meid., *Dec.* 111, n.° 24.
9. *Ichth. Hung.*, p. 67.

reuse exactitude. Le Rotengle est commun dans le nord
de la France ; doit-on conclure qu'il devient rare dans
l'ouest de la France, de ce que M. Millet ne l'a pas observé,
en rédigeant sa Faune de Maine et Loire ? Les cyprins
paraîtraient rares en Espagné, à en juger par l'ouvrage de
Cornide, qui ne cite pas notre espèce.

Le Rotengle vit dans les eaux de la Suisse : ainsi Hartmann dans son Ichthyologie helvétique, Nenning dans son
Histoire des poissons du lac de Constance, et Jurine dans
son Mémoire sur les poissons du lac de Genève, reconnaissent tous le *cyprinus erythrophthalmus*.

Il existe en Italie. M. le prince Charles Bonaparte de
Canino en a donné deux figures dans sa Faune d'Italie.
Il a cru devoir le distinguer génériquement sous le nom
de *Scardinius*. J'ai déjà dit pourquoi je n'adoptais pas ces
coupes génériques.

Nous suivons aussi le Rotengle vers les contrées les plus
orientales de la Russie ; Pallas[1] le cite comme un des poissons vulgaires et vivant en troupe, dont la chair infestée
d'arêtes n'est d'aucune estime : ce célèbre voyageur remarque que, dans la Sibérie boréale ou orientale, notre
poisson paraît manquer tout-à-fait. Ce savant a changé le
nom de Linné en celui de *cypr. erythops*.

M. Nordmann[2] inscrit aussi cette espèce dans son *Fauna pontica,* et dit qu'elle se trouve dans les rivières de la
Crimée. Il observe, avec MM. Fries et Ekström, que cette
espèce reste tout-à-fait isolée dans le groupe des *leuciscus,*
parce que la dorsale est placée derrière la ventrale : elle

---

1. Pallas, *Faun. ross. as.*, 111, p. 317, n.° 224.
2. *Faun. pont.*, p. 490, n.° 6.

servirait de passage aux corassins. D'après M. Eichwald[1] le *cyprinus erythrophthalmus* est un des poissons du Volga qui ne descend pas à la Caspienne.

On conçoit qu'un poisson aussi répandu ait reçu des noms dans les différens pays où il habite : d'après Artedi et Linné on le nomme *Sarv,* et dans la Bothnie occidentale *Isarf.* Linné cite déjà le nom allemand de *Rothauge.* Muller lui donne pour noms danois *Skalle* ou *Rödskalle,* et pour nom norwégien *Flal-Roje.* M. Nilsson y ajoute, pour la province de Scanie, ceux de *Rudeskall* ou *Röd-mört,* et de la préfecture de Blecking, *Ruda* ou *Rua.* Ces dernières dénominations rappellent celle de Pennant pour l'Angleterre. Cet auteur dit qu'il se nomme *Rudd,* que je retrouve avec celle de *Red-Eye* dans Donovan, Turton et Yarell ; celui-ci y ajoute les variantes de *Roud* pour le comté de Norfolk, et de *Finscale* ou de *Shallow* dans le comté de Cambrigde.

Siemssen lui applique le nom de *Plötze,* que je n'ai jamais entendu lui donner en Allemagne, et il transporte celui de *Rothauge* au *cypr. rutilus :* n'y a-t-il pas eu ici transposition de dénomination? Ces dénominations allemandes sont conservées par M. Reisinger. En Belgique elle se nomme *Rossette* ou *Rosse di fond.* M. Hartmann, qui lui donne, dans son Ichtyologie helvétique, pour nom commun allemand *die Plötze,* dit que c'est le *Schwall* du lac de Zurich et de Wallenstadt, que dans sa jeunesse on l'appelle *Furnickel,* et qu'à trois ans elle prend les noms de *Förne, Furn,* ou de *Schneiderfisch ;* nomenclature admise par M. Nenning ; que sur les lacs de Genève et de

---

1. *Faun. mar. casp. primitiæ,* p. 129, *Ext. nat. Moscov.,* 1838.

Neu châtel on le nomme *Rotengle*, **Platelt** ou Platelle;
et M. de Jurine ajoute à ce dernier nom ceux de *Plateron*
parmi les pêcheurs de Saint-Saphorin, et de *Raufe* à
Genève.

Pallas nous donne ses noms dans les différens dialectes
de l'empire. A cause de sa forme aplatie, les Russes le
nomment *Plotwa* et *Plotiza ;* mots qui ressemblent beaucoup au nom allemand du gardon.

Chez les Tartares riverains du Sirr, il porte le nom de
Wirschin, et chez les Burets (*Buræetis*) celui de *Ulan-
niclyn,* ce qui veut dire œil rouge.

Ce poisson se nourrit d'herbes et de vermisseaux ou
d'insectes. Il fraie en avril et mai, et pond plus de 100,000
œufs. Il est fâcheux que sa chair, sèche et souvent d'un
goût vaseux, ne réponde pas par son bon goût à cette
grande fécondité.

Je trouve dans le manuscrit de Baldner, sous le nom
de *Rothkehl,* un autre rotengle, qui a la dorsale beaucoup plus rouge que je ne l'ai jamais vue ; mais qui pour
le reste de la couleur ressemble tout-à-fait aux poissons de
l'espèce précédente, que j'ai trouvés en si grand nombre
dans tous les canaux de la Hollande et sur le marché de
Berlin. Le syndic des pêcheurs de Strasbourg donne cette
variété comme un des meilleurs poissons, toujours très-
bon, excepté pendant le temps du frai : ils sont de meilleur goût pendant les mois de février et de mars, et deviennent maigres et mauvais pendant avril et mai ; époque
de leur ponte, qui se fait sous les racines des arbres ou
parmi les herbes aquatiques, et surtout d'une plante nommée *Winterloch ;* c'est le *Ray-Grass* de nos cultivateurs,

ou le *Lolium perenne,* Linn. Pendant le temps du frai les femelles prennent des taches blanches sur la tête : les plus grands individus pèsent deux livres.

Cette figure offre beaucoup de ressemblance avec une espèce que je tiens de M. Agassiz, et qui est nommée *Leuciscus rubellio.* Il a écrit en note que ce *leuciscus* a le nez plus haut que le rotengle ordinaire. Cependant je ne vois pas cette espèce indiquée dans le Mémoire de M. Agassiz, inséré dans le Recueil publié par les savans de Neufchâtel. Comme le prince Charles Bonaparte a figuré deux variétés de *scardinius erythrophthalmus,* et qu'il n'a cru devoir les distinguer spécifiquement, je laisse à M. Agassiz à décider ce qu'il veut faire de son *Leuciscus rubellio;* c'est peut-être l'espèce qu'il a ensuite désignée sous son *Leuciscus decipiens.*

Willughby a rapporté le rothkehl au *cyprinus rutilus,* notre gardon ; mais je ne crois pas que ce rapprochement soit juste.

L'ABLE SCARDAFA.

(*Leuciscus scardafa,* Ch. Bon.)

Le célèbre naturaliste, auteur de la Faune italienne, a décrit sous le nom de *Scardafa,* un able qu'il regarde comme voisin du Rotengle, parce qu'il a comme lui

la fente de la bouche dirigée obliquement vers le haut, à cause de l'avance de la mâchoire inférieure. La hauteur du tronc est comprise trois et trois quarts dans la longueur totale, et la tête y est contenue presque cinq fois. Le profil de la nuque est droit, celui au-dessous de la tête est anguleux à l'insertion du maxillaire inférieur ; les nageoires sont grandes et larges.

D. 10 ; A. 11 ; C. 19 ; P. 16 ; V. 9.

Il y a quarante rangées longitudinales d'écailles, et onze dans la
plus grande hauteur, sept au-dessus de la ligne latérale, trois au-
dessous; cette ligne est courbe : le poisson est coloré d'un vert doré
rembruni sur le dos et sur les nageoires, les parties inférieures sont
plus pâles.

Le prince Charles Bonaparte ne parle pas des dents
pharyngiennes; j'ai lieu de croire qu'elles sont dentelées
comme celles du rotengle; mais sont-elles sur deux rangs?
et en quel nombre ? Les variations sont trop grandes
d'une espèce à l'autre pour se laisser en tirer par induc-
tion quelque assertion à cet égard.

Ce *scardafa* des Romains se trouve dans les lacs de
Venise, de Ronciglione, de Bracciano, de Fogliano et
autres lacs, ainsi que dans les ruisseaux ou les étangs, et
son nom se modifie de diverses manières par corruption
en *Scærdova, Scardine, Scarda, Scarbatra, Scardola,*
et autres encore. On le confond souvent à Rome avec le
Roviglione (*leuciscus rubilio*), dont l'aspect tout différent
rappelle plus notre meunier (*cypr. dobula*). Cette espèce
appartient au groupe des *Scardinius* du prince Charles
Bonaparte.

L'ABLE SCAVERDE.

(*Leuciscus marrochius*, Costa.)

M. Savigny a rapporté, des eaux douces des environs
de Turin, un able voisin de notre rotengle.

Chez celui-ci la mâchoire inférieure est sensiblement plus longue
que la supérieure; la tête est petite, étroite en avant, comprise
cinq fois dans la longueur totale; le profil du dos et du ventre
suivent une courbe à peu près régulière; la hauteur du tronc est
du quart de celle du corps entier; le diamètre de l'œil, dont l'iris

paraît avoir été doré, est compris trois fois et demie dans la longueur de la tête.

D. 10; A. 11, etc.

La ligne latérale suit la courbe du ventre par la huitième écaille;
j'en compte quarante dans la longueur : la couleur paraît avoir été
un verdâtre argenté, plus foncé dans l'angle des écailles; la caudale
a un petit bord plus gris.

Les dents pharyngiennes, plus grêles que celles de notre rotengle, sont de même dentelées, et sur deux rangs; une rangée de
cinq et une autre interne de trois.

M. Savigny nous a donné ce poisson sous le nom piémontais de *Scaverde;* ses individus sont longs de cinq
pouces.

En comparant la description si détaillée et la figure que
M. Costa[1] a données de son *leuc. marrochius,* dans sa
Faune du royaume de Naples, je ne doute presque pas
que le poisson que j'ai sous les yeux ne soit le même que
celui du naturaliste napolitain. La chair de ce poisson est
molle et souvent attaquée par la *ligule,* de même que le
cypr. lacustris de M. Briganti, et qui vit dans le lac de
Palo. Les riverains du lac Fucino mangent avec avidité
cette ligule, qu'ils nomment *Serchia,* recherchant de préférence, entre les *Marrochio,* les individus attaqués par
cet helminthe.

Je trouve, dans la Faune d'Italie, le nom de *Scaverde,*
indiqué pour celui de la jeune femelle; mais le poisson
que M. Savigny nous a rapporté sous ce nom, en est certainement d'une espèce différente.

---

1. *Faun. reg. neap. pisc.,* p. 12, pl. XIII.

L'ABLE SCARPET.
(*Leuciscus scarpetta*, nob.)

M. Canali a envoyé, du lac de Trasimène, un able qui a, comme le rotengle,

la mâchoire inférieure avancée au-delà de la supérieure; la longueur de la tête, égale à la hauteur du tronc, est comprise quatre fois dans la longueur totale; les dents pharyngiennes sur deux rangs, cinq sur l'un et trois sur l'autre : elles sont grêles et dentelées.

D. 11; A. 11.

Il y a quarante-deux écailles dans la longueur, six rangées au-dessus de la ligne latérale, qui est moins courbe que celle des espèces voisines.

Le dessus du corps est mordoré avec quelques larges traits brunâtres longitudinaux et des reflets à iris jaune, pour se fondre sur l'argenté des côtés; les nageoires paires et l'iris sont jaunes. Cette couleur est plus pâle sur l'anale et mêlée de verdâtre sur la dorsale et la caudale.

Nos individus sont longs de trois pouces et demi. Le professeur d'histoire naturelle de Perrugia nous les a envoyés sous le nom de *Scarpetta*.

J'ai reçu du lac de Trasimène, sous le nom de *Scarpata*, le *leuciscus albus* du prince Charles Bonaparte. Malgré la ressemblance des noms, ces deux poissons n'appartiennent pas à la même espèce.

L'ABLE LASCHA.
(*Leuciscus lascha*, Costa.)

Le poisson que M. le professeur Costa a décrit et figuré dans sa Faune de Naples[1], est très-voisin du précédent;

---

1 *Faun. Nap.*, p. 19, n.° 4, tab. XVI.

je ne serais pas étonné même qu'on vînt à reconnaître
leur identité spécifique. Elle ne m'est pas assez démon-
trée aujourd'hui pour que je réunisse les deux espèces.

C'est un petit poisson, assez semblable au *Marrochio*, tant par
ses formes extérieures que par la disposition de ses parties inté-
rieures : il a le dos bleu d'acier avec une raie rougeâtre au-dessus
de la ligne latérale ; les nageoires verticales, jaunes, sont bordées
de bleu clair ; le bord des pectorales et des ventrales est orangé.

D. 11 ; A. 11, etc.

Ce petit poisson est long de trois à quatre pouces. A en
juger par la Faune d'Italie, le nom de *lascha* serait générique pour plusieurs de ces cyprins.

L'ABLE DE HECKEL.

(*Leuciscus Heckelii*, Nordm.)

M. Nordmann a dédié au savant ichthyologiste M. Heckel, un able, qu'il a cru devoir rapprocher du rotengle
à cause de la hauteur de son corps.

Il est en effet du tiers de la longueur totale, la tête est comprise à peu près deux fois dans cette hauteur ; elle est épaisse,
aplatie sur la nuque, qui paraît un peu plus basse que celle du
rotengle ; le museau arrondi et épais s'avance au-dessus de la
bouche, qui est petite et dont la fente ne remonte pas à beaucoup
près autant que dans le rotengle. La mâchoire inférieure est,
comme celle du gardon, plus courte que la supérieure lorsque la
bouche est fermée ; les yeux sont de médiocre grandeur, et placés
plus haut que ceux du rotengle.

Il y a quarante-trois écailles sur la ligne latérale ; elles sont
grandes, adhérentes et dures ; la dorsale est plus avancée que celle
du rotengle, au-dessus du milieu de la base des ventrales : le premier rayon branchu mesure la moitié de la hauteur du corps

sous lui, son bord est échancré; l'anale, plus basse, est aussi très-échancrée.

Voici les nombres comptés par M. Nordmann.

D. 13; A. 12 ou 13; C. 19; P. 17; V. 9.

Ce poisson est tout entier d'un beau blanc argenté sur la tête; sur le dos il y a des teintes grisâtres et bleuâtres, et du jaunâtre sur les côtés; les yeux sont jaunes pâles, glacés d'argent, avec quelques teintes rougeâtres; les nageoires inférieures jaunes, sales et pâles, les supérieures plus foncées; toutes sont lisérées de noirâtre.

Cette description est prise de l'ouvrage de M. Nordmann [1], et la figure qui l'accompagne montre que c'est une de ces espèces intermédiaires, car elle a la forme et la hauteur du corps du rotengle; mais la bouche, la tête et les couleurs sont celles du gardon. Il est fâcheux que le savant professeur d'Odessa n'ait pas donné la description des dents pharyngiennes. Il a oublié de nous dire où il a pris cette belle espèce d'able, et si elle est commune dans les eaux de la Crimée.

La taille de ce poisson atteint à quatorze pouces.

Le Gardon.

(Leuciscus rutilus, nob.)

La description du gardon, que je vais donner, est faite sur un des plus grands individus de cette espèce que j'aie encore rencontrés depuis plus de vingt ans que je m'occupe de l'histoire des poissons. Je l'ai pêché dans la Seine, à Bougival, près Paris, jolie campagne que les souvenirs poétiques de l'illustre Boissy d'Anglas ont rendue célèbre.

---

1. *Faun. pont.*, p. 491, n.° 7. Poiss., pl. 23, fig. 1.

13

17.

Ce qui fait reconnaître de suite le gardon, et le distingue du rotengle, c'est qu'il a le museau gros, arrondi et un peu saillant au-devant de la mâchoire inférieure, plus courte, et dont les branches sont presque horizontales. Dans le rotengle elles remontent vers le haut, et le museau ne fait pas de saillie sur elle. La hauteur du tronc chez le gardon est trois fois et demie dans la longueur totale; la tête est comprise cinq fois et un peu plus d'une demie dans cette même longueur totale. J'ai trouvé dans des femelles prises dans la Seine que la hauteur du tronc est comprise dans la longueur du corps quatre fois et deux tiers quand elles ont lâché leur œuf, et qu'elle n'y est plus que quatre fois quand elles sont pleines. Dans les mâles la hauteur m'a paru être presque toujours quatre fois et demie dans la longueur totale. L'œil, du cinquième de la tête, est éloigné du bout du museau d'une fois et demie son diamètre : je ne vois pas d'ailleurs de différences dans les pièces de l'opercule, mais les dents pharyngiennes en offrent de très-grandes. Il n'y a qu'une seule rangée de dents implantées sur le pharyngien, aucune de ces dents n'a le bord dentelé; la première est crochue à la pointe, la seconde l'est un peu moins; les autres ont la couronne en tubercule arrondie et conique : les germes des dents n'ont aussi aucune dentelure; les dents s'usent assez vite : on le conclut de l'usure de la couronne et du nombre de germes de remplacement qui viennent s'implanter sur les pédicules osseux du pharyngien qui doit les recevoir. Il faut tenir compte de cette usure de la couronne dans l'étude des dents de ces animaux, et la faire entrer dans la valeur des caractères spécifiques que l'on doit leur donner. J'ai examiné et étudié les dents de plus d'une centaine d'individus, et on les trouve quelquefois, toutes cinq, à couronne plate, et souvent la première et la troisième sont usées, tandis que la seconde, la quatrième, la cinquième sont encore arrondies. Telle autre combinaison peut se présenter; mais jamais on a trouvé deux rangées de tubercules osseux dentifères, et les dents n'ont pas leur bord denticulé. On voit que j'insiste sur ces caractères; car, comme je l'ai dit plus haut, on a voulu les élever jusqu'à donner des caractères de genres, et je ne pense pas qu'elles puissent en fournir de solides à ce point de vue; comme caractère spécifique elles en donneront, quand on aura soin de les étudier sur un grand nombre d'individus, afin d'en suivre les variations.

La dorsale est moins reculée sur le dos que dans le rotengle; le premier rayon est plus haut d'un quart que la base n'est longue; le dernier est moitié moins haut que le premier; le plus élevé des rayons de l'anale égale la longueur de sa base; la caudale est fourchue; les ventrales ont une longue écaille dans leur aisselle : elles sont arrondies et aussi grandes que la pectorale.

B. 3; D. 12; A. 12; C. 19; P. 19; V. 9.

Je compte quarante-cinq rangées d'écailles sur le côté; la ligne latérale, un peu courbe, est tracée sur la huitième de la hauteur, qui en contient douze. Une écaille a de fortes stries concentriques au milieu d'autres, très-fines et très-nombreuses; quelques stries rayonnantes sur la portion nue; la partie radicale n'en a point.

La couleur est verte, à reflets irisés en or, et glacés d'argent sur le dos, blanche sur le ventre; le crâne est lisse sans écailles, d'un assez beau vert; sur les joues argentées brillent de belles teintes dorées.

La pectorale et la dorsale sont vertes comme le dos; la caudale ajoute à cette couleur une teinte vermillon ou laquée dans le pourtour du croissant; elle est plus étendue sur le lobe inférieur : l'anale, qui est verte le long de son insertion, a la plus grande partie d'un bel orangé vermillon; la base de la ventrale est blanche et le bord un peu moins vif que l'anale; l'œil, entouré d'un beau cercle vert, a l'iris doré : j'ai vu un grand nombre d'individus de la Seine avoir le blanc de l'œil argenté; dans ceux que j'examinais sur le marché de Berlin, j'ai écrit que je trouvais le rouge de l'anale mêlé de teintes jaunâtres; que ce rouge n'est donc pas pur et vif, comme celui du *Rothauge* (*Leuc. erythrophthalmus*). Les ventrales étaient rouge cerise, quoique plus pâles que celles de ce dernier poisson.

J'en ai vu dans le lac de Tegel qui avaient la dorsale et la caudale rougeâtres, et parmi ceux-ci quelques-uns avaient l'iris rouge.

En observant les poissons dans les divers canaux de la Hollande et sur les marchés des différentes villes de la Belgique ou de la Hollande, où j'ai toujours eu soin de le faire souvent, j'ai vu aussi des gardons à dorsale et caudale rougeâtres, à pectorales teintées de rouge, mais toujours moins brillants que Bloch les a colorés. Il y a toujours une teinte jaunâtre, mêlée à ce rouge, qui n'est pas pur comme celui du rotengle.

J'entre dans ces détails, parce que la confusion faite entre le rotengle et le gardon, auxquels on a appliqué arbitrairement le nom de Rosse en français, ou de *Rothauge* en allemand, a empêché de bien établir ces deux espèces.

Voici les détails sur l'anatomie du gardon.

La langue est adhérente dans toute son étendue, elle est étroite, à pointe mousse, et charnue.

A l'ouverture du corps est le foie qui se porte à droite, formant deux lobes allongés qui sont entre le double que fait l'intestin; le lobe gauche est très-petit.

La vésicule du fiel est un sac ovoïde oblong plein d'une bile jaune pâle transparente, de la même couleur que celle de la brème.

Le canal cholédoque est court et s'ouvre au-dessous du canal aérien.

Le mésentère est très-gras.

L'intestin fait deux replis égaux en longueur, qui descendent jusqu'aux trois quarts de l'abdomen; il se renfle un peu vers le haut à l'endroit de l'estomac. L'intestin diminue successivement jusqu'à l'anus, où le diamètre du rectum est moitié de celui de l'œsophage; l'entrée de l'œsophage est un peu renflée et comme festonnée.

La rate est d'un beau rouge sanguin : elle est placée entre les lobes du foie; elle est divisée en deux lobes, dont un très-court, plat, est appuyé sur l'autre intestin; l'autre, grand, trièdre, descend le long de l'intestin; les ovaires sont deux grands sacs, pleins d'un nombre infini d'œufs couleur vert d'eau ; les reins sont adossés à l'épine, occupent toute la longueur de l'abdomen, et sont renflés dans leur milieu, ainsi que cela a lieu dans les autres cyprins.

Les laitances ont la même forme que les ovaires, mais elles sont plus petites.

Je n'ai jamais rencontré d'helminthes dans le gardon, et Bloch fait la même remarque. Quant au squelette, son ostéologie diffère peu de celle des autres ables.

Le crâne est plus long et plus aplati, la crête interpariétale est plus large, les interépineux de la dorsale plus forts, les osselets de Webber moins grêles. Il y a quarante et une vertèbres à la colonne vertébrale, dont vingt-trois appartiennent à la région abdominale, et de ceux-ci dix-sept seules portent des côtes.

Le gardon est commun dans la Seine et dans toutes les eaux douces de nos environs ; et on le trouve aussi, avec la même abondance, dans toutes les eaux de l'Europe, surtout septentrionale.

Ainsi le Cabinet du Roi en a de la Somme, d'Abbeville et des eaux du Crotoi, par M. Baillon ; du Rhin, par M. Hammer ; du lac de Zug, par M. Major ; de l'Elbe, par M. Nitsch. J'en ai pris moi-même dans l'Escaut, à Gand ; dans la Meuse, à Liége ; dans le Rhin, à Coblence ; dans les canaux de la Hollande, dans la Sprée ou dans le lac de Tegel aux environs de Berlin, chez M. de Humboldt. Cet illustre voyageur nous a donné de ceux qu'il a pris, avec M. Ehrenberg, dans les eaux douces de la Sibérie orientale ; et le Cabinet du Roi en a reçu aussi de beaux et nombreux exemplaires de Russie, qui ont été donnés à M. Cuvier par S. A. I. la grande-duchesse Hélène de Wurtemberg, devenue, par son alliance, belle-sœur de l'empereur.

Ceux que j'ai reçus, en grand nombre des pêcheurs de

la Sprée, ou que je voyais sur le marché de Berlin, m'ont toujours été nommés *Plötze*. J'étais accompagné, dans les courses ichthyologiques, par M. Rammelsberg, l'un des habiles employés du Cabinet de Berlin, à qui M. Lichtenstein m'avait particulièrement recommandé. Je suis donc sûr de cette synonymie, bien qu'elle ne soit pas conforme à celle donnée par Bloch. Sa figure, d'ailleurs reconnaissable, n'est pas bonne.

C'est sous la dénomination de gardon que l'espèce, dont je viens de donner une description détaillée, est connue par tous nos pêcheurs, qui réservent plus particulièrement le nom de *Rosse* au rotengle, mais qui souvent aussi appliquent ce nom à notre gardon.

En cherchant ce que nos prédécesseurs ont dit du gardon, on voit que ces naturalistes ont plus ou moins confondu avec lui les espèces qui l'avoisinent. A l'époque où les auteurs du XVI.ᵉ siècle ont écrit, le défaut d'une nomenclature précise les a empêchés de distinguer d'une manière rigoureuse les divers poissons ; ils n'ont pas su apprécier la justesse des distinctions des pêcheurs, parce qu'ils ne conservaient pas dans des cabinets les différentes espèces pour les décrire, par comparaison les unes à côté des autres, et souvent ensuite ils ont appliqué mal à propos la nomenclature vulgaire ; cette fausse application ayant persisté jusqu'au commencement de ce siècle dans les ouvrages de Bloch et de quelques successeurs, il en résulte qu'il est aujourd'hui fort difficile de donner une synonymie très-certaine de ces espèces si bien connues.

Belon [1] cite, une première fois, le gardon comme un

---

1. Bel., *De aquatil.*, p. 272.

poisson de la Seine; puis, une seconde fois [1], en le regardant comme le *Lascha* des Italiens. On voit dans ce chapitre, intitulé *Sargus,* qui est son *Cephalus* et son *Gardonus,* qu'il a eu connaissance de la *Roach* ou *Roscies,* comme il l'appelle, des Anglais, et des diverses espèces d'Italie, que nous distinguons aujourd'hui, et qu'il compare au *squalus,* dont il fait notre meunier (*cypr. dobula*), en observant que ces gardons ont le corps plus comprimé, plus arqué, et les nageoires rougeâtres; on y trouve encore la citation de plusieurs noms qui ne sont pas mentionnés dans les savantes discussions que le prince Charles Bonaparte a faites dans sa Faune italienne, ou sur lesquelles il reste encore incertain, comme sur le *Dorada.* Rondelet [2] a donné, sous le nom de *Leuciscus,* une figure d'un gardon, comme il l'appelle lui-même. C'est aussi, suivant lui, le *Lascha* des Italiens. Je ne vois aucune des espèces italiennes qui se rapporte à la figure de l'ichthyologiste de Montpellier; ce n'est pas non plus exactement à notre gardon qu'elle ressemble. J'inclinerais davantage à croire qu'elle a été faite d'après un individu du *leuciscus rutiloides;* mais c'est trop incertain pour s'arrêter définitivement à cette synonymie. Un peu plus loin le même auteur [3] donne une petite figure dans son chapitre *de Phoxinis,* faite d'après un jeune able qui n'est pas le véron, mais qui est indéterminable. Cependant Gesner [4] avait donné une figure fort reconnaissable du gardon, et l'on peut voir, par la discussion de la synonymie par la-

----

1. Bel., *De aquatil.*, p. 316.
2. *De pisc. fluv.*, p. 191.
3. *Ibid.*, p. 204.
4. Gesn., *De aquat.*, p. 821.

quelle il commence son chapitre *de Rutilo,* qu'il distingue très-bien le gardon du rotengle, qu'il sait très-bien leur appliquer les noms allemands qui leur conviennent, puisqu'il rapporte le *Plötze* des Allemands à son *rutilus;* seulement il n'était pas arrivé à en distinguer le Vengeron, et peut-être les autres espèces italiennes. Mais on ne peut douter, d'après ce qu'il dit de la couleur du tronc, des nageoires et de l'iris, qu'il n'ait pas eu sous les yeux notre gardon, et point le vengeron du lac de Genève. Le même observateur, si connu par sa grande science, a, dès les premières pages de son livre [1], une figure d'able couverte de tubercules, qu'il a préférée à celle de Rondelet pour le *leuciscus.* C'est celle du poisson qu'il appelle *Schwal* ou *Furn;* c'est le gardon ou une espèce voisine qu'elle représente, car il ne lui donne pas les couleurs de notre *cypr. rutilus.* Aldrovande [2] a donné des figures indéchiffrables, soit à son article du *Rutilus,* soit à celui [3] du *Leuciscus.*

Willughby [4] a fait les mêmes confusions; il ne distingue pas clairement le rotengle du gardon, et je crois même pouvoir affirmer que sa description se rapporte plutôt au premier qu'au second de ces poissons.

Je dois dire la même chose de Schonevelde [5], qui donne très-probablement le rotengle dans le chapitre du *Rutilo,* nommant celui-ci *Rothauge.* S'il fallait même chercher dans cet auteur s'il a connu notre gardon, je crois qu'on

---

1. Gesn., *De aquat.*, p. 25.
2. *De pisc.*, p. 621.
3. *Ibid.*, p. 607.
4. Will., *Hist. pisc.*, p. 262, ch. XX.
5. Schonev., *Icht. Slesw.*, p. 63.

le trouverait dans ce qu'il dit de son *leuciscus albur-nus* [1], quoiqu'il lui applique la dénomination allemande de *Alændt* ou *Alander*; il traduit cette expression par celle de gardon en français, et ce qu'il dit des couleurs, convient parfaitement à notre espèce, qui toutefois n'est pas l'*Alandt* que j'ai vu si abondant sur le marché de Berlin.

Nous arrivons ainsi à l'époque d'Artedi, qui a employé ces différents matériaux, en les divisant dans sa synonymie en deux chapitres ou espèces distinctes. Il a fait, sur l'observation directe du gardon des eaux du nord de l'Europe, sa dix-huitième espèce [2], caractérisée par cette phrase latine très-significative : CYPRINUS *iride pinnis ventralibus, ac ani plerumque rubentibus;* et en en donnant une description détaillée [3] qui ne laisse rien à désirer. Il y a cependant cette différence à noter, qu'il porte le nombre des vertèbres à quarante-quatre. Mais les synonymies qu'il y place sont de beaucoup moins certains que ceux qu'il prend dans Rondelet et Gesner, pour en faire sa quinzième espèce [4] sous la phrase vague et sans caractère : CYPRINUS *sargus dictus.*

Dans les deux espèces il confond entièrement la nomenclature vulgaire. Ainsi il donne pour synonyme du *gardon* des Français, l'*alandt* des Allemands, ce qu'il a sans doute tiré de Schonevelde : on verra que l'*alandt* que j'ai vu au marché de Berlin, et qui est le *cypr. jeses* de Bloch, est d'une espèce bien différente; ainsi il faut conclure qu'Ar-

---

1. Schonv., *Ich. Slesw.*, p. 42.
2. Arted., *Syn.*, p. 10, n.º 18.
3. *Descript.*, p. 10, n.º 3.
4. *Syn.*, p. 9, n.º 15.

tedi a connu notre espèce, qu'il l'a bien décrite, mais qu'il s'est tout-à-fait trompé dans la synonymie, soit scientifique, soit vulgaire de ce poisson. Linné, en travaillant d'après Artedi, a pris le n.° 18, pag. 10, de la synonymie d'Artedi, pour en faire son *cyprinus rutilus*[1], et a laissé de côté l'espèce n.° 15, pag. 9, d'Artedi, qui par conséquent et heureusement alors n'a pas pris rang dans le *Systema naturæ;* car il y aurait eu par suite un double emploi d'espèces nominales.

Il est aussi dans le *Fauna suecica*[2], et il y conserve toute la synonymie d'Artedi, que je suis loin, comme on vient de le voir, de trouver aussi exacte que ces deux célèbres naturalistes le pensaient.

C'est aussi sous le nom de *cyprinus rutilus* que nous le trouvons dans Bloch[3]; mais il lui applique, pour nom français, celui de *rosse,* que nos pêcheurs, du moins à l'époque ou j'écris, donnent exclusivement au rotengle.

Avant de quitter les auteurs des faunes septentrionales, il faut citer Ekström[4] qui lui donne le nom allemand de *Plötze;* mais qui lui applique aussi ceux de *Rothauge,* de *Rothflosser* ou de *Rothfeder;* ainsi que Nilsson[5], Muller[6], Siemssen[7], Wulf[8]; mais ces deux auteurs ne conservent plus la synonymie vulgaire allemande, puisque le premier

---

1. *Syst. nat.*, éd. X, p. 324, n.° 16.
2. *Faun. suec.*, 1746, p. 124, n.° 329.
3. Bl., tab. 22.
4. Ekstr., *Fisch. von Mörkö,* par Creplin, p. 12.
5. *Prod. ichth. Scand.*, p. 27, n.° 4.
6. *Prod. Faun. dan.*, p. 51, n.° 435.
7. *Die Fische von Mekl.*, p. 74, n.° 7.
8. *Ichth.*, p. 45, n.° 59.

lui donne le nom de *Zerte,* et le second, comme Bloch, confond le *Plötze* et le *Rothauge.*

Quant à Leske, qui a donné à l'une des coupes de notre espèce du rotengle le nom de *cypr. rutilus,* il nous transmet notre gardon sous le nom de *cyprinus rubellio,* en le regardant comme synonyme du *cypr. idbarus* de Linné.

Il me paraît assez difficile de déterminer aujourd'hui le poisson que ce grand zoologiste a ainsi nommé dès la X.ᵉ édition du *Systema,* et qu'il a conservé dans la XII.ᵉ, à côté de son *cypr. idus* et du *cypr. rutilus.* Il me paraît probable que Linné aura eu sous les yeux quelques-unes de nos variétés ou espèces, excessivement voisines du gardon; mais ce n'est qu'une conjecture. M. Agassiz, dans son Mémoire sur les poissons du lac de Neuchâtel, croit qu'il faut le rapporter au *cyprinus idus :* cela peut tout aussi bien être; car il est certain aujourd'hui que le *cyprinus idbarus* doit être rayé des catalogues ichthyologiques.

Pour revenir à notre gardon, nous le voyons cité par tous les auteurs anglais : ainsi Pennant[1] le donne comme un des poissons les plus abondans dans les eaux douces de l'Angleterre; et il paraît qu'il y atteint une grande taille, car M. Walton parle de gardons du poids de deux livres, et Pennant ajoute que dans une liste des poissons vendus sur le marché de Londres, qui lui a été fournie par un marchand de poissons intelligent, il y est fait mention d'un gardon du poids de cinq livres. Après cet auteur, Donovan[2], Turton[3], Flemming[4], Jennyns[5], Yarell[6] et

---

1. *Brit. Zool.,* III, p. 311. — 2. *Brit. fish.,* tab. 67.
3. *Brit. Faun.,* p. 108, n.° 122. — 4. *Ann. Kingd.,* p. 188, n.° 63.
5. *Ann. vert.,* p. 408, n.° 88. — 6. *Brit. fish.,* p. 348.

M. Bowdich [1], le citent dans leurs faunes ou le représentent dans leurs iconographies.

Je le vois aussi cité par M. Selys-Longchamps [2] dans la Faune belge; M. Millet [3] le donne dans sa Faune de Maine-et-Loire comme le meilleur poisson parmi les ables de l'Anjou. Il dit qu'on appelle *gardons* de fond, les grands individus, qui viennent en effet plus rarement à la surface des eaux, préférant les profondeurs de la rivière.

Il existe également en Suisse, ainsi que le prouvent les anciennes observations de Gesner, et que tendraient à le faire croire les ouvrages de M. Nenning [4] sur le lac de Constance, due à M. Hartmann [5] dans son Ichthyologie helvétique. Mais M. Agassiz pense que le *cyprinus rutilus* de ce dernier auteur appartient à son *Leuciscus prasinus*.

Tout en suivant ainsi le gardon dans les eaux de la Suisse et de la Belgique, je fais observer que je m'appuie non-seulement sur l'autorité des auteurs respectables que je cite, mais que je me fonde aussi sur l'observation directe de la nature, ayant réuni, ainsi qu'on a pu le lire tout à l'heure, des individus de cette espèce de tous les lieux où ces auteurs ont écrit.

Cette observation est d'autant plus nécessaire que le *cyprinus rutilus* ou la rosse de M. Jurine n'est pas notre gardon; c'est du moins ce qu'il dit lui-même. Il n'aurait donc pas dû donner à deux espèces différentes le même nom. Je reviendrai aussi sur la discussion de la synonymie

---

1. *Freshwaterfish.*, Draw., n.° 3.
2. Faune belge, p. 211, n.° 29.
3. Faune de Maine-et-Loire, II, p. 725, n.° 23.
4. Nenn., *Fische des Bodensees*, p. 31, n.° 27.
5. Hartm., *Helv. Ichth.*, p. 224.

de la rosse, mise par cet auteur à la suite de son article sur le prétendu *cyprinus rutilus.* Cependant les couleurs des nageoires de cette rosse sont les mêmes que celles de notre gardon, et sont différentes du Vengeron que nous avons reçu du lac de Genève, et qui a été donné par M. Agassiz.

M. Reisinger[1] voit encore le gardon dans les fleuves de la Hongrie. Cet habile ichthyologiste a observé que la couleur des nageoires change avec l'âge, les jeunes ayant les ventrales et l'anale blanchâtres, et les individus de moyen âge rougeâtres; elles ne deviennent très-rouges que sur les adultes. Ces remarques me font croire que M. Agassiz a rapporté avec raison au *cypr. rutilus,* Linn., un poisson dont il a fait faire le dessin à Munich, et qui a la ventrale seule rougeâtre; la caudale, l'anale et la pectorale tirent un peu plus au jaunâtre; les lobes de la caudale sont bordés de gris.

Ce poisson fraie en Avril et en Mai dans la Seine; Linné, qui fixe le frai au mois de Mai, ajoute que c'est à l'époque où fleurit la populage ou souci des marais (*caltha palustris,* Linn.); et à cette époque le mâle se couvre de petits tubercules sur tout le corps, qui dans le commencement rendent le corps rude au toucher, comme s'il était saupoudré de sable fin. Les plus gros se développent sur la tête. La femelle m'a montré des petites tâches blanches, mais elle ne paraît pas avoir de tubercules comme le mâle; les couleurs de celui-ci sont aussi beaucoup plus vives. C'est une espèce très-prolifique; Bloch estime le nombre d'œufs pondus par une seule femelle à

---

1. *Spec. Ichth. Hung.,* p. 66.

84,000 : ces œufs, verdâtres au moment de la ponte, deviennent rouges par la cuisson. La nourriture est celle de tous les cyprins, c'est-à-dire, animale et végétale.

Le gardon, suivant Linné et Artedi, se nomme *Mört* en suédois, et M. Ekström ajoute quelques épithètes à ce substantif. C'est le *Rudskalle* des Danois, ou le *Rödskalle* des Norwégiens. Comme je l'ai dit, les pêcheurs de Berlin ou d'Allemagne, où je l'ai observé, me l'ont toujours nommé *Plötze;* mais Leske, qui a donné ce nom à la Zerte (*cypr. Vimba*), appelle le gardon *Billing,* si c'est bien, comme je le crois, son *cyprinus Rubellio.* Siemssen le nomme *Rothauge,* ainsi que Bloch; ce qui montre que la nomenclature vulgaire est en Allemagne aussi peu fixe qu'elle l'est en France; car beaucoup de gens le confondent sous le nom de rosse avec le rotengle. Je l'ai eu à Gand sous la dénomination de Rosette, et c'est aussi celle indiquée par M. Selys-Longchamps.

Pallas[1] a aussi rencontré le *cyprinus rutilus* dans toutes les eaux vives ou mortes de la Russie et de la Sibérie. Il indique pour nom des Russes, *Soréga;* des Cosaques et des Malorosses, *Serucha* et *Seruschka;* des Tartares du fleuve Catscha, *Kusek;* des Baschkirs, *Assau-Balyk;* du Volga, *Kasiw;* des bouches de l'Obi, *Kolsi;* de l'Irtisch, *Kelsche;* des environs de Narym, *Kuenti-Chuola;* des environs de Surgut, *Potsi,* et des Tungouses, *Toratschain.*

M. Nordmann[2] a aussi marqué le *cyprinus rutilus* comme une des espèces de la Faune pontique, en disant qu'elle se trouve dans toutes les rivières de la Russie mé-

---

1. Pallas, *Zoogr. ross. asiat.*, III, p. 317, n.° 223.
2. *Faun. pont.*, p. 489, n.° 5.

ridionale. Il y a trouvé dans un lac sans écoulement des environs de Pitzounda, en Abasie, une variété qui a les nageoires moins échancrées.

M. Eichwald[1] cite le *cyprinus rutilus* comme un des poissons du Volga qui ne descend pas de la Caspienne.

Pallas dit, à la suite de l'article du *cyprinus rutilus*, qu'il a vu dans les eaux de la Daourie un poisson très-semblable au gardon, mais à corps plus étroit, dont les nageoires inférieures et l'iris étaient colorés en carmin; la dorsale était roussâtre, et qui n'avait que onze rayons à l'anale. Je crois qu'il pourrait bien constituer une espèce que l'on pourrait nommer LEUCISCUS *dauricus*.

L'ABLE RUTILOÏDE.

(*Leuciscus rutiloides*, Selys.)

Pendant que je réunissais avec soin des différentes eaux de l'Europe les cyprins dont je me proposais d'écrire l'histoire, j'avais observé, dès 1822, à Gand, un able, voisin de notre gardon, que je distinguais comme une espèce particulière. Je vois que M. Selys a été de la même opinion, et quoique j'eusse depuis long-temps donné un autre nom à notre poisson dans la galerie du Muséum, je conserve à cette espèce la dénomination qui lui a été imposée par l'auteur que je viens de citer.

La forme générale est assez semblable à celle de notre gardon; mais je lui trouve le museau moins gros, la tête un peu plus petite, les écailles moins larges, la couleur plus grise, et point de rouge

---

1. *Faun. Casp. mar. primitiæ*, p. 129. Extr. du Bulletin des naturalistes de Moscou, 1838.

aux nageoires, elle est remplacée par le jaunâtre; les dents pharyngiennes sont plus petites, portées sur un pédicule plus grêle et
plus haut; et la couronne est un peu denticulée.

On voit que la couleur seule n'est pas le caractère distinctif qui me fait reconnaître ce poisson; les différences
dans les dents m'ont paru avoir assez d'importance, ainsi
que celles dans les formes, pour déterminer cette espèce.

Outre les individus que j'ai observés à Gand, j'ai retrouvé cette espèce sur le marché de Berlin, et dans la
Somme, d'où M. Baillon m'en a procuré plusieurs exemplaires. M. Tinnemann l'a envoyée de l'Elbe au Cabinet
du Roi. Elle paraît rare dans la Meuse; car M. Selys n'a
eu qu'un seul exemplaire à Liége. J'en ai des individus
longs de neuf pouces.

L'espèce est figurée pl. VII, fig. 1, de cet ouvrage. Les
pêcheurs à Liége l'ont nommée *Rosette noire.* M. Selys
se demande si ce n'est pas une variété accidentelle du
cyprinus rutilus? Je ne le pense pas.

L'ABLE APPARENTÉ.

(*Leuciscus affinis,* nob.)

J'ai encore vu sur le marché de Gand un singulier gardon, voisin du nôtre, mais qui a

le corps beaucoup plus large, car la hauteur ne fait que le tiers de
la longueur totale; la première dent pharyngienne est plus grêle
et les autres avaient quelques dentelures. Ces caractères le rapprochent du rotengle, mais il a le museau rond, obtus et avancé du
gardon; il y ressemble même tout-à-fait par l'ensemble de la tête.

Je ne trouve pas de différence dans les écailles, dans
les couleurs, dans les nageoires.

Les pêcheurs de Gand me l'ont donné comme un métis entre le gardon et le rotengle.

L'individu est long de sept pouces.

L'ABLE AVOLA.

(*Leuciscus aula*, Ch. Bon.)

Le savant M. Savigny a rapporté d'un voyage en Piémont un autre able, voisin encore de celui-ci; mais qui a la mâchoire inférieure plus courte, quoiqu'un peu plus avancée que celle du gardon; la tête petite, comprise cinq fois et demie au moins ou deux tiers dans la longueur totale; l'œil assez grand. La ligne du profil supérieur convexe et suivant une courbe régulière de l'extrémité du museau à la caudale; la ligne du profil inférieur presque droite; les dents pharyngiennes, au nombre de cinq, sur un seul rang; les deux ou trois premières sont dentelées comme celles du rotengle; les autres sont en tubercule mousse.

D. 11; A. 11, etc.

Je compte quarante-deux rangées d'écailles dans la longueur, et huit au-dessus de la ligne latérale; la couleur paraît avoir été verdâtre ou rougeâtre sur le dos, et blanche et argentée sous le ventre; les nageoires ont des teintes jaunâtres.

Ce poisson est long de quatre pouces et demi. Il a été donné à M. Savigny sous le nom de Véron. Il n'a cependant aucune ressemblance avec le poisson que nous nommons ainsi dans presque toute la France.

Je lui trouve, au contraire, une ressemblance si frappante avec la figure du *squalius aula* du prince Charles Bonaparte, que je n'hésite pas à faire ce rapprochement.

Cet auteur colore le dos de son poisson et la nuque en vert très-foncé; les nageoires sont jaunâtres et transparentes; le ventre est blanc.

L'Able de Fucino.

(*Leuciscus Fucini*, Ch. Bon.)

Les collections ichthyologiques doivent encore aux observations de M. Savigny l'établissement de cette espèce. Elle tient encore du gardon; mais elle s'en distingue par

son dos plus rectiligne, par une plus grande courbure du profil inférieur; le museau est obtus et soutenu, les dents pharyngiennes, au nombre de cinq, sur un seul rang, coupées en biseau, mais dentelées sur une arête de cette face; la hauteur du tronc n'est comprise que quatre fois et demie dans la longueur totale, et la tête est plus courte.

D. 10; A. 11, etc.

Le dos est vert, passant par du jaunâtre au blanc argenté du ventre; les joues sont jaunes; la dorsale et la caudale sont jaunes près de leur base, et grises sur leur bord libre; la pectorale, la ventrale et l'anale sont orangées.

La longueur est de quatre pouces.

Ce poisson devient couvert de tubercules, comme tous les autres gardons. M. Savigny l'a pris à Florence. Le prince Charles Bonaparte l'a figuré dans sa Faune d'Italie sous le nom que nous lui avons conservé.

Le Vengeron.

(*Leuciscus prasinus*, Agass.)

Le Vengeron, dont le Cabinet du Roi est redevable à l'illustre De Candolle, ressemble assez à notre gardon pour que beaucoup d'ichthyologistes l'aient confondu avec le *cyprinus rutilus*, ou que du moins ils lui aient donné mal à propos ce nom linnéen. Cependant Rondelet les éclairait suffisamment pour éviter cette confusion.

Les individus du Cabinet du Roi ont le museau plus obtus, plus arrondi et plus gros que le gardon, le chanfrein est plus soutenu, la courbe de la nuque suit d'une manière continue la ligne du profil du dos; les nageoires, et surtout l'anale et la caudale, sont plus larges.

La hauteur du tronc est comprise cinq fois et demie dans la longueur totale, et la tête, un peu plus courte, y est cinq fois et trois quarts; le diamètre de l'œil y est cinq fois et un tiers dans la longueur de la tête; le bord de l'ouïe est arrondi, et surtout beaucoup plus que dans le gardon.

D. 12; A. 13 ou 14, etc.

Je compte quarante-cinq écailles à la ligne latérale, qui est courbe, mais se tient assez par le milieu de la hauteur du tronc.

Les dents pharyngiennes, au nombre de cinq, sont plus grosses que celles du gardon; elles avaient leur surface taillée en biseau, un très-faible crochet à la pointe et point de dentelures.

Le dos est d'un beau vert-pomme foncé, des reflets argentés sur les côtés vont se fondre avec le blanc argenté du ventre; les joues sont plus brillantes et plus claires que le dos; l'œil, d'un beau jaune, a des reflets argentés : cette teinte est celle des pectorales, des ventrales et de l'anale; la dorsale et l'anale, d'un olivâtre rembruni, sont lisérées de noir. Dans les jeunes individus ces teintes sont complétement incolores.

Cette description, faite sur les poissons et avec les notes que M. De Candolle nous avait envoyées dès 1822, s'accorde si bien avec celle de M. Agassiz, qu'on pourrait presque les croire copiées l'une sur l'autre. Les dessins que j'ai reçus de mon ami, M. Agassiz, s'accordent aussi parfaitement avec ce que montre la nature.

Comme je l'ai fait remarquer à l'article du *cypr. rutilus,* le vengeron décrit et figuré par M. de Jurine, n'a pas la couleur des nageoires de notre poisson; cependant le contour de notre poisson ressemble assez bien à celui dont il est question dans cet article. D'ailleurs il y rapporte le vengeron de Rondelet; mais alors il a tort de regarder comme de la même espèce le *rutilus* ou *rubellio fluviatilis* de Gesner; et encore plus l'espèce d'Artedi, n.° 18, pag. 10, et le *cyprinus rutilus* de Bloch. C'est là probablement l'explication de la différence trouvée entre M. de Jurine et Bloch sur la présence des vers intestinaux surabondans chez le vengeron, et si rare dans le gardon.

Je reste dans les mêmes incertitudes par rapport à M. Hartmann. Ce naturaliste le donne parmi les synonymes de son *cypr. rutilus* du lac de Neuchâtel et de Genève; mais il indique les couleurs des nageoires comme M. de Jurine les donne à son *cypr. rutilus*.

J'ai dit que Rondelet avait décrit et figuré le vengeron en le distinguant du gardon. La figure de cet auteur est, en effet, bien reconnaissable. Déjà Gesner avait observé que la figure en bois avait été transposée avec celle de la Ferra; et en traitant de ce salmonoïde, on le voit rapprocher la figure de la Ferra du texte auquel elle doit être rapportée.

Les individus que j'ai dans l'alcool sont couverts de tubercules, qui me paraissent plus gros que ceux de notre gardon : ces aspérités tombent peu après la saison des amours.

Comme nous voyons ces phénomènes se reproduire dans un grand nombre d'espèces d'ables, il devient plus difficile de reconnaître le *pigus* de Rondelet.

L'Able rosé.

(*Leuciscus roseus*, Ch. Bon.)

L'able décrit par le prince Charles Bonaparte sous le nom de *leuciscus roseus*, nous est venu du lac de Côme par MM. Ricketts et Pentland en 1822. Cet habile natura-liste nous apprenait que les pêcheurs lui avaient donné le mâle sous le nom de *Pigo*, et la femelle sous celui d'*Encubia*. L'un des deux a, en effet, le corps couvert de tubercules, mais qui sont fins et grenus comme ceux du gardon de notre Seine. Ce poisson ressemble d'ailleurs au vengeron (*cyprinus prasinus*, Agassiz); mais

il a le museau plus pointu et plus déprimé que le gardon, le corps plus alongé, la ligne latérale plus droite; et les dents pharyngiennes présentent aussi des différences dans leur forme et probablement aussi dans le mode de succession; elles sont plus comprimées, plus hautes que celles du gardon, un peu denticulées comme celles du rotengle, mais moins crochues. Sur trois individus que j'ai examinés, je trouve que la première et la troisième dent sont usées et que leur couronne est devenue tout-à-fait plate, et que la se-conde et la troisième sont dentelées et point encore usées.

D. 12; A. 13; C. 19, etc.

Le dos est coloré de jolies teintes roses qui se fondent, sous des reflets dorés le long des flancs, avec le blanc argenté du ventre; le dessous de la queue reprend les couleurs du dos. La dorsale est rosée, la caudale jaunâtre; les autres nageoires, pâles et transpa-rentes, ont aussi un peu de jaunâtre.

Ces teintes sont toutes détruites par l'action de l'alcool. Les individus que j'ai reçus du lac de Côme ont dix pouces de long.

Deux autres individus ont été envoyés de Rome par les

soins du prince Charles Bonaparte de Canino sous le nom
de *Leuciscus roseus* : je ne puis y voir la plus légère différence. Les dents de ce dernier individu sont toutes un
peu dentelées, ce qui prouve qu'elles sont plus nouvelle-
ment en place que celles des précédens ; mais les premières dents commencent déjà à s'user.

Le ROVELLA.

(*Leuciscus rubella*, Ch. Bon.)

M. le prince Charles de Canino a donné au Cabinet du
Roi une espèce italienne voisine du gardon, qui s'en distingue

par une tête plus petite, un œil moins grand, un museau moins
épais, une bouche petite.

Les dents pharyngiennes sont grêles, un peu crenelées et sur un
seul rang.

D. 10; A. 10; C. 19; P. 17; V. 9.

Le dos est d'un vert assez foncé à reflets dorés sur le milieu des
côtes, et qui servent à fondre les teintes supérieures avec le jaunâtre, à reflets argentés du ventre.

La caudale est verte, la dorsale est plus grêle ; la pectorale, la
ventrale et l'anale ont leurs rayons externes colorés en un beau
rose vif ou carmin ; les autres rayons sont jaunâtres : on ne lui
compte que trente vertèbres.

Nos individus varient de cinq à sept pouces.

Le naturaliste que je viens de citer l'a nommée *Leuciscus rubella*. J'en trouve des individus parfaitement semblables aux siens parmi ceux que MM. Pentland et Ricketts
ont rapportés du lac de Côme sous le nom de *Pigo*.

Ils ont le corps, et surtout la tête, couverts de tubercules cornés très-gros, beaucoup plus encore que ne le

sont ceux du vengeron. On peut facilement reconnaître que ce n'est pas à cette espèce qu'il faut rapporter les figures du *pigus* laissées par Salviani ou par Rondelet.

Le prince Charles Bonaparte fait observer, en fixant la nomenclature vulgaire de ce poisson, que dans une partie de Rome on le nomme *Pardiglia,* et dans l'autre *Rovella;* dénomination que l'on retrouve à Viterbe. Dans le royaume de Naples le nom change en *Ruvella,* et à Terni on dit *Rosciola.* Tous ces noms expriment la couleur rosée de cette espèce.

L'Able de Gené.

(*Leuciscus Genei,* Ch. Bon.)

M. le prince Charles Bonaparte a dédié à M. Gené, zélé naturaliste de Turin, un able dont on doit encore la découverte à M. Savigny.

Ce poisson a le corps alongé, la hauteur comprise quatre fois et un cinquième dans la longueur totale; plus longue que la tête, dont le museau est obtus, la lèvre inférieure plus courte. Les dents pharyngiennes sur un seul rang, et des cinq, les deux premières seules sont crénelées, les autres sont un peu courbées.

D. 11; A. 11.

Le dos est vert foncé; à l'aisselle de la pectorale il y a une tache d'un rouge de minium vif; les nageoires sont transparentes.

MM. Ricketts et Pentland ont rapporté aussi ce poisson du lac de Côme, et nous l'ont donné sous la dénomination vulgaire de *Truglia.* Nous en possédons d'autres exemplaires des mêmes eaux, envoyés par M. Major de Lausanne, et qui portent pour nom vulgaire celui de *Trollo.* Quand ce poisson est décoloré par l'action de l'alcool, on retrouve toujours la tache de l'aisselle, qui est devenue noirâtre.

L'Able jesse.

(*Leuciscus Jeses,* nob.; *Cyprinus Jeses,* Linn., Bl., G.)

Nous ne trouvons pas, dans les eaux de la Seine, un able qui commence à se montrer dans celles de la Somme, et qui est ensuite un des poissons les plus communs des eaux douces du nord et de l'est de l'Allemagne : c'est le *cypr. Jeses,* figuré par Bloch, pl. 6.

Il ressemble assez au gardon par sa forme générale; mais ses écailles, plus petites et plus nombreuses, ses dents pharyngiennes sur deux rangs, l'en distinguent très-nettement, et d'autres caractères de détails viennent se joindre à ceux-ci.

Le corps est assez large; sa hauteur est comprise quatre fois dans la longueur totale; la tête y est cinq fois et un tiers. L'œil est de grandeur moyenne; la nuque est courte; le museau, quoique gros, n'avance pas autant sur la mâchoire inférieure que celui du gardon; la bouche est plus fendue; l'anale est plus courte et plus haute; la pectorale est large.

D. 10; A. 14, etc.

Les dents pharyngiennes ont la pointe crochue : elles sont au nombre de quatre sur le rang externe, et de trois plus petites sur l'interne. Cependant Bloch en indique huit. Je compte cinquante-cinq à soixante rangées d'écailles le long du corps, et seize dans la hauteur; la ligne latérale est tracée sur la dixième rangée. Les écailles sont bien striées.

Ce poisson a le dos vert, les côtés verdâtres à reflets argentés, qui passent sur le blanc du ventre. Pendant que j'étais à Berlin, en Octobre et Novembre, j'ai toujours vu la dorsale, la pectorale et la caudale brunes, mêlées de légères teintes rougeâtres; les ventrales et l'anale étaient d'un rouge tirant au vineux.

Les joues sont dorées et couvertes de petits points noirs sur le préopercule ; une semblable coloration est répandue sur l'iris de l'œil.

Je trouve des couleurs entièrement semblables jusques dans les détails de l'œil et des opercules, sur un dessin que mon ami, M. Agassiz, m'a communiqué ; mais j'ai sous les yeux un second dessin de lui, sur lequel il a représenté le poisson pendant le temps de la ponte ou en habit de noces. Cet habile ichthyologiste fait représenter toutes les nageoires en brun rougeâtre foncé, et le dessus du corps plus vert. Ces couleurs ressemblent plus à celles de la figure de Bloch que celles indiquées dans une description faite sur les poissons encore vivants et que j'étudiais à Berlin.

Voici les observations anatomiques que j'ai faites sur ce poisson.

Le lobe droit du foie est triangulaire alongé, divisé profondément en deux lobules, dont le plus gros est placé presque entièrement sur les intestins au-dessous des ovaires. Il est trièdre, et chacune de ses faces est concave. Le second lobule est étroit, plus alongé, et courbé sous les intestins entre le premier repli du canal. Le lobe gauche est plus petit, plus court, d'une forme quadrilatère irrégulière, non divisé et rattaché par sa partie postérieure au lobe droit, sur les intestins, de façon qu'ils sont comme entourés par le foie.

La vésicule du fiel est peu grosse et placée dans la bifurcation du lobe droit sous le lobule supérieur. Elle est pleine d'une bile verte, qu'elle verse dans le haut du canal digestif, non loin du diaphragme, par un canal si court qu'il est presque nul. L'ouverture dans le canal est capillaire.

L'œsophage ne se dilate pas du tout pour former une sorte d'estomac. Il se rétrécit même assez subitement, et, arrivé aux trois quarts de la longueur de l'abdomen, il se courbe, remonte sous le diaphragme, où il se replie de nouveau pour se rendre à l'anus, toujours en diminuant de largeur.

Je n'ai trouvé aucune valvule ni étranglement dans toute sa longueur. Sa velouté est très-épaisse et composée de villosités très-courtes et serrées comme du velours fin.

La rate est très-alongée, cachée sous le lobe gauche du foie. Elle est trièdre et chacune de ses faces est concave. Sa couleur est d'un rouge vif.

Les ovaires d'une femelle que j'ai ouverte au mois de Novembre, étaient remplis d'œufs assez gros, très-développés, disposés par grandes houppes dans le sac comme à l'ordinaire.

La vessie natatoire était semblable à celle de la carpe, seulement le canal pneumatophore, en s'ouvrant dans l'œsophage sous le diaphragme, ne se dilatait pas en un bouton à beaucoup près aussi gros. A peine même peut-on dire qu'il y en ait.

Les reins sont semblables à ceux de nos cyprins, très-gros antérieurement, et élargis au tiers antérieur de leur longueur le long des côtes. Ils vont ensuite jusques auprès de l'anus, sous la forme d'un ruban peu large. Ils se dilatent un peu avant de déboucher dans la vessie urinaire, qui est petite dans cette espèce.

Je n'ai rien trouvé dans le canal alimentaire que quelques *distomes* (?) attachés dans la crosse du second pli.

Chez les nombreux individus soumis à mes observations, j'ai vu la taille atteindre à quinze ou même à dix-huit pouces.

Outre ceux de la Sprée, j'en ai encore pris dans la Somme et à Gand, dans les rivières qui se jettent dans l'Escaut. MM. Nitsch et Tinnemann nous l'ont envoyé de l'Elbe; M. le marquis de Bonnay, du Danube; S. A. I. la grande-duchesse Hélène, des eaux de la Russie; MM. Humboldt et Ehrenberg l'ont rapporté de la Sibérie orientale. Je l'ai aussi des eaux de la Crimée. M. Nordmann en a donné deux exemplaires au Cabinet du Roi.

L'histoire et la synonymie d'une espèce aussi répandue n'est pas cependant facile à établir, à cause de la confusion qui a été faite des noms de ce poisson avec celui de quelques espèces voisines.

Pour se le représenter, on peut dire que c'est un gardon (*cypr. rutilus*) à tête large et grosse, ou un chevaine (*cypr. dobula*) à corps élargi.

Si Gesner[1] a parlé du *Jeses*, il faut avouer qu'il en a laissé une bien médiocre figure. Elle lui avait été envoyée par un médecin de Vienne, et sous le nom que nous retrouvons dans Marsigli; comme il y ajoute ceux que lui donnent quelques riverains de l'Oder, nous ne pouvons hésiter à reconnaître que ce passage de Gesner soit le premier indice de notre poisson. Aldrovande[2] n'a fait que copier Gesner. Il ne faut pas d'ailleurs rapporter à notre poisson, comme l'ont fait quelques auteurs, le *cephalus fluviatilis* de Rondelet. Gesner l'en distingue, avec raison, sous le nom de *capito fluviatilis cæruleus;* dans la nomenclature allemande qu'il applique à notre poisson, ce sont les noms de *Jentling* ou de *Bratfisch,* pour les pêcheurs du Danube; de *Jesis,* ou *Jesus,* ou *Jese* sur l'Oder.

On retrouve cette même nomenclature dans Schwenckfeld[3], qui s'en est rapporté à Gesner pour les noms viennois.

Le nom de *Alandt,* de son temps, était, d'après lui, donné au *cypr. dobula.* Il est cité comme un poisson abondant dans l'Oder, ses affluens et quelques lacs. Il fraie en Avril, se nourrit de vermisseaux, devient excellent en Mai; sa chair prend une couleur jaune à cause de son excès de graisse. Ainsi engraissé, il est moins facile à

---

1. Gesn., *Paral. C.*, p. 9.
2. Aldrov., *De pisc.*, p. 603.
3. Schwenckf., *Theriotr.*, p. 423.

digérer : on le préfère rôti à être bouilli, et on le prépare avec du jus au safran.

Willughby[1] avait reçu son *Jeses* d'Allemagne; il en donne une assez bonne description, et ajoute aux noms de Gesner, ceux de *Scheerte,* ou de *Schead,* ou de *Scheat,* que je ne retrouve pas cités comme appartenant à ce poisson. D'ailleurs il copie Schwenckfeld pour ce qu'il ajoute des mœurs de notre poisson. Il n'en donne pas d'ailleurs de figures.

On voit, par ces citations détaillées, que j'appelle de nouveau l'attention sur la difficulté d'appliquer à toutes ces espèces une nomenclature vulgaire quelque peu certaine.

Le comte Marsigli[2] ne nous a pas laissé une bonne figure de cette espèce; il reproduit les mêmes noms que Gesner, mais en observant que le nom de *Bratfisch* se donne aux adultes, et celui de *Gentling* aux jeunes; que les adultes ont les nageoires inférieures brunes pendant l'hiver, et rougeâtres pendant le temps du frai, ce qui est le contraire de ce que j'ai trouvé dans les notes de M. Agassiz, que les jeunes ont les nageoires rougeâtres pendant toute l'année, et enfin, ce qui est curieux, par l'extension que cette observation va ajouter aux faits déjà recueillis, que les écailles deviennent âpres, c'est-à-dire, qu'elles se couvrent de tubercules pendant le temps du frai.

Nous arrivons maintenant à l'époque d'Artedi[3], qui a,

---

1. Willughby, p. 256.
2. Mars., *Danub.,* t. IV, p. 53, pl. 18, fig. 1.
3. Art., *Syn.,* p. 7, n.° 11.

d'après Gesner et Willughby, introduit cette espèce dans
sa Synonymie, d'où elle prend rang dans le *Systema na-*
turæ sous le nom de *cyprinus Jeses*. L'espèce jusqu'alors
était bien arrêtée, sa synonymie scientifique n'offrait pas
d'incertitude, lorsque Bloch est venu tout gâter. Cet auteur devait bien connaître notre poisson dit l'*Aland*.
C'est, en effet, une des espèces les plus abondantes sur le
marché de Berlin : je l'y ai vue tous les jours, et je ne
lui ai jamais entendu donner d'autres noms allemands. La
figure de la grande Ichthyologie est très-reconnaissable,
je ne lui trouve que quelques variations dans les couleurs.
Mais Bloch s'est trompé quand il l'a pris pour le *meunier*
de France et de Duhamel, pour le *cephalus* de Rondelet,
et quand, sans aucune apparence d'incertitude, il ajoute
à ces synonymes celui de Leske.

Cet auteur [1] a complétement embrouillé la synonymie
de son *cyprinus dobula*, comme de son *cyprinus Jeses*;
on voit qu'il n'a pas su reconnaître les deux espèces de
Linné, et qu'il a par suite tout confondu. Ainsi il fait le
cyprinus Jeses et le *cyprinus dobula*, de Linné, synonymes l'un de l'autre; puis il rapporte à son *cypr. dobula*
la figure de Klein [2], qui ne peut appartenir ni à l'un ni à
l'autre de ces cyprins. Il y ajoute la figure de Salviani,
qui est encore d'une autre espèce, et cite entre les deux
la planche de Marsigli; et puis l'on voit citée, sous *cypri-*
nus Jeses, la planche 4 du même ouvrage de Marsigli, qui
ne peut lui appartenir. Les noms vulgaires sont rapportés
avec aussi peu de critique que les citations des auteurs;

---

1. *Ichth. lips.*, p. 34 et suiv.
2. *Miss.* V, tab. 17, fig. 2.

c'est là une des causes des confusions qui se sont repro-
duites successivement dans les différens ouvrages des naturalistes, jusques et compris le Règne animal de Cuvier,
qui a donné pour synonyme au chevaine de la Seine le
cyprinus Jeses de Bloch.

Je retrouve le nom d'*Alandt* rapporté avec raison au
cypr. Jeses par Siemssen [1], et les caractères donnés par
cet auteur ne laissent pas de doute sur l'exactitude de
ce rapport.

Cependant Wulff [2] a confondu à tort l'*Alandt* et le
Döbel sous le nom de *dobula*.

L'espèce descend l'Elbe jusqu'à Hambourg; j'en ai la
preuve dans le catalogue des poissons, envoyé à M. Cuvier par S. A. R. le prince royal de Danemark.

Mais cette espèce ne s'avance pas vers le Nord autant
que les autres cyprins; car aucune Faune septentrionale
n'en fait mention. Linné, Muller, Fries, Ekström et Nilsson se taisent à son sujet.

Il me paraît probable que l'*Alat* du lac de Constance,
cité dans l'ouvrage de M. Nenning [3], doit être rapporté à
notre *leuciscus Jeses,* quoique l'auteur ait nommé cette
espèce *cyprinus cephalus.* S'il a voulu le rapporter à l'espèce ainsi dénommée par Linné, nous verrons bientôt
qu'il a eu tort; car ce *cyprinus cephalus* est, dans Artedi,
un composé de plusieurs espèces, et dans Linné un autre
composé de poissons de genres différens. Je ne sais pas,
cependant, si notre poisson est commun en Suisse; car je

---

1. *Die Fische von Mörkö,* p. 70, n.° 10.
2. Wulff, *Ichth. Boruss.,* p. 45, n.° 58.
3. *Fische des Bodensees,* p. 27, n.° 20.

ne le trouve pas cité dans Hartmann, et si M. de Jurine a un *cypr. Jeses,* il me paraît bien évident qu'il a appelé de ce nom les individus qui appartiennent au *cypr. dobula.*

L'espèce se trouve dans le Rhin, et je crois qu'il faut lui rapporter le poisson peint dans Baldner sous le nom de *ein Furn,* dont les deux représentations nous le font voir avec les couleurs de la saison du frai, et avec celle de la saison hivernale. Nous avons déjà observé que ce nom de *Furn* est affecté par M. Nenning au *cyprinus erythrophthalmus.*

M. Reisinger[1] a vu aussi le Jeses dans les eaux de la Hongrie et du Danube, et quoique je ne puisse citer les ouvrages de Pallas et de M. Nordmann pour cette espèce, je crois que l'espèce s'y trouve et que ces auteurs l'ont confondue avec les cyprins qui lui ressemblent, comme le *cypr. idus, cypr. dobula,* etc. Je ne donne cela cependant que comme une simple conjecture.

Notre poisson est-il un des cyprins de l'Angleterre, est-ce le *Chub* de Pennant et autres ichthyologistes ? En consultant M. Yarell, je ne puis avoir de doute que le *Chub*[2], dont il a donné une excellente figure, ne soit le *cypr. Jeses.* En partant de cette détermination, on ne peut hésiter de répondre affirmativement à la question que nous venons de nous poser; mais il faut aussi avouer que les déterminations des zoologistes de ce pays ont toutes été plus ou moins erronées, parce qu'ils ont copié Pennant[3]; donc la synonymie est entièrement fautive. Si

---

1. Reisinger, *Ichth. Hung.*, p. 62, n.° 10.
2. Yarell, *Engl. fish.*, p. 358.
3. Penn., *Brit. Zool.*, III, p. 313.

Donovan [1] a reconnu le *cyprinus Jeses* de Bloch et de Linné, il n'en a pas donné une figure aussi exacte que le sont généralement celles de son ouvrage. C'est bien le *cyprinus Jeses* de Turton [2], qui lui attribue quatorze rayons à l'anale et qui ne cite que Pennant, quoique celui-ci ne compte que onze rayons à cette nageoire. MM. Flemming [3], Jennyns [4], et même M. Yarell se sont trompés quand ils ont préféré le nom de *cypr. cephalus* à celui de *cypr. Jeses* pour leur chub; car ils n'ont pas fait attention que le *cypr. cephalus* de Linné est un assemblage de la dixième espèce de cyprins d'Artedi, laquelle est une réunion de plusieurs espèces d'Europe différentes, et d'un *erythrinus*, ainsi que le prouvent la citation du Musée du prince Adolphe-Fréderic. Voilà ce que Bloch aurait dû signaler, au lieu de discuter sur la forme de la caudale ou le nombre des rayons de l'anale; ce qui a dans ce cas bien moins d'importance.

Ce poisson fraie en Avril, et lâche son frai plus ou moins promptement, selon les variations de température. On évalue à plus de cent mille le nombre des œufs qu'il pond. Tous les auteurs s'accordent à dire que sa chair, difficile à digérer, devient jaune après avoir été cuite.

Suivant le comte Marsigli, il se couvre d'aspérités à l'époque du frai.

Bloch ajoute bien la dénomination de *Alandt* et de quelques autres, prises dans les divers auteurs consultés par lui, ou d'autres noms allemands, comme ceux de

---

1. Don., *Brit. fish.*, pl. 95.
2. Turt., *Brit. Faun.*, p. 100, n.° 124.
3. Flemm., *An. Kingd.*, p. 187, n.° 64.
4. Jenn., *Vert. an.*, p. 411, n.° 92.

Gœse, de *Giebel;* mais comme l'espèce est souvent confondue avec le *cypr. dobula,* je crois qu'il est assez difficile d'établir une synonymie vulgaire de cette espèce.

Du Chevaine ou Meunier.

(*Leuciscus dobula*, nob.; *Cypr. dob.*, Linn., Bloch.)

Le poisson décrit dans l'article précédent nous conduit à celui dont nous allons traiter, et qui vit dans les eaux de nos environs en commun avec le rotengle et le gardon. Il tient du précédent par la largeur de sa tête, en même temps que son corps, étroit et alongé, nous donne les formes de la vandoise.

La confusion qui existe dans la nomenclature vulgaire et dans la synonymie scientifique rend son histoire assez difficile, et il est presque impossible de se tirer de la confusion que les auteurs y ont introduite; mais, avant de chercher quels sont les auteurs qui en ont parlé d'une manière reconnaissable, nous allons en donner une description détaillée faite d'après des individus frais ou vivans, et bien comparés entre eux.

Ce cyprin a le dos et le ventre arrondis, les côtés sont méplats, et le corps est alongé. Sa hauteur est le cinquième de sa longueur; son épaisseur à peu près la moitié de la hauteur.

La tête est courte; le museau gros et obtus : le front, large et aplati, fait d'abord reconnaître le meunier. La longueur de la tête est le cinquième de la longueur totale.

La distance du bout du museau au bord postérieur de l'orbite, est la moitié de la longueur de la tête.

L'œil est médiocre, arrondi; la longueur du diamètre est contenue cinq fois et demie dans celle de la tête.

La distance entre les deux yeux fait à peu près la moitié de la longueur de la tête.

La première pièce du sous-orbitaire est presque carrée; son bord supérieur est échancré en croissant; l'antérieur et l'inférieur sont arrondis, et le postérieur est droit. La seconde pièce du sous-orbitaire est étroite et en croissant; la troisième est faite de même, mais elle est un peu plus grande; la quatrième est la plus grande de toutes : elle est irrégulièrement carrée; son bord antérieur suit le contour de l'œil; le supérieur est droit; le postérieur est très-grand et arrondi, et l'inférieur, le plus petit de tous, est en croissant.

Le préopercule est grand et couvert d'un grand muscle très-épais.

L'opercule est petit, à peu près triangulaire; le sous-opercule est long et médiocrement étroit; l'interopercule est petit.

Les deux ouvertures de la narine sont auprès de l'œil dans le croissant de la première pièce de son orbitaire ; l'antérieure est ronde et plus petite que la postérieure, qui est ovale.

La mâchoire supérieure est plus longue que l'inférieure ; les lèvres sont médiocrement épaisses; l'ouverture des ouïes est assez grande; les trois rayons de la membrane branchiostège sont larges et aplatis; les deux branches de la mâchoire inférieure sont écartées l'une de l'autre. Toute cette disposition des différentes pièces de la tête concourt à lui donner la forme arrondie qui la caractérise.

Les dents pharyngiennes sont sur deux rangs; elles sont coniques, courbées; le rang externe ou inférieur en a cinq, et l'interne ou supérieur trois.

Le bord membraneux de l'opercule est assez large. La dorsale naît plus en arrière que la moitié de la longueur du corps. Sa longueur ne fait que les deux tiers de sa hauteur, et le dernier rayon est près de moitié plus court que le troisième, qui est le plus long. Elle a dix rayons, dont les deux premiers sont simples, et les deux autres rameux : le premier est très-court.

L'anus s'ouvre en arrière des trois cinquièmes de la longueur totale. L'anale, qui commence immédiatement après lui, est courte, mais haute : elle a onze rayons, dont les deux premiers, simples, sont accolés au troisième, de manière à pouvoir être facilement considéré comme un seul rayon : ce qui justifie Willughby et Artedi, qui n'ont compté que neuf rayons à la nageoire de leur poisson. La distance de la fin de l'anale au commencement de la caudale est moins du cinquième de la longueur totale. La hauteur de la queue est plus grande que le tiers de celle du corps.

La caudale est en croissant, peu profondément échancrée. La longueur du plus grand rayon égale celle de la queue, mesurée de la fin de l'anale à la caudale : elle a dix-huit rayons, et quatre à cinq en dessus et en dessous.

La pectorale est petite, attachée près de la gorge; sa forme est arrondie; elle a seize rayons : elle n'a point d'écailles particulières dans l'aisselle.

Les ventrales s'insèrent sous le commencement de la dorsale; elles sont rondes; ont neuf rayons.

B. 3 ; D. 10 ; A. 11 ; C. 22 ; P. 16 ; V. 9.

Il y a une petite écaille pointue dans leur aisselle.

Les écailles du chevaine sont assez grandes. Il y en a quarante-cinq dans la longueur et dix dans la hauteur. Leur partie nue est marquée de quatre à cinq stries, qui partent, en rayonnant, du centre de l'écaille vers le bord. Arrachées, elles offrent la même configuration et les mêmes stries que les écailles de la plupart des ables.

La ligne latérale est courbe; elle est formée d'une série de petits points; chacun relève sur une écaille : elle est tracée sur la moitié inférieure de la hauteur du poisson.

Le dos du chevaine est verdâtre à reflets argentés; les côtés sont gris à reflets argentés ; le ventre est d'un beau blanc d'argent; le dessous de la gorge est d'un blanc mat. Chaque écaille a, près du bord qui la recouvre, une ligne verdâtre assez foncée, qui, se joignant avec celles des écailles voisines, forme une sorte d'échiquier lozangique de lignes vertes, dont l'intensité est moindre vers la queue. Cette disposition de couleur n'existe pas sous le ventre. Ces bandes, plus brunes, sont formées par des points de pigment vert noirâtre serrés les uns contre les autres.

La dorsale est d'un vert assez foncé, le bord étant teinté de noirâtre ; la caudale est noirâtre mêlée de vert ; les pectorales sont d'un gris verdâtre avec une légère teinte couleur de chair ; l'anale et les ventrales sont couleur de chair.

L'iris de l'œil est argenté, à reflet doré sur la partie supérieure.

Le préopercule est argenté ; l'opercule est doré.

Pendant le temps du frai les couleurs des nageoires de l'adulte deviennent plus vives : celles des jeunes individus restent toujours blanches.

Le foie du chevaine est plus gros que dans la plupart des autres ables. Il occupe en longueur près des trois quarts de l'abdomen. Le lobe droit est trièdre, un peu moins long que le gauche. Il se rattache vers le diaphragme à ce lobe gauche par trois lobules transverses. Le lobe gauche est divisé en deux lobules principaux : un, long, sans division, qui est situé dans la partie moyenne du corps entre les deux replis de l'intestin ; l'autre lobule, le plus long de tous, est aussi le plus gros. Vers le milieu de sa longueur il présente un trou ovale grand, à travers lequel on aperçoit la vésicule biliaire. Vers la région supérieure il y a un petit lobule qui réunit les deux lobes du foie. La vésicule du fiel est très-grosse ; elle est ovoïde, remplie d'une bile d'un vert très-foncé ; le foie est rouge pâle ; le canal cholédoque est gros et court ; il s'ouvre vers la partie supérieure de l'œsophage.

La rate est alongée, trièdre, rejetée vers la partie postérieure du lobe droit ; elle est d'un rouge sanguin pâle ; sa grosseur est médiocre ; le canal intestinal se replie deux fois, comme à l'ordinaire, dans les cyprins. Son diamètre diminue graduellement de l'œsophage à l'anus. A l'intérieur la velouté est jaunâtre, ses papilles sont très-fines, et il n'y a aucune valvule intérieure : le rectum est garni de plis longitudinaux assez gros.

La vessie aérienne et son canal sont comme à l'ordinaire dans les ables.

Les ovaires s'ouvrent derrière le rectum : ce sont deux grands sacs pleins d'œufs très-petits.

Les reins sont comme à l'ordinaire dans les ables. Les uretères sont très-courts ou presque nuls, et la vessie urinaire est assez grande, tronquée antérieurement, et se terminant en pointe qui donne derrière l'ouverture des ovaires.

Le canal intestinal était rempli d'échinorhynques, plats, du plus bel orangé.

Sur le squelette je compte quarante vertèbres, après les trois qui constituent la grande vertèbre. Il y a dix-huit côtes. Les os de la tête n'offrent rien de particulier que l'on ne voit à travers les tégumens, tels que je les ai décrits dans les formes extérieures.

Tel est le chevaine ou le meunier de la Seine. J'ai fait cette description sur les individus vivans, et sur l'un des plus grands que j'aie vus : il a été pêché à Bougival. Il est long de dix-neuf pouces.

Outre les meuniers ou chevaines que nous avons si souvent péchés dans la Seine, nous avons encore réuni dans le Cabinet du Roi des individus venus du Rhin, par M. Hammer, de Strasbourg ; du lac de Genève, par M. De Candolle ; du lac de Zug, par M. Major ; de l'Elbe, par M. Tinnemann ; de Dresde, de la Sprée et du lac de Tegel.

Notre chevaine de la Seine a été, je crois, connu d'Artedi ; mais d'ailleurs la confusion que les auteurs ont faite du *cypr. Jeses* et du *cypr. dobula* est si grande, qu'il devient difficile de mieux établir aujourd'hui la synonymie de cette espèce que celle de la précédente.

Je crois que l'on doit rapporter à notre chevaine le *capito fluviatilis* de Rondelet[1], et par conséquent les reproductions que Gesner[2] et Aldrovande[3] en ont faites. Schonevelde[4] a réservé les noms allemands de *Häseling* à son

---

1. *De pisc. fluv.*, p. 190, ch. XV. — 2. Gesner, p. 182.
3. Aldrov., p. 603. — 4. Schonev., p. 446.

squalus minor, mais il a mêlé plusieurs traits de l'histoire de cette espèce avec son *squalus major,* ce qui fait que les deux articles de cet auteur comprennent à la fois, et sans une distinction bien tranchée, l'espèce précédente et celle-ci. C'est évidemment le *Schnotfisch* de Baldner; par conséquent il faut aussi lui rapporter le *mugil fluviatilis*[1] de Willugby. Ces premiers rapprochemens établissent donc que le *cyprinus* n.° 17 des synonymies d'Artedi, est bien notre poisson; ou, ce qui revient au même, le *cyprinus dobula* de Linné, qui ne repose pas sur d'autres; mais il faut bien aussi remarquer que, sous le *cyprinus* n.° 10 de la synonymie, Artedi a cité plusieurs passages qui se rapportent à notre poisson, en même temps qu'en suivant les erreurs de Willughby, il y plaçait plusieurs traits de l'espèce précédente. Ces observations expliquent comment un des poissons les plus abondans dans toute l'Europe, a été confondu avec un autre très-commun dans toute l'Allemagne et l'Angleterre, et comment, par une conséquence naturelle, les deux espèces ont été incertaines dans le *Systema naturæ.*

Il vaut mieux, toutefois, prendre pour notre poisson, comme l'a fait Bloch, le *cyprinus dobula* de Linné, mais en n'oubliant pas que l'ichthyologiste de Berlin donne une nomenclature vulgaire tout-à-fait fausse ou arbitrairement assignée à ces ables.

Le comte Marsigli[2] en a donné une bonne figure sous le nom de *Alt.* C'est aussi lui que Leske[3] a décrit sous le

---

1. Will., *De pisc.,* p. 261.
2. Mars., dans le t. IV, pl. 4, fig. 1.
3. *Ichth. Lips.,* p. 38, n.° 6.

nom de *cypr. Jeses;* mais Siemssen[1] rend avec raison le vrai nom linnéen à son *Döbel* ou *Häseling.*

Bloch, qui avait transporté le nom de meunier au *cypr. Jeses,* a francisé le nom allemand ou latin de ce poisson, pour intituler son article du nom de dobule, qui est inconnu à tous nos pêcheurs. La figure qu'il en donne et les principaux traits de son histoire, sont bien tracés dans cet ouvrage. Cependant, comme il ne lui compte que quinze côtes, tandis que j'en ai trouvé dix-huit dans nos individus de la Seine, où nous n'avons certes pas le *Alandt* ou le *cypr. Jeses.* De même que la précédente, cette espèce ne paraît se porter très-avant vers le nord. Ainsi ni Ekström ni Linné ne la citent dans leurs Faunes; cependant M. Nilsson a un *cyprinus dobula*[2], mais, comme il lui compte douze rayons à la dorsale et à l'anale, je ne suis pas très-sûr qu'il soit réellement de notre espèce. C'est le *Dick-Kopp* des pêcheurs de Gothenbourg. Il ne serait pas impossible que le poisson de l'auteur suédois ne soit du *cyprinus Jeses.*

Je le trouve aussi dans le *Prodromus zoologiæ danicæ* de Muller, mais avec dix rayons seulement à la dorsale.

Notre poisson doit être aussi fort rare en Angleterre; car M. Yarell[3] paraît être le premier auteur récent qui ait trouvé cette espèce dans la Grande-Bretagne, encore n'en a-t-il rencontré qu'un seul exemplaire en péchant dans la Tamise en 1811, au-dessous de Woolwich. La figure que cet habile zoologiste en a publiée est fort bonne et très-

---

1. *Fisch. Meckl.*, p. 73, n.° 6.
2. Nils., *Prod. ichth. Scand.*, p. 26, n.° 1.
3. Yarell, *Brit. fish.*, p. 346.

reconnaissable. C'est d'après lui que M. Jennyns[1] en fait mention dans son Histoire des animaux vertébrés d'Angleterre; mais ni Flemming, ni Turton, ni Donovan, ni Pennant ne le distinguent : je crois que ce dernier zoologiste l'a confondu avec le Chub.

Mais ce poisson suit vers l'est le Danube; car M. Reisinger le compte parmi ceux de son Ichthyologie de Hongrie, et Pallas l'a aussi inscrit dans son *Fauna rossoasiatica,* mais cet auteur ne le trouve que dans les fleuves de la Russie tempérée et près de Novogorod.

M. Reisinger dit que le *cyprinus grislagine* n'est autre que le jeune du chevaine; et en cela je crois qu'il se trompe.

Bloch donne un grand nombre de variétés de noms allemands, qui ont presque tous l'expression de *Döbel* pour racine; on l'appelle aussi *Häseling* en Autriche; il l'appelle, suivant Marsigli, *Alt;* en Russie, selon Pallas, c'est *Golowl* ou *Golowen,* ou encore *Golubel,* et les Tartares disent *Bertas.*

Il faut rapporter à ce poisson les noms français de *Chevaine,* de *Testard* et autres, tirés de Duhamel, et attribués par Bloch à son *cyprinus Jeses.*

La nourriture du chevaine consiste en graines, en détritus de végétaux, et aussi en diverses substances animales. Il attaque les vers, les sangsues, les limaces et les insectes aquatiques.

Il fraie au printemps, un peu avant le barbeau, et est un des cyprins les moins prolifiques; car on n'estime sa ponte qu'à vingt-cinq ou trente mille œufs, déposés ordi-

---

1. *Vert. an.,* p. 409, n.° 89.

nairement sur les cailloux et le gravier, peu recouverts
d'une eau très-courante. Vers l'automne, le poisson se retire dans les eaux très-profondes : il séjourne dans ces
grands trous pendant tout l'hiver, et ne reparaît qu'au
mois de Mars vers la surface de l'eau.

Aussi résiste-t-il difficilement à l'action de la forte chaleur, et par conséquent est-il difficile à conserver dans les
viviers : il périt très-promptement dans les eaux qui bais-
sent trop rapidement par l'action des chaleurs de l'été :
il vient mourir sur les bords.

Les phénomènes atmosphériques pendant l'été agissent
fortement sur ce poisson. Ainsi je trouve dans les notes
de Noël de la Morinière, le passage tiré de Stegmann[1],
que ceux du lac Mansfeld périrent pour la plus grande
partie dans une année, sans qu'on pût y porter remède.
Des taches noirâtres ou vertes étaient répandues çà et là
sur le corps, et il s'en exhalait une odeur fétide. Les
médecins de Halle et de Isleby, chargés d'examiner les
causes de ce phénomène, l'attribuèrent à une influence
léthifère de l'air, qui était si grande, que la peau des pêcheurs qui fréquentaient le lac, en était attaquée.

Il ne faut pas d'ailleurs confondre ces cas maladifs acci-
dentels avec les éruptions dont se couvrent les mâles à
l'époque du frai, et qui sont communes à un si grand
nombre d'ables; toutefois ces tubercules peuvent se dé-
velopper tellement qu'ils prennent alors un caractère tout
particulier.

J'ai sous les yeux une représentation d'un chevaine pêché dans le Lech le 6 Avril 1786, et donné comme un

---

1. Stegmann, *De pisc. morb. epid.*, 386.

poisson rare et extraordinaire dont aucun auteur n'avait encore parlé, et qui avait

> le corps couvert de cinq rangées de tubercules saillants, arrondis comme des perles de deux lignes de diamètre et hérissés d'une petite épine. Le nombre de tubercules était plus considérable sur la tête. Si le dessin est exact, le poisson était dans un état maladif; car le premier rayon de la dorsale est comme hypertrophié, à cause de sa grosseur et de ses dentelures des deux côtés.

C'est évidemment un développement extraordinaire de l'affection épidermique des cyprins pendant le temps du frai.

Le chevaine est aussi sujet à des déformations monstrueuses. J'en ai moi-même pêché un dans la Seine près de Paris, le long des berges de l'île Saint-Denis; par conséquent l'animal était devenu malade dans l'état de liberté et tout-à-fait sauvage.

> La partie supérieure de la face est seule déformée; mais la plus grande partie du crâne, le tronc, les nageoires et les écailles, n'offrent aucune espèce d'altération. L'œil est aussi grand que de coutume; la partie supérieure du cercle de l'orbite n'est pas altérée non plus, mais les pièces osseuses du sous-orbitaire, qui forment la demi-circonférence inférieure, ont changé de grandeur relative; la narine, ses deux ouvertures et l'os nasal se présentent comme dans l'état normal, mais ici la fente de la bouche est tout autre que dans les poissons ordinaires, et en particulier dans l'espèce du meunier, et le raccourcissement de la face rappelle ce que nous avons déjà décrit dans les carpes, sans que tous les mêmes os soient affectés.
>
> Voici en quoi consiste cette déviation des formes normales chez cet individu :
>
> L'extrémité antérieure et supérieure du museau est tout-à-fait obtuse, et la ligne du profil descend presque verticalement au-

devant des yeux. Les deux branches de la mâchoire inférieure sont de longueur ordinaire; mais comme les sous-orbitaires antérieurs et le préopercule sont très-étroits de l'avant, par conséquent relevés plus qu'à l'ordinaire, l'articulation de la mâchoire l'est aussi, et alors les deux branches descendent obliquement et se portent en avant au-delà de la base de la portion supérieure de la face.

Cette mâchoire fait donc ici saillie comme une sorte de bec ou de demi-bec, formé par la seule mandibule inférieure. Les lèvres qui couvrent les os sont rapprochées, réunies au bas de la ligne verticale du profil, et ne laissent pour toute ouverture de la bouche qu'une simple fente longitudinale fort étroite entre les deux branches de la mâchoire inférieure. Cette déviation de la mandibule inférieure en entraîne la traction vers la base de l'os hyoïde, et de tous ses annexes ou connexes dans le poisson; aussi la langue est-elle beaucoup abaissée, l'isthme de la gorge distendu, et les trois rayons de la membrane branchiostège écartés et non cachés par l'opercule. Que l'on ne croie pas que cette disposition soit l'effet de l'action de l'alkool. J'ai pêché moi-même cet individu dans un verveux, et il était tel au moment où je l'ai tiré de l'eau.

Telles sont les apparences extérieures du chevaine. En poursuivant les recherches par l'étude de l'ostéologie, on est d'abord frappé de l'absence complète

des os maxillaires supérieurs et intermaxillaires. On peut se rappeler que ces os existaient dans la monstruosité de la carpe que nous avons décrite. Mais comme dans la carpe les frontaux antérieurs, l'ethmoïde, le vomer, le sphénoïde antérieur et postérieur et les os de la face qui s'y rattachent, les ptérygoïdiens et la caisse sont intéressés dans cette déviation; tous ces os ont changé de forme; les frontaux, en se pliant au-devant de l'orbite, et les autres, en se raccourcissant. La cavité de la narine est plus petite, et l'os nasal est presque rudimentaire; l'os surcilier n'est pas altéré, mais le premier et le second sous-orbitaire sont aussi beaucoup plus petits. Le préopercule, raccourci en avant, est plus renflé sur le côté, et le gonflement de la joue est surtout causé par l'agrandissement du triangle postérieur de l'interopercule; car la branche antérieure de cet os est plus courte.

Ces détails ostéologiques me semblent une preuve évidente que cette déformation a été congéniale; qu'elle n'est pas le résultat d'une blessure faite, par exemple, par la voracité d'un autre poisson, qui aurait voulu dévorer celui-ci vers les premiers temps de sa naissance. Comme l'animal a cinq pouces neuf lignes de longueur, c'est donc un chevaine de trois ans au moins. Il était très-maigre. On peut en effet concevoir que la singulière construction de sa bouche lui ait rendu la préhension des alimens difficile. Qu'un animal de cette taille, n'ayant pour orifice oral qu'une fente linéaire de trois lignes de long, a dû être très-gêné pour introduire dans son tube digestif la quantité d'alimens nécessaire à son existence. Mais il y a une autre fonction qui a dû être encore bien plus gênée, c'est celle de la respiration; car non-seulement chaque inspiration faisait entrer peu d'eau dans l'appareil branchial, mais la distension de la membrane branchiostège et la mauvaise disposition de l'opercule devaient troubler le mécanisme respiratoire du poisson. Cependant il remuait les ouïes et paraissait respirer comme les autres animaux de sa classe.

J'ai examiné les viscères de cet individu, et ni l'appareil digestif ni la vessie aérienne ne m'ont offert aucune anomalie, aucune particularité qui soit à noter.

Je connais peu encore aujourd'hui les poissons de l'Espagne; Cornide, qui a traité des poissons de Galice, ne dit que très-peu de chose des espèces d'eau douce de la péninsule. Il cite cependant un *cyprinus cephalus,* que je regarde avec d'autant plus de vraisemblance comme le chevaine, que dans une collection de quelques individus que le Muséum a reçu récemment d'Espagne, il s'y trouve un très-petit poisson très-voisin du chevaine, si ce n'est même un individu de cette espèce.

Les variations que nous observons dans des poissons si voisins cependant les uns des autres, laissent quelques difficultés à déterminer le *capito fluviatilis* des anciens; celui dont Ausone a dit, dans son poëme de la Moselle :

Squameus herbosas Capito *interlucet arenas,*
Viscere prætenero sartim congestus aristis.

Il n'y a pas de doute que cela peut tout aussi bien s'appliquer au *cyprinus Jeses* qu'au chevaine. Il me semble qu'il est inutile de s'appesantir sur ce sujet.

Parmi les ables ou poissons blancs de l'Italie, il en est quelques-uns de très-voisins de nos chevaines du nord de l'Europe. Parmi elles, il en est une qui porte aujourd'hui à Rome le nom de *squalo,* et dans laquelle M. le prince Charles Bonaparte a cru pouvoir retrouver le véritable *squalus* de Varron et de Columelle, et cette espèce ou l'une de celles qui en sont très-voisines, ont été représentées par Salviani, et puis confondues par presque tous les naturalistes avec notre chevaine, sans en excepter Artedi et Linné; car en analysant, comme je l'ai fait, ce qui se rapporte au *cypr. dobula,* on voit bien que l'espèce est indiquée deux fois dans la synonymie.

Le travail du prince Bonaparte a éclairé cette partie de l'ichthyologie, en représentant ces diverses espèces, qui d'ailleurs sont tellement voisines, qu'il en sera de mon travail sur les cyprins d'Europe comme de celui sur les espèces du genre mugil. Les distinguera-t-on bien à l'aide de ces descriptions, à l'aide même des bonnes figures de l'ouvrage que je cite, ou faudra-t-il avoir constamment recours à la nature pour déterminer ces diverses espèces? C'est un aveu un peu pénible pour un auteur, mais je le crois utile pour faire connaître la vérité. Je pense que le recours aux collections bien étiquetées sera toujours né- cessaire : les descriptions qui vont suivre sont faites sur nature, et pour ne pas les embrouiller de doutes que les passages des auteurs pourraient laisser, j'ai cru devoir rap- porter ces peu de mots sur le *squalus* des anciens, dans un article à part, pour ne plus parler que des objets même réunis dans nos collections.

L'Able squalo.

(*Leuciscus squalius*, noh.; *Squalius tiberinus*, Ch. Bon.)

On trouve en Italie un able très-voisin de notre che- vaine, mais qui cependant en est différent.

Il a la tête plus longue; le museau plus aigu; la bouche plus fendue; la pointe de la mâchoire plus saillante.

La tête, du cinquième de la longueur totale, comprend l'œil cinq fois.

Les dents pharyngiennes sur deux rangs, dentelées et très-sem- blables, en un mot, au *leuciscus erythrophthalmus*. La dorsale et l'anale assez semblables, coupées carrément; la caudale peu four- chue. Les nombres sont les mêmes.

D. 10; A. 11, etc.

Les écailles assez grandes, peu striées ; quarante-cinq rangées couvrent les côtes; sept au-dessus de la ligne latérale, et deux au- dessous.

La couleur est un vert doré assez uniforme, cependant plus foncé sur le dos. La dorsale est plus claire que la caudale; les autres nageoires ont quelques teintes rougeâtres mêlées dans leur couleur vert-clair.

Nos individus sont longs de huit pouces. Nous les devons à M. Savi, qui nous les a adressés sous le nom de *Lasca*, et qui ne diffèrent point de ceux que nous tenons étiquetés de la main du prince Charles Bonaparte de Mussignano.

Le bel ouvrage de la Faune italienne en représente une seconde variété,

où le ventre est plus argenté, et dont les nageoires anale, pectorale et ventrale sont rosées; il y a du rose sous le menton et le long des flancs, pour désigner les reflets irisés en rose de ce poisson.

On le trouve dans le Tibre et dans l'Arno : sa chair est peu estimée. Il atteint jusqu'à trois livres de poids. Les dénominations romaines sont *squale*, *squalo* ou *squaglio*; mais on lui donne aussi en Toscane le nom de *lasca*; à Viterbe celui de *cavenoro*, et enfin celui de *fiassaro*.

L'Able albain.

(*Leuciscus albus*, Ch. Bon.)

Le même savant zoologiste a établi, sous le nom indiqué dans cet article, une espèce d'able voisine des précédentes.

Ce poisson a la bouche assez fendue; la mâchoire inférieure un peu plus longue que la supérieure; le museau déprimé et comme en coin; l'œil assez grand, doré; son diamètre n'est pas cependant le quart de la longueur de la tête, comprise quatre fois et un tiers dans la longueur totale. La haute~~ du tronc n'a pas tout-à-fait cette proportion. La dorsale et l'anale sont assez semblables.

D. 10; A. 11, etc.

Les écailles, assez grandes, au nombre de quarante environ dans la longueur; la couleur est argentée, avec quelques teintes grises sur le dos; la caudale est plus foncée; le squelette a quarante-deux vertèbres et dix-sept paires de côtes.

Nous devons le seul exemplaire de cette espèce que j'aie vu, au prince Charles Bonaparte de Mussignano.

L'individu est long de huit pouces et demi.

Mais cet auteur en cite de la taille de douze pouces. Le poids est généralement de trois livres : on en voit cependant de six. La chair est insipide et peu estimée.

L'ABLE RUBELION.

(Leuciscus rubelio, Ch. Bon.)

Ce poisson

a le museau gros et plus soutenu que les précédens; il tient plus du leuciscus cavedanus que des autres. La tête est quatre fois et demie dans la longueur totale; la dorsale est plus large que l'anale; la caudale est peu profondément fourchue.

D. 10; A. 11, etc.

Les écailles sont plus grandes; je n'en compte que trente-six à quarante rangées; la couleur est verte, presque noire sur le dessus de la tête, plus pâle sur le dos; des teintes rougeâtres sont mêlées au fond vert de la dorsale et de la caudale; l'orangé, plus ou moins vif, colore l'anale et les nageoires paires.

L'on doit cette espèce au prince de Mussignano, qui l'a figurée dans sa Faune d'Italie.

L'Able de l'Elbe.

(*Leuciscus Albiensis*, nob.)

Parmi les poissons que j'ai reçu de M. Nitsch, j'ai trouvé un petit individu assez semblable au chevaine, mais différent de tous ceux que j'ai observés.

Il a le museau aplati et fendu comme le *leuciscus squalius*, ou mieux encore, comme le *leuciscus albus*; par conséquent plus en coin que celui du chevaine, dont il a d'ailleurs la tête élargie; la dorsale est plus étroite et plus haute; l'anale est moins longue; cependant les nombres sont les mêmes.

D. 10; A. 11, etc.

Je ne compte que quarante-cinq écailles, quoiqu'elles paraissent plus petites. La ligne latérale est assez droite; le dessus est vert; le ventre argenté; la caudale lisérée de noirâtre; les autres nageoires sont incolores.

Ce poisson vient de l'Elbe; je ne le vois indiqué par aucun auteur, et M. Nitsch ne nous a fait savoir aucune particularité sur ce poisson qui me paraît devoir constituer une espèce voisine de toutes celles-ci.

L'individu est long de cinq pouces.

L'Able de Trasimène

(*Leuciscus Trasimenicus*, Ch. Bon.)

est un petit poisson

à fente de la bouche oblique; à profil supérieur presque droit, dont l'œil est assez grand; son diamètre ne fait que le tiers de la longueur de la tête, qui est comprise quatre fois et demie dans la longueur totale, et est égale à la hauteur du tronc.

D. 10; A. 11, etc.

Il a quarante-cinq écailles dans la longueur; la ligne latérale est très-réfléchie; il y a huit écailles au-dessus d'elle, et deux seulement au-dessous.

Le dos est vert, et cette couleur se fond sur l'argenté du ventre; la caudale tient de la teinte du dos, mais le lobe inférieur prend une couleur bleuâtre, qui existe aussi sur la dorsale; les nageoires paires et l'anale sont d'un joli rose pur.

Le squelette n'a que trente-sept vertèbres et dix-huit paires de côtes.

C'est une des espèces dont on doit la représentation à l'auteur de la Faune italienne.

Le Cabinet du Roi a reçu des exemplaires de cette espèce, longs de trois pouces, par M. Canali, professeur de zoologie à Perugia, et depuis nous en tenons d'autres de la générosité du prince de Mussignano.

L'ABLE CAVEDANO.

(*Leuciscus cavedanus*, Ch. Bon.)

Nous avons reçu par M. Savigny, dès 1822, un able des eaux douces de l'Italie, auquel le prince Charles Bonaparte a donné le nom de *Leuciscus cavedanus*. Il est voisin de notre chevaine, mais il en diffère

parce qu'il a le museau plus pointu, quoique la nuque soit aussi large que celle du chevaine; les mâchoires sont plus épaisses, l'inférieure n'avance pas autant sur la supérieure. Les dents pharyngiennes sont plus petites, plus crochues, un peu dentelées en dedans. Sous ce rapport elles tiennent plus de celles de la vandoise; le corps est aussi plus large à cause de la courbure du profil inférieur.

D. 11; A. 13, etc.

Il y a quarante-six rangées d'écailles striées sur le côté, et six au-dessus de la ligne latérale.

La couleur est argentée, à dos verdâtre ; l'anale et la caudale ont
des teintes violacées, les autres nageoires sont transparentes.

Je trouve, dans la Faune d'Italie, que la colonne supérieure se
compose de quarante et une vertèbres et qu'il y a vingt-deux côtes.

Outre les individus, longs de onze à quatorze pouces,
que M. Savigny a rapportés de Turin et de Milan, nous
en avons d'autres envoyés à la même époque du lac de
Como, sous le nom de *Cavedone* ou de *Cavezzale,* par
MM. Ricketts et Pentland, et le prince de Mussignano en
a donné au Musée des exemplaires envoyés de Rome.

L'ABLE DE MORÉE.

(*Leuciscus Peloponensis,* nob.)

Les naturalistes de l'expédition de Morée ont rapporté,
en 1829, un able voisin de notre chevaine et de ce *Leucisc. cavedanus;* mais il en diffère

parce qu'il a le museau moins prolongé au-devant de l'œil et plus
arrondi ; que la mâchoire inférieure est plus longue ; d'ailleurs les
dents pharyngiennes ressemblent à celles du *leuciscus cavedanus;*
les opercules sont plus striés ; le sous-opercule est plus court et
plus large.

D. 11 ; A. 13, etc.

La couleur et les écailles ne diffèrent en rien des autres espèces.

L'individu a onze pouces de long.

L'ABLE DE SELYS.

(*Leuciscus Selysii,* Heckel.)

La Meuse nourrit un able, beau poisson, voisin du
gardon et du chevaine, qui a

le front soutenu, la bouche petite, les mâchoires égales, l'œil assez gros, le profil du dos soutenu avant la dorsale, droit sur le tronçon de la queue. La tête est comprise cinq fois dans la longueur totale; la hauteur y est quatre fois et un quart. Les dents pharyngiennes sur un seul rang, crochues et un peu dentelées; la dorsale large; l'anale peu haute.

D. 12; A. 13.

Il n'y a que quarante-trois à quarante rangées d'écailles sur le côté, sept au-dessus de la ligne latérale et quatre au-dessous. Ces écailles sont grandes, fermes et bien attachées; la couleur est bleu d'acier, à reflets argentés jusque sous le ventre; les ventrales et l'anale sont blanchâtres, les autres nageoires sont grises.

Je dois les individus que je décris à M. Selys-Lonchamps, et qui par conséquent ont le degré d'authenticité désirable.[1]

Ils sont longs de huit pouces et ont été pris dans la Meuse à Liège.

C'est une belle espèce, bien caractérisée.

L'ABLE RYZELE.

(Leuciscus ryzela, nob.)

Il me semble très-difficile d'éloigner du leuciscus roseus le poisson que M. le prince Charles Bonaparte a nommé chondrostoma ryzela.

Ce poisson a le museau un peu plus pointu que le précédent, mais tout-à-fait du reste de même forme, c'est-à-dire que la mâchoire supérieure, formée par les deux intermaxillaires, avance en ogive sous le bout du museau saillant, mais beaucoup moins épais que celui du gardon ordinaire; la mâchoire inférieure, plus courte,

---

1. Faun. belg., p. 210, n.° 27.

est de même forme; le dessus de la tête est lisse, assez court, à peu
près aussi long que la tête en haut à la nuque. Cette partie du corps
est d'ailleurs petite et comprise cinq fois et demie dans la longueur
totale.

Le tronc est haut et comprimé; sa hauteur contient deux fois
et demie son épaisseur, et est contenu trois fois et deux tiers dans
la longueur totale. La ligne du profil supérieur est presque droite;
c'est celle du profil inférieur qui est courbe et donne par là de la
hauteur au tronc.

Je trouve le nombre des dents pharyngiennes variable dans les
individus de cette espèce. Le plus grand des deux que j'examine
n'a que quatre dents sur le pharyngien droit, tandis que la gauche
en porte six. Sur un autre je retrouve les quatre dents à droite,
mais il n'y en a que cinq. Les trois premières dents sont dentelées
et courbées à leur pointe; la quatrième a la couronne coupée en
biseau, et la cinquième et la sixième, quand elles existent, sont
tuberculeuses et mousses.

Je compte quarante-huit écailles entre l'ouïe et la caudale : sept
à huit au-dessus de la ligne latérale, et cinq au-dessous. On voit
que, comparé aux autres ables, les écailles sont plus hautes, mais
plus étroites.

D. 11; A. 13, etc.

La ligne latérale est courbe.

Le dos de ce poisson est vert, à reflets dorés, qui, par du jaunâtre, se fondent avec l'argenté du ventre; la caudale est verdâtre;
la dorsale a du jaune pâle et clair à la base; l'anale a du rougeâtre;
les nageoires paires sont verdâtres; l'œil est jaune doré.

Le plus grand de nos individus a un pied.

Nous les devons à M. Savigny, qui avait, comme on le
voit, si bien étudié les cyprins de l'Italie. Il l'a rapporté
de Turin, où il l'a entendu nommer *lavola*.

Il est impossible de se méprendre et de rester en doute
un seul instant sur l'excellente figure de la Faune ita-

lienne; mais alors j'éprouve plus de difficulté à concevoir pourquoi notre poisson a pu être comparé au *cyprinus nasus*. Je suis entré dans quelques détails en décrivant la bouche, afin de bien faire voir que ce poisson ressemble tout-à-fait dans la disposition générale au gardon, et qu'il n'a rien de ce qui rend la bouche du nez (*cypr. nasus*) si remarquable. Je crois d'ailleurs qu'il se rattache tout-à-fait aux autres ables voisins de ce groupe par le *leuciscus roseus,* et même un peu par le *leuc. genei.*

L'ABLE ROSTRÉ.

(*Leuciscus rostratus,* Agassiz.)

Cette espèce, dont je dois la connaissance à M. Agassiz, est un des poissons qui va nous conduire à la vandoise, en tenant un peu plus des précédens que les autres. Voilà pourquoi je les décris avant les espèces que M. Agassiz en a retiré.

Ce poisson

a la tête petite; le museau pointu; la tête est près de six fois dans la longueur totale; la hauteur du tronc quatre fois et demie. Le museau est peu arrondi; les deux mâchoires presque égales; la bouche petite. L'œil reculé à cause de la longueur du museau; le dos soutenu derrière la nuque, et ensuite rectiligne jusqu'à la queue. La dorsale droite peu haute.

D. 9; A. 12, etc.

Cinquante rangées d'écailles garnissent le côté, huit au-dessus de la ligne latérale et cinq au-dessous; la ligne est presque droite. La couleur est en bleu d'acier sur le dos et relevée par cinq rangées de taches dorées, qui ne se voient que par reflets. Le ventre est argenté, la dorsale et l'anale sont grises, les autres nageoires blanches.

Je viens de recevoir de M. Selys-Longchamps un individu étiqueté par lui, de son *Leuciscus argenteus.* Le
poisson qu'il m'a adressé sous ce nom n'est certainement
pas la vandoise commune de la Seine. Il ressemble, au
contraire, en tous points au dessin que M. Agassiz m'a
communiqué, et qui représente son *leuciscus rostratus.*
J'y vois encore les points dorés que j'ai indiqués plus
haut; il a de plus le museau plus étroit et la tête beaucoup plus petite que celle de la vandoise : ces comparai-
sons ne laissent aucun doute dans mon esprit sur ce rapprochement. J'en conclus donc que le *cypr. rostratus* se
trouve aussi dans la Meuse.

Je vais à présent donner la description de la vandoise.

La Vandoise.

(*Leuciscus vulgaris,* Flemm.; *Cypr. leuciscus,* Linn.)

La vandoise est un des ables qui multiplie le plus dans
les eaux douces de l'Europe, qu'elles soient courantes ou
stagnantes. Elle préfère les grandes rivières ou les grands
lacs traversés et rafraîchis par des cours d'eau, aux petites
rivières, dans lesquelles elle n'entre guère qu'au printemps,
mais souvent alors en troupes considérables : il est probable que c'est pour y frayer. Elle pond une grande quantité d'œufs, et l'on croit même qu'un de ses noms allemands, *Laicher,* vient du verbe *laichen,* qui signifie
frayer.

Voici une description faite avec détails sur un individu
pris au moment où il sortait des eaux de la Seine.

La vandoise ressemble, par l'aspect général, au chevaine ;

mais la petitesse et l'étroitesse de sa tête la font aisément reconnaître. Le dos et le ventre sont arrondis ; les flancs un peu aplatis ; la hauteur du corps est un peu moins du cinquième de la longueur totale ; et l'épaisseur n'est que la moitié de la hauteur. La tête est petite, triangulaire, à museau terminé en pointe mousse, et un peu plus long que la mâchoire inférieure. Sa longueur est un peu plus petite que la hauteur du corps.

La distance du bout du museau au bord postérieur de l'orbite est la moitié de la longueur de la tête. L'œil est assez grand ; son diamètre est plus grand que le cinquième de la tête. La distance entre les deux yeux n'est pas tout-à-fait de deux diamètres.

La pièce antérieure du sous-orbitaire est une sorte de carré à angles mousses. La seconde pièce est courte et très-étroite ; la troisième est étroite, mais elle est la plus longue et en croissant ; la quatrième est plus grande que l'antérieure : elle est placée tout au haut de l'orbite ; son bord antérieur sert à former l'orbite ; les autres bords sont arrondis.

Le préopercule est grand : il couvre presque toute la joue ; il est caverneux dans sa plus grande partie et recouvert par les muscles de la joue. Son limbe est lisse, osseux et étroit.

L'opercule est triangulaire ; le sous-opercule et l'interopercule sont petits ; le bord membraneux de l'ouïe est mince et étroit ; les deux ouvertures de la narine sont auprès l'une de l'autre, séparées par une simple cloison membraneuse, qui recouvre la postérieure comme une soupape. L'ouverture antérieure est grande et ronde ; la postérieure est ovale et petite ; la bouche est un peu protractile ; la mâchoire supérieure est plus longue que l'inférieure ; les lèvres sont médiocrement épaisses.

La fente de la bouche est petite ; l'angle de la commissure ne dépasse pas l'aplomb des narines, mais les branches de la mâchoire inférieure sont beaucoup plus longues ; elles ont près du tiers de la longueur de la tête.

L'ouverture des ouïes est médiocre; les trois rayons de la membrane branchiostège sont assez longs, mais ils sont plus étroits et se recouvrent plus que ceux du meunier.

Les dents pharyngiennes sont sur deux rangs : elles sont coniques; leur pointe est courbée en dedans : je n'en vois aucune taillée en biseau; elles n'ont pas aussi de dentelures.

La plaque basilaire est plus large, comme taillée en lozange; le côté postérieur est plus court que celui des autres ables.

La dorsale naît à la moitié de la longueur du corps, non compris la caudale : elle est quadrilatère, plus haute que longue, et soutenue par neuf rayons, dont les deux premiers sont simples, et de ceux-ci le premier est de moitié plus court que le second, qui est le plus long de tous. Les autres rayons sont branchus.

L'anus s'ouvre à peu près aux trois cinquièmes du corps; l'anale s'élève immédiatement derrière lui; sa longueur égale sa hauteur; on lui compte dix rayons, dont les deux premiers sont simples : le premier est de moitié plus court que le second.

La caudale est égale en longueur au cinquième de la longueur du corps : elle est en croissant; ses rayons sont au nombre de dix-neuf, et cinq à six courts en dessus et en dessous.

L'os de l'épaule est court et triangulaire; la pectorale s'attache sous lui dans le sinus de son bord inférieur : cette nageoire est petite et obtuse; sa longueur ne fait que le huitième de celle du corps : elle a seize rayons, dont le premier est simple; il n'y a point d'écailles dans leur aisselle : les ventrales sont attachées sous le commencement de la dorsale; elles sont assez larges et triangulaires; elles ont neuf rayons, dont le premier est simple; dans leur aisselle il y a une écaille pointue qui fait à peine le tiers de leur longueur.

Les écailles de la vandoise sont petites : il y en a quarante-six dans la longueur et quinze dans la hauteur; elles sont striées en rayon sur leur partie nue par quatre ou cinq petites lignes relevées en arêtes. Arrachées, leur forme se présente comme celle des écailles de la plupart des ables; mais la partie rayonnée de leur portion radicale est plus large, mais plus basse que dans le meunier et l'ablette.

17.   20

La ligne latérale est composée d'une série de petits points en forme de chaînette; elle naît du haut de l'épaule, se courbe un peu vers le ventre, et se porte ensuite presque droit à la queue : elle est un peu au-dessous de la moitié du corps.

Le dos est gris-verdâtre, à reflets de bleu d'acier; les flancs sont verdâtres avec un très-beau reflet d'argent, et le ventre est argenté brillant. Le réseau verdâtre que l'on remarque sur le meunier, existe, quoique presque effacé, sur la vandoise. En général, elle est d'un plus bel éclat argenté que le meunier.

La dorsale et la caudale sont gris-verdâtre avec une légère teinte jaunâtre; les pectorales et l'anale sont d'un orangé pâle; les ventrales sont blanches, avec une large tache jaune-orange sur les trois premiers rayons.

L'iris de l'œil est d'un jaune doré; la joue est argentée; le foie de la vandoise, de couleur rougeâtre, est peu volumineux et situé en travers sur l'intestin. Le lobe droit est fort petit, peu divisé : il se réunit au lobe gauche par le devant et par sa pointe postérieure; le lobe gauche est divisé en deux lobules longs et grêles, qui occupent près de la moitié de la longueur de l'abdomen. Le lobule du milieu est entre les deux replis de l'intestin, et l'autre, un peu plus gros, adhère avec le lobe droit. Près du diaphragme est la vésicule du fiel, qui est globuleuse, petite, remplie d'une bile verte assez foncée. Le canal cholédoque est gros et court : il s'ouvre vers le haut de l'estomac.

Du côté du lobe droit du foie et sur l'estomac se trouve la rate, qui est longue, étroite, se terminant en pointe : elle est d'un beau rouge sanguin.

L'intestin ressemble tout-à-fait à celui de la rosse : gros et renflé d'abord près de l'œsophage, il diminue jusqu'aux deux tiers de l'abdomen. A cet endroit il se restreint fortement et se courbe pour se porter en avant vers le diaphragme, où il se replie de nouveau pour se rendre à l'anus. La velouté est mince et à papilles fines; il n'y a point de valvules; l'extrémité du rectum est rougeâtre et garnie de plusieurs plis longitudinaux.

La vessie aérienne est comme celle des autres cyprins; les ovaires sont grands, remplis d'œufs gros comme de la graine de pavot. L'ouverture de l'oviducte donne derrière celui du rectum ; et en-suite est celle de la vessie, qui est petite, ronde et transparente.

Les reins sont gros et longs sans aucuns lobes ; ils sont renflés à l'endroit de la réunion des deux portions de la vessie natatoire. Leur couleur est d'un rouge livide assez foncé. Les uretères sont courts et à peine visibles.

Je compte quarante-six vertèbres à la colonne épinière de la vandoise, dix-neuf paires de chaque côté ; de plus, les trois pre-mières vertèbres pour soutenir les osselets de Webber et la vessie aérienne, et une dernière sans côtes, composent un nombre de vingt-quatre vertèbres abdominales.

La vandoise fraie à la fin de Février et en Mars : elle est du petit nombre des cyprins qui lâchent leur frai d'une seule fois. Elle atteint rarement un pied ; sa taille com-mune est de neuf à dix pouces.

C'est pour ne pas introduire encore un nouveau nom que j'ai conservé la dénomination de *Leuciscus vulgaris*, donné à notre vandoise par Flemming ; quoique dans les eaux douces des environs de Paris et dans celles de l'Alle-magne ou du nord de la France où j'ai étudié ce poisson, je n'y ai pas trouvé la vandoise plus abondante que les autres ables ; et aussi je préférerais la dénomination d'Agas-siz à celle de l'auteur anglais, adoptée par M. Heckel, si elle n'était pas postérieure. Il faut aussi remarquer que l'épi-thète d'*argenteus* ne convient véritablement qu'à notre ablette.

Outre les individus de la Seine, j'ai encore trouvé la vandoise dans la Somme, et M. Baillon me l'a envoyée de cette rivière ; je l'ai aussi pêchée dans l'Escaut, à Gand, dans la Meuse, dans le Rhin et dans les eaux du Brande-bourg ; mais à l'époque où j'étais à Berlin, j'ai noté que dans le mois de Novembre ce poisson me paraissait plus rare sur le marché de Berlin qu'il ne l'est à la même époque sur ceux de Paris.

J'en ai reçu des individus de dix pouces de long, par les soins de M. Baillon, et je n'en ai pas vu de plus grands.

J'en ai un autre individu, de la Charente, qui a été donné au Cabinet du Roi par un ancien secrétaire de M. Cuvier, M. Denfer, et qui paraît avoir le museau un peu plus long et la tête plus courte, mais que l'on ne doit pas regarder comme d'une espèce distincte : c'est peut-être une des deux variétés indiquées dans l'ouvrage de M. Selys-Longchamps.

La meilleure figure de la vandoise, donnée par les auteurs du milieu du 16.ᵉ siècle, est celle de Gesner[1] ; Rondelet[2] en a laissé une moins bonne, mais encore déterminable. Il n'en est pas de même d'Aldrovande[3] : on ne peut la mentionner ici que pour mémoire. Willughby[4] cite aussi ce poisson commun dans les rivières de la Grande-Bretagne, et l'indique déjà sous le nom anglais.

Ces données ont servi de base au *cyprinus leuciscus* de Linné et à la synonymie d'Artedi. D'ailleurs c'est à cela que se réduisent les seules indications originales données sur un poisson si commun par les auteurs du continent jusqu'à ces derniers temps ; car Bloch a fait faire une médiocre figure de cette espèce, et sa description est si abrégée qu'elle n'en apprend pas beaucoup plus que celle de Willughby. D'ailleurs sa synonymie est très-fautive, en ce qu'il a confondu avec la vandoise le poisson du Nil, donné

---

1. *De aquat.*, fol. 26. — 2. *Pisc. fluv.*, p. 192.
3. Aldrov., liv. 5, p. 607. — 4. Will., p. 260.

par Forskal comme *cyprinus leuciscus,* de sorte qu'on est
tout surpris de trouver des noms arabes à côté des dénominations vulgaires anglaises ou allemandes de notre poisson. Linné, qui n'a parlé de cette espèce que dans sa
dixième édition, ne le cite pas dans le *Fauna suecica,*
et ni Muller ni M. Nilsson n'en font mention dans leurs
Faunes septentrionales; il y a donc lieu de croire que ce
poisson ne s'avance pas beaucoup vers le Nord. Les auteurs des Faunes allemandes en ont peu parlé, quoiqu'il
soit commun dans ces contrées. Ainsi Leske ne le comprend pas dans ses poissons de Leipsick. Siemssen le donne
parmi ceux du Mecklembourg. Les Suisses en parlent peu.
Cependant M. de Jurine a reproduit cette espèce dans
l'Histoire des poissons du lac de Genève.

La vandoise paraît plus connue en Angleterre; son nom
est *Dace,* et Pennant[1] fait observer qu'elle fréquente les
mêmes lieux que le rotengle et qu'elle vit en troupe.

Donovan[2] en donne une bonne figure, et depuis ces
auteurs, Turton[3], Flemming[4], Jennyns[5] le consignent dans
leurs faunes, en même temps que M. Yarell[6] en met en
tête de sa description une fort jolie figure, et M. Bowdich[7] y joint l'expression de son élégant et habile pinceau.

Si nous revenons vers le Danube, nous retrouvons notre poisson dans la Monographie de M. Reisinger[8], et,
quoique M. Nordmann ne le comprenne pas dans la Faune
pontique, on voit, par le peu d'observations présentées
sur le *cyprinus leuciscus* et sur les démembremens qu'on

---

1. *Brit. Zool.,* III, p. 312, n.° 8. — 2. Don., *Br. fish.,* pl. 77.
3. *Brit. Faun.,* p. 109, n.° 125. — 4. *Ann. Kingd.,* p. 187, n.° 63.
5. *Vert. an. Engl.,* p. 410, n.° 90. — 6. *Brit. fish.,* p. 358.
7. *Brit. Freshwat.,* n.° 11. — 8. *Pisc. Hung.,* p. 76, n.° 23.

en a fait récemment, qu'il admet dans ces contrées la présence de cette espèce. Pallas [1] l'a compté dans sa Faune de Russie, en disant que la vandoise est surtout abondante dans les eaux de la Russie septentrionale, où elle est méprisée et devient la proie des enfans oisifs.

Tous ces auteurs s'accordent à dire que la vandoise aime les eaux vives, qu'elle nage avec rapidité, saute souvent au-dessus de l'eau, ce qui lui a valu le nom de *jaculus* et de *dard* dans beaucoup d'auteurs ou de provinces de France; qu'elle multiplie beaucoup, frayant en Mai et en Juin, ainsi que nous l'avons souvent observé dans la Seine. Elle dépasse rarement une livre. C'est la *Suiffre* du Rhône et la *Sœffre* du Doubs près de Saint-Hippolyte.

On a voulu essayer de retirer de la vandoise, qui est très-argentée, le pigment blanc et brillant, comme on le fait de l'ablette. Mais l'essence d'Orient, obtenue de ce poisson, a toujours une teinte grisâtre qui a fait abandonner ces essais. Cela tient à ce que le pigment argenté est toujours mélangé de points pigmentaires noirs, qui ne se voient qu'à de forts grossissemens, et qui salissent par leur mélange la pâte argentée que l'on destine à orienter les perles.

L'Able ronzon.

(*Leuciscus rodens*, Agassiz. [2])

M. Agassiz, qui s'est occupé avec non moins de suite et de succès de l'étude des poissons d'eau douce de l'Eu-

---

1. Pall., *Faun. ross. asiat.*, III, p. 318, n.° 226.
2. Mémoire sur les poissons du lac de Neuchâtel, p. 7, tab. 6, fig. 1 et 2.

rope centrale que des poissons fossiles, a reconnu que,
sous la dénomination de *Cyprinus leuciscus,* la plupart
des auteurs confondaient plusieurs espèces distinctes. Et
appliquant particulièrement son attention aux espèces du
lac de Neuchâtel, il a fait connaître, dans un mémoire
inséré parmi ceux de la Société d'histoire naturelle de
cette ville, trois espèces voisines qu'il nous a communi-
quées, et qui sont en effet distinctes de la vandoise que
je viens de décrire.

Il a nommé la première *Leuciscus rodens,*

dont la hauteur est quatre fois et demie ou cinq fois dans la longueur totale; celle de la tête est un peu plus petite; les dents pharyngiennes sont sur un seul rang et légèrement denticulées; le
museau me paraît d'ailleurs plus rond, la bouche moins fendue
et les lèvres moins épaisses que celles de la vandoise; la dorsale
est petite et basse; l'anale pointue en avant.

D. 10; A. 11, etc.

Je compte quarante-cinq à quarante-huit rangées d'écailles : elles
sont plus petites que celles des espèces voisines. La couleur est un
vert tendre, agréable et fondu dans l'argenté du ventre : le tout
glacé de bleu, qui paraît surtout par réflexion quand le poisson
est hors de l'eau. M. Agassiz dit qu'à l'époque du frai le corps se
couvre de nombreuses taches de pigment noir, qui disparaissent
après la ponte.

J'ai fait cette description sur un individu long de huit
pouces, qui a été envoyé de Lausanne au Cabinet du Roi
par M. Major. Le même naturaliste a également donné au
Cabinet un poisson de cette espèce et de même taille,
envoyé du lac de Zug; et, enfin, je crois devoir encore
rapporter à cette espèce un individu plus petit, qui faisait
partie d'une collection faite sur l'Elbe par M. le professeur

Nitsch. Si ce poisson vient de ce fleuve, cela prouverait que l'espèce est assez répandue.

M. Agassiz, qui a observé avec beaucoup de soin les habitudes de ce poisson, nous apprend que les riverains du lac de Neuchâtel l'appellent *Ronzon* ou rongeur, et il croit qu'on lui a donné ce nom parce qu'il lui arrive souvent de se montrer à la surface de l'eau le corps renversé, mettant l'argenté de son ventre du côté de la lumière, ayant l'air de chercher, dans cette position retournée, quelque chose autour d'un corps flottant.

Sa nourriture consiste ordinairement en vers, en insectes et en débris de corps végétaux. Il se tient habituellement dans le fond des eaux; il fraie au mois de Mai, et dépose ses œufs sur les cailloux à l'embouchure des rivières. A cette époque les individus se réunissent en troupes si considérables que le fond de l'eau en paraît gris. On prétend même qu'on peut les prendre à la main.

M. Agassiz croit que c'est le poisson décrit par Hartmann[1] sous le nom de *Cyprinus dobula;* celui-ci étant nommé dans cet ouvrage *Cyprinus cephalus.*

Le Ronzon croît lentement et ne se reproduit qu'à sa quatrième année : sa chair est molle, farcie d'arêtes; aussi est-elle peu agréable, quoiqu'elle ne soit pas de mauvais goût.

Dans quelques contrées de la Suisse on le prend en assez grand nombre pour le sécher, et on le vend alors, par fraude, pour le *Gangfisch* (*corregonus Wartmanni*), qui est un poisson très-estimé.

---

1. Ichth. helvétique, p. 202.

L'ABLE POISSONNET.

(*Leuciscus lancastriensis*, Shaw.)

Cette espèce d'able se trouve non-seulement en Angleterre, où M. Yarell l'a mieux fait connaître que Shaw,
mais encore en Suisse, où elle a été décrite par M. Agassiz sous le nom de *leuciscus Majalis*.

La longueur de la tête est cinq fois dans celle du corps, et
égale la hauteur du tronc. La courbe du dos est plus soutenue
que celle du ronzon; le museau est petit, obtus, arrondi; la bouche
peu fendue; on peut dire de ce poisson que c'est un gardon à petite tête. Il a aussi la dorsale plus égale, l'anale plus large et moins
pointue que celle du ronzon.

D. 10; A. 11, etc.

Les écailles sont plus petites qu'au gardon et à la vandoise; les
couleurs sont verdâtres sur le dos, argentées sur le reste du corps,
à reflets bleus.

Je n'en ai pas vu des individus ayant plus de six pouces;
M. Agassiz lui en donne quelquefois huit.

Le premier auteur qui en ait parlé, est Shaw[1]; mais,
suivant M. Jennyns, Pennant l'aurait observé dans le Mer-
sey, près de Warrington.

Il faut que ce poisson soit bien connu en Angleterre
comme une espèce distincte, car il a une dénomination
particulière, celle de *Graining*, et je trouve dans les notes
de Noël de la Morinière qu'elle lui avait été indiquée par
ses correspondans d'Angleterre. M. Yarell, faisant mieux
que ses prédécesseurs, en a donné la description, d'abord

---

1. *Gen. Zool.*, vol. V, p. 234.

dans les Transactions linnéennes [1], puis dans son Histoire des Poissons d'Angleterre [2], en y joignant d'excellentes figures. Le *Graining* se trouve aussi dans les étangs, et ses habitudes et sa nourriture tiennent beaucoup de celle des truites.

Cette espèce était d'ailleurs très-peu étudiée par les naturalistes du continent, lorsque M. Agassiz en a donné une bonne description, telle qu'on devait l'attendre d'un naturaliste aussi distingué : elle est accompagnée d'une figure dans le Mémoire sur les poissons du lac de Neuchâtel [3]. Il l'a trouvé dans le lac, vivant en troupes avec l'ablette (*leuciscus alburnus*) et le ronzon (*leuciscus rodens*). Les pêcheurs du lac reconnaissent bien ce poisson sous le nom de *Poissonnet*. Il ne remonte pas les rivières pour y frayer, et ne descend pas dans les grandes profondeurs, excepté pendant les grands froids. Le savant ichthyologiste pense que Hartmann a connu le poisson, qu'il aurait mal décrit en le confondant avec l'*idus*.

Je crois que cette espèce vit aussi dans le lac de Thun. Il me paraît du moins qu'il faut lui rapporter les ables que j'ai vus sur les bords du lac de Thun, et que j'ai mangés pendant le temps que j'ai passé dans cette belle vallée de l'Oberland bernois. Le goût de ces cyprins est bon, la chair en est ferme. J'ai malheureusement perdu les individus que j'avais pris à Thun pour les comparer à ceux de l'espèce du *leuciscus lancastriensis* conservés dans nos collections. Je regarde aussi comme de cette espèce

---

1. *Linn. Trans.*, vol. XVII, p. 7, pl. 2, fig. 1.
2. *Brit. fish.*, p. 355.
3. Mém. de la Soc. d'hist. nat. de Neuchâtel, sur les poissons du lac de Neuchâtel, p. 11, pl. 6, fig. 3, 4, 5, 6, 7.

des ables envoyés de l'Elbe par M. Nitsch. Ce poisson est donc assez répandu en Europe : il est d'ailleurs petit et a beaucoup d'arêtes.

L'ABLE DE LA GIRONDE.

(*Leuciscus burdigalensis*, nob.)

On trouve dans la Gironde un able d'une espèce toute différente, et jusqu'à présent particulière à ce fleuve : en effet ce poisson a

le museau plus pointu et plus saillant que celui de la vandoise; la tête plus large et plus arrondie; le rayon antérieur de la dorsale plus court et la nageoire plus droite; l'anale plus courte et coupée plus carrément.

D. 10; A. 11, etc.

Les écailles sont plus petites; le gris-verdâtre du dos descend plus sur le ventre, qui est cependant tout-à-fait blanc en dessous. Les dents pharyngiennes, sur deux rangs, sont plus courtes et plus crochues que celles de la vandoise. Une autre différence qui vient se joindre à celles déjà indiquées pour établir la distinction de cette espèce, se remarque dans le squelette, dont la colonne vertébrale ne compte que quarante-trois vertèbres et dix-huit paires de côtes, tandis qu'il n'y en a que quarante-six dans la vandoise.

Les plus grands individus ont neuf pouces de longueur : plusieurs ont le corps couvert de granulations; mais je n'en trouve aucune sur la tête. Ce poisson est singulier dans sa forme; il ressemble à une marène ou à quelque truite de cette subdivision des salmoïdes. Il n'a pas cependant d'adipeuse : il n'y a pas lieu de mettre en doute s'il est un cyprinoïde.

Je dois la connaissance de cette espèce à la complaisance d'une dame que j'ai déjà eu occasion de citer dans cet ouvrage, Mme Magin, alliée à la famille Lacépède, et qui a ainsi contribué à éclairer l'Ichthyologie.

*L'*ABLE GRISLAGINE.

(*Leuciscus grislagine* , nob.)

Nous avons reçu d'Odessa, par les soins de M. le professeur Nordmann, un able, qu'il a nommé *cyprinus Grislagine :*

Le corps est alongé, et il tient du chevaine (*cypr. dobula*), du *cypr. Jeses*, et même de la vandoise (*leuciscus vulgaris*) ; mais la petitesse des écailles la distingue au premier abord.

En voici d'abord la description détaillée :

La nuque ou le commencement du dos est assez soutenu ; la hauteur de la dorsale est du cinquième de la longueur totale ; la tête est plus courte : elle y est comprise cinq fois et deux tiers ou même trois quarts ; la tête est assez large ; l'intervalle entre les yeux est des deux cinquièmes de la longueur de la tête ; le museau est gros, obtus et plus saillant que la mâchoire inférieure ; l'œil a un peu plus que le cinquième de la tête ; le dessus du crâne et la peau, étendue sur l'opercule, est criblée de pores très-visibles à l'œil nu ; l'étendue de la base de la dorsale est des trois quarts de la hauteur de la nageoire ; la longueur de l'anale égale sa hauteur ; la caudale est fourchue ; la pectorale et la ventrale ont la même longueur.

D. 11 ; A. 12 ; C. 19 ; P. 19 ; V. 9.

Des cinq dents pharyngiennes j'ai trouvé la première à couronne oblique ronde, lisse, non dentelée et sans crochets ; la seconde, usée, avait un petit méplat ; les trois autres sont arrondies.

Il y a soixante rangées d'écailles de l'angle de l'opercule à la caudale ; dix rangées au-dessus de la ligne latérale et cinq au-dessous. Une écaille montre que la portion radicale est plus petite que la partie nue. Les rayons de l'éventail sont mal déterminés : il y en a trois ou cinq. Les stries rayonnantes de la portion nue sont plus marquées, mais pas plus régulières. Les stries d'accroissement concentriques sont très-fines et très-serrées.

M. Agassiz m'en a confié un beau dessin, sur lequel je retrouve tous les caractères de forme que je viens d'indiquer, et qui me donne les couleurs :

Elles sont vertes sur le dos, rembrunies par du noir dans l'angle des écailles. Sur les côtes se montrent, par reflets, l'argenté, qui devient pur sous le ventre. La dorsale a de l'orangé verdâtre à la base, et le bord presque noir ou vert bouteille très-foncé; les autres nageoires sont plus ou moins orangées.

Bien que l'individu que je décris ici, et qui est long de onze pouces, vienne d'Odessa, je ne vois pas cette espèce mentionnée dans la partie ichthyologique de la Faune pontique de M. Nordmann. Je trouve dans les notes de Noël de la Morinière que ce poisson fraie dans l'Èbre, et qu'il s'y nomme en espagnol *Madrilla*.

J'ai aussi reçu ce poisson de M. Nitsch, avec les autres poissons qu'il avait envoyés à M. Cuvier.

Maintenant je me demande si M. Agassiz et moi, d'après lui, nous donnons sous cette dénomination le véritable *cyprinus grislagine* d'Artedi; car, dans sa description[1], cet auteur dit que le second rayon est très-long, *primus minimus, secundus vero longissimus;* est-ce par opposition seulement à la brièveté du premier rayon qu'il déclare le second très-long : cela peut s'entendre ainsi. Mais pourquoi Artedi a-t-il fait cette remarque à l'occasion de ce cyprin, puisqu'elle peut s'appliquer à toutes les autres espèces voisines? En second lieu, Artedi dit positivement

---

1. Art., *Descr. pisc.*, p. 12, n.° 4.

de son *cyprinus grislagine* que les écailles sont grandes;
or, c'est ce que l'on ne peut dire des écailles de nos individus, ni de ceux dessinés par M. Agassiz; elles sont, au
contraire, plus petites que celles de nos chevaines. Cependant, comme je trouve dans le reste de la description
d'Artedi plusieurs autres particularités qui se rapportent
à tous les cyprins, qui prouvent que cet habile ichthyologiste n'avait pas suffisamment mis de critique dans les
descriptions de ses cyprins, je laisse ces difficultés à ré-
soudre à M. Agassiz, s'il tient compte de mes observations.

Pallas[1] a aussi un *cyprinus grislagine,* qui est l'*Obla*
des pêcheurs du Volga, ou le *Wobla* de ceux du Terek;
les Tartares le nomment *Kumnak,* et les Baskirs *Karia-
kusa-wak.*

De même qu'Artedi, il en a fait un cyprin, passant de
la mer dans les fleuves : il monte au mois de Février et
de Mars de la Caspienne dans le Volga et dans le Rhymnus
en prodigieuse quantité. Il est plus rare dans le Terek. Il
est assez agréable; mais on l'emploie surtout dans les
grandes pêches de l'esturgeon à l'amorce des hameçons.

C'est le Stämn des Suédois de la Bothnie occidentale
et de l'Angermanie, où il remonte jusque par le 63.ᵉ degré
et demi.

M. Nilsson[2] conserve aussi un *cypr. grislagine* sous le
nom de *Skall-id* à Gothenbourg. Il est assez remarquable
que le nom de *Grislagine*[3], tiré de Willughby et d'origine
anglaise, ait servi à dénommer le poisson suédois d'Artedi.

---

1. *Faun. ross. asiat.*, 111, p. 319, n.° 227.
2. Nils., *Prod. ichth. Scand.*, p. 27, n.° 2.
3. Art., *Syn,*, p. 5, n.° 4.

Il y a une confusion dont on sortira difficilement. Je ne serais pas étonné que le nom de *Graining* n'eût la même origine, et que le *cypr. lancastriensis* de M. Yarell, ou le *cypr. majalis* de M. Agassiz, ne fût le véritable *cypr. grislagine* d'Artedi.

L'ORPHE.

(*Leuciscus orphus*, nob.)

L'orphe, que le Musée de Paris a reçu de celui de Vienne, a le corps alongé et étroit comme le gardon ou la vandoise; de la dorsale au bout du museau le profil descend par une courbe régulière peu convexe; elle est concave, au contraire, du premier rayon de la dorsale à la caudale; elle est régulièrement concave du bout du museau au premier rayon de l'anale, et ensuite convexe jusqu'à la caudale. La plus grande hauteur sous la dorsale est quatre fois et demie dans la longueur totale.

La tête, plus courte que cette hauteur, est comprise cinq fois dans cette même longueur. Le museau est arrondi; quand la bouche est ouverte, la mâchoire inférieure semble un peu plus longue que la supérieure.

L'œil mesure le quart de la tête; l'orbite n'entame pas la ligne du profil. Il y a cinq dents pharyngiennes sur un seul rang, et semblables à celles des autres ables. La dorsale a une hauteur double de la longueur de sa base. L'anale a, au contraire, ces deux parties à peu près égales. La caudale est fourchue.

D. 10; A. 12; C. 19; P. 17; V. 9.

Le premier rayon de la pectorale est roide et presque épineux; je compte plus de soixante rangées d'écailles sur la longueur du côté, dix au-dessus de la ligne latérale, et cinq à six au-dessous. La ligne latérale est elle-même un peu courbe et tracée par une série de points ou de petites tubulures courtes et rapprochées. Chaque écaille a de très-nombreuses stries d'accroissement, six rayons à l'éventail, et trois ciselures longitudinales sur la portion nue.

C'est un des poissons de l'Europe qui peut rivaliser le plus avec les dorades de la Chine (*cyprinus auratus*).

Tout le dos est d'un beau rouge doré ou argenté : ce rouge s'éteint par degré jusque sous la ligne latérale ; le ventre est argenté pur et brillant ; des reflets rouges et dorés chatoient sur l'opercule et les joues avec l'argenté ; toutes les nageoires, d'un rouge vermillon, passent au jaune sur le bord.

Je puis surtout juger de la beauté des couleurs de cette espèce, parce que M. Agassiz m'en a communiqué un beau dessin fait sur le vivant.

Les individus que j'ai vus, ont de huit à neuf pouces de long. Ce poisson se nourrit d'insectes. Suivant Nau[1], dans son Histoire du territoire de Mayence, l'orphe ne serait pas rouge dans tous les temps, mais il perdrait ses belles couleurs pour prendre une teinte grise argentée. Cela expliquerait comment Meyer[2] cite deux variétés de ce poisson, une blanche et une rouge.

C'est un poisson très-anciennement connu ; car le nom, les descriptions et la figure se trouvent déjà dans Gesner[3], qui l'avait vu dans un vivier à Augsbourg, d'où un médecin célèbre de ce temps lui en avait envoyé ensuite le dessin.

Willughby dit que l'espèce se trouve en Angleterre, et distingue déjà un orphe blanc et rouge. Il croit que ce poisson est connu à Anvers sous le nom de *Winderfish*. Enfin, Baldner en a laissé, dans le manuscrit de Strasbourg, une figure entièrement semblable par ses couleurs rouges et brillantes à la peinture de M. Agassiz. Ce poisson

---

1. *Naturgeschichte des Mainzer Landes, 1stes Heft*, 28.
2. Meyer, *Thierb.*, II, 31. — 3. *Paralip.*, p. 10.

y est nommé *eine goldgelbe Rothkehl;* et le dessin porte
cette note curieuse : « Ce poisson fut pris dans l'Inn en
1668. » Il avait conservé sa couleur après avoir été bouilli.

Ce sont là les documens antérieurs à Artedi, et dont
Linné a fait son *cypr. orphus* dès la X.ᵉ édition. Il aurait
pu cependant citer Marsigli[1], qui donne des renseignemens importans sur la nature et la grandeur des aiguillons
dont se couvrent les écailles de ce poisson à l'époque du
frai. Ce sont des aiguillons creux, longs et recourbés que
l'auteur compare à ceux des rosiers, et qu'il a représentés,
en effet, comme de véritables épines. D'ailleurs, la figure
n'est pas tout-à-fait semblable à celle de M. Agassiz; elle
est moins correcte. Bloch a représenté ce poisson assez
bien, d'après des dessins envoyés de Nuremberg; car c'est
aux environs de cette ville et d'Augsbourg que l'espèce est
le plus connue : elle est plus rare dans le nord de l'Allemagne.

L'orphe est un poisson fort rare en France; cependant
j'en ai pris moi-même un individu dans la Somme, en
1824; ainsi j'affirme que M. Selys-Longchamps a eu tort
de dire, dans une note de son ouvrage, que M. Cuvier
avait cru, sur des renseignemens erronés, que notre poisson s'avançait jusque dans cette rivière. S'il est si rare,
cependant, dans notre contrée, il est, au contraire, commun dans le Danube. M. Reisinger[2] le cite dans ses Poissons de Hongrie; Pallas le suit jusque dans le Don et les
fleuves du Caucase, où il est aussi fort abondant. Il pa-

---

1. Mars., *Danub.*, tab. 5.
2. *Syn. pisc. Hung.*, p. 68, n.° 15.

17.

raît, d'ailleurs, que les Russes le confondent avec le chevaine sous le même nom de *Golowl*.

M. Nordmann l'a cité aussi dans sa Faune pontique;
mais il ne le connaît que du Danube.

L'ABLE IDE.

(*Leuciscus idus, Cyprinus idus*, Linn., Art.)

L'Ide, que les Allemands nomment *Kühling*, est encore voisin de ceux que nous venons de décrire; mais la
petitesse des écailles distingue à l'instant même cette espèce des précédentes : mais il y en a dans l'Elbe quelques
autres qui lui ressemblent par ces caractères :

La tête et surtout la nuque de cet able sont très-courtes : la première est comprise cinq fois dans la longueur totale. La hauteur
du tronc y est quatre fois et demie; l'œil est grand : son diamètre
fait le quart de la longueur de la tête. Le museau est court, déprimé; la mâchoire inférieure dépasse la supérieure; les dents pharyngiennes sont sur deux rangs : les internes sont très-petites, les externes ressemblent assez à celles du gardon.

La dorsale répond aux ventrales : elle est courte, peu haute;
l'anale est pointue de l'avant; la pectorale est plus en faux que
dans les autres ables.

D. 10; A. 13, etc.

Il y a près de soixante écailles le long du côté, dix au-dessus
de la ligne latérale et sept au-dessous : elles sont striées.

Le dos est plombé; la dorsale et la caudale sont de la même
couleur; la pectorale et la ventrale plus pâles; l'anale blanche
comme le ventre; il y a peu de reflets argentés.

L'individu que je décris est long de neuf pouces : il
est frais, et a été envoyé au Cabinet du Roi par M. Selys-
Longchamps, de Liège. J'en ai trouvé un de dix pouces

dans la Somme; et M. Baillon en a envoyé plusieurs autres au Cabinet du Roi. Nous en avons de l'Elbe qui ont
été donnés par M. Tinnemann, de Dresde, ou par M. le
professeur Nitsch.

Nous avons aussi vu des individus de cette espèce parmi les poissons pris à Tobolsk et dans l'Irtisch par MM. de
Humboldt et Ehrenberg, et qu'ils ont bien voulu donner
au Cabinet du Roi.

En comparant les exemplaires que je décris, soit à la
figure de Bloch, soit à un bien meilleur dessin que je dois
à la généreuse communication de M. Agassiz, je ne trouve
d'autres différences, entre la figure de Bloch et la nature,
que dans la grandeur des écailles, Bloch ayant marqué les
écailles plus grandes que je les vois sur aucun de nos *leuc.
idus;* aussi je ne crois pas que le véritable *cypr. idus* d'Artedi soit représenté dans cette Ichthyologie.

On doit la connaissance de cette espèce à Artedi et à
Linné : le premier de ces deux illustres maîtres en a donné
une description[1] modèle d'exactitude et de méthode, et
qui a servi de base au *Fauna suecica*[2] et au *Systema
naturæ,* où l'espèce est inscrite dès la X.ᵉ édition : ne
doit-on pas signaler avec quel soin Artedi a déjà décrit
les dents pharyngiennes?

Cette espèce est beaucoup plus septentrionale que les
précédentes; car Muller[3] la cite également dans la Faune
danoise, et MM. Fries et Ekström[4] en publient une belle
peinture faite d'après le vivant par M. W. Van Wright. Il

---

1. Art. Descript., p. 6, n.° 1.
2. *Faun. suec.*, p. 121, n.° 320.
3. *Prod. faun. Dan.*, p. 51, n.° 436.
4. Fries, Ekstr., *Scand. pisc.*, pl. 11.

y a également une autre figure dans la traduction allemande par M. Creplin[1] de l'Ichthyologie des deux savans suédois. Ces deux auteurs ajoutent à la synonymie de leur *cypr. idus*, qu'ils regardent le *cyprinus idbarus* de Linné comme le jeune du *cypr. idus*, et ils rapportent à cet âge le *cypr. microlepidotus* de M. Ekström; et à en juger, en effet, par la figure[2] de la traduction par M. Creplin, et que j'ai sous les yeux, je me range volontiers aux sentimens de M. Fries. Cependant il faut remarquer que, selon M. Ekström, le *cypr. microlepidotus* reçoit des pêcheurs suédois un nom particulier : ils l'appellent *Lennare*.

L'Ide est aussi indiqué dans l'Ichthyologie scandinave de M. Nilsson[3], et il est très-répandu dans les eaux douces de l'Europe, puisqu'il se rencontre en France jusque dans la Somme. Nous voyons cette espèce citée dans la Faune belge de M. Selys-Longchamps[4]; mais ce naturaliste croit, d'après les notes qui lui ont été transmises par M. Heckel, à qui il avait envoyé ses cyprinoïdes de Belgique pour en recevoir ses conseils éclairés, que la Meuse nourrit deux variétés très-distinctes, que le savant ichthyologiste de Vienne considéra même comme de deux espèces. La première, à laquelle M. Selys réserve le nom de *leuc. idus,* aurait

> une anale dont le nombre des rayons varie, selon les différens individus, de douze à quatorze; soixante écailles à la ligne latérale;

et la seconde variété, que M. Selys nomme *leuc. neglectus,* comprendrait les ides

---

1. *Fisch. von Mörk.*, p. 5, tab. I.
2. *Idem*, p. 18, tab. II.
3. *Prod. ichth. Scand.*, p. 27, n.° 3.
4. *Faun. belg.*, p. 208, n.° 26.

à quatorze rayons à l'anale, et dont la tête serait un peu plus longue, le corps plus alongé, la bouche plus étroite, les écailles un peu plus grandes; car il n'en compte que cinquante-cinq le long de la ligne latérale.

Cette différence est véritablement bien légère ; et d'ailleurs M. Selys expose avec tant de clarté et de conscience littéraire ses doutes, que l'on ne peut faire autrement que de se ranger de son avis, en confondant les deux variétés en une seule espèce. M. Heckel lui disait que la caudale de la seconde variété est plus fourchue; observation qui n'a pas frappé M. Selys, et qu'il n'approuve pas. Ce ne peut d'ailleurs, en aucune façon, être le *cyprinus Jeses* de Bloch ou le Aland de Berlin. La figure de l'ichthyologiste prussien est excellente, et prouve qu'il a bien connu, comme il est facile de le croire, le *cyprinus Jeses*. Je vois, d'ailleurs, par de beaux exemplaires venus du Cabinet de Vienne, sous le nom de *cyprinus Idus,* mais qui sont bien entièrement de l'espèce du *cyprinus Jeses,* que dans le Cabinet de Vienne les deux espèces peuvent être confondues, selon le sentiment de M. Heckel.

Le *cyprinus Idus* de Siemssen[1] est-il bien notre poisson, ou celui de Bloch? C'est ce qu'il faudra vérifier sur nature ; parce que Siemssen dit que les écailles sont un peu plus grandes que celles du *Plötze* (*cypr. erithrophthalmus*): ce qui me paraît les rapprocher de la grandeur indiquée par Bloch. Il le dit originaire du lac de Mecklembourg, le Schaalsee.

Je ne le crois pas mentionné dans les auteurs qui ont traité de l'Ichthyologie de la Suisse; mais M. Reisinger

---

1. *Die Fische von Meckl.*, p. 74, n.° 8.

le compte parmi ses poissons du Danube et du lac Feherto,
et Pallas le dit très-abondant dans toutes les eaux de la
Russie et de la Sibérie. Il paraît cependant manquer dans
les contrées sibériennes au-delà de la Léna, quoique l'ide
ne soit pas tourmenté par le froid. On le trouve jusque
dans le lac Baïkal, où il est commun et très-recherché
comme nourriture par sa chair, qui a peu d'arêtes.

Tous les auteurs s'accordent à le dire, vivant, prolifique,
frayant en Mai, et donnant au-delà de quatre-vingt mille
œufs jaunâtres, aimant les eaux courantes, comme les grands
lacs, dont il pénètre les profondeurs, et, selon les auteurs
suédois, se rendant dans la Baltique et les différens golfes
marins qui découpent ces terres, et revenant dans les fleuves
pour y frayer.

*L'*ABLE FROID.

(*Leuciscus frigidus*, nob.; *Cyprinus Idus*, Bloch.)

Je crois retrouver le véritable *Kühling, cyprinus Idus*
de Bloch, dans un poisson de la collection du Muséum,
qui a .

la tête large et plate en dessus comme celle du chevaine; la mâchoire
inférieure, quand elle est abaissée, plus longue que la supérieure;
la longueur de la tête est comprise cinq fois dans la distance du
bout du museau à la fourche de la caudale. Les opercules ont
quelques stries; la dorsale est coupée carrément; l'anale diffère de
celle du chevaine et de toutes les espèces voisines, par sa largeur
et par sa forme; les rayons antérieurs sont proportionnellement
beaucoup plus courts que les postérieurs, tandis que dans les autres
espèces les antérieurs sont toujours plus alongés.

L'éventail de ces rayons est large, de sorte que cette nageoire
est étendue surtout du côté du bord, ce qui la rend arrondie. Les
ventrales sont larges; les pectorales peu longues; les lobes de la

caudale sont larges, mais peu prolongés, ce qui rend la nageoire peu fourchue.

D. 10; A. 10, etc.

Les écailles sont grandes, au nombre de quarante-cinq dans la longueur du corps : elles n'ont que de fines stries. Bloch a représenté son poisson bleuâtre sur les côtes, devenant presque noir sur le dos et argenté sous le ventre. La ventrale et l'anale sont d'un beau rouge, les autres nageoires sont grises plus ou moins foncées. Des traits ou des points gris font une sorte de grivelure sur le corps du poisson.

Notre individu est long de dix-neuf pouces. Il me paraît probable qu'il est originaire d'Allemagne; car cet individu provient du Cabinet de Vienne. Je crois d'autant plus fortement à la détermination que je fais ici, que Bloch dit aussi positivement dans son texte que les écailles sont grandes, qu'il les représente sur sa planche, qu'il donne assez bien la forme de l'anale de notre poisson, malgré qu'il lui compte treize rayons, et que la taille de deux pieds, à laquelle Bloch dit que son *Kühling* peut atteindre, correspond déjà assez bien à notre individu.

La grandeur des écailles et la forme générale du corps, représentées sur la planche de M. Yarell[1] pour l'ide, me paraît aussi devoir se rapporter, comme il le dit lui-même, à l'ide de Bloch : en tous cas on ne peut nier la ressemblance entre la figure laissée par Bloch, et celle que nous donne M. Yarell.

L'ABLE DE HEGER.

(*Leuciscus Hegeri*, Ch. Bon.)

est une espèce à petites écailles, voisine, par ce caractère, du *cyprinus Idus*.

---

1. *Brit. fish.*, p. 344.

La longueur de la tête mesure le cinquième de la longueur totale : c'est aussi la dimension de la hauteur du tronc. Le museau est assez gros ; la fente de la bouche oblique. La dorsale et l'anale droites ; la caudale peu fourchue.

D. 10; A. 11, etc.

Le prince Ch. Bonaparte compte soixante rangées d'écailles, neuf au-dessus et six au-dessous de la ligne latérale. Les dents pharyngiennes sont recourbées et un peu dentelées. La couleur que je trouve dans les belles planches de la Faune italienne sont vertes sur le dos et fondues par des irisations rosées avec le blanc argenté du ventre. Les joues sont dorées ; la dorsale, l'anale et les ventrales ont les mêmes teintes ; leurs rayons verts sont réunis par une membrane hyaline plus ou moins rosée, et tirant au minium sur le bord. La caudale est verte et les pectorales sont roses.

L'auteur italien qui a figuré cette espèce, en fait un de ses *scardinius*, à cause de ses dents serrulées ; mais il remarque que l'on pourrait en faire le type d'un genre nouveau, où que l'on peut dire que c'est un *squalius* à corps très-svelte. C'est M. Agassiz qui l'a dédié à M. Heger, entomologiste distingué. Ce poisson vit dans les eaux courantes, et sa chair est peu estimée.

L'ABLE CAVAZZINE.

(*Leuciscus altus*, Ch. Bon.)

Nous devons à M. le comte Borroméo un able qui ressemble beaucoup à la figure du *leuciscus altus*, donnée par le prince Charles Bonaparte.

Ce poisson ressemble beaucoup à un gardon ; il a cependant le dos plus élevé, le ventre plus droit ; la dorsale est pointue et haute de l'avant, l'anale est petite.

D. 10; A. 11.

La tête est courte, le museau arrondi et gros, l'œil près du museau. La couleur est un bleu d'acier sur le dos, argentée sous le ventre; la teinte du dos fait des sortes de bandelettes longitudinales, mal arrêtées et souvent plus foncées sur la queue; les nageoires sont bleuâtres.

Ce poisson, long de six pouces, a été envoyé du lac Majeur sous le nom de *Cavazzino*.

L'ABLE DE SAVIGNY.

(*Leuciscus Savignyi*, nob.)

Voici encore un nouveau cyprinoïde des eaux douces de l'Italie, que nous avons dédié à M. Savigny dès 1823, lorsque ce savant le fit connaître en le déposant dans la collection du Jardin du Roi.

Ce poisson a le corps alongé, sa hauteur en surpasse un peu celle de la tête et ne fait pas tout-à-fait le quart de la longueur totale. Le museau est très-obtus et sa grosseur est augmentée, parce que la tête est grosse et saillante au-devant des yeux; la ligne du profil monte ensuite très-légèrement jusqu'à la dorsale, d'où elle descend un peu obliquement jusqu'à la caudale; la ligne du profil inférieur est soutenue à partir de la gorge, ce qui fait paraître la tête plus petite qu'elle ne l'est réellement.

La bouche est petite et fendue presque en ligne droite; les dents pharyngiennes sont, comme celles du rotengle, crochues sur deux rangs; les yeux sont de grandeur médiocre; la dorsale et l'anale sont quadrilatères, peu grandes : la première est beaucoup plus basse que la hauteur du tronc sous elle; la seconde de ces deux nageoires paraît un peu plus large que la première; la caudale est peu fourchue.

D. 10; A. 10 ou 11, etc.

Je trouve, en effet, deux des individus de M. Savigny avec onze rayons à l'anale.

Je compte cinquante-cinq rangées d'écailles le long du côté, neuf au-dessus et cinq au-dessous de la ligne latérale, qui est peu courbée. La couleur est argentée avec des teintes cendrées sur le dos. Une bandelette grisâtre, détachée du fond du dos, règne le long du corps de la tempe au dos du tronçon de la queue. L'argenté des flancs et du ventre est glacé de jaune verdâtre, teinte qui s'étend sur les nageoires.

M. Savigny avait pris dans des eaux douces de la Spezzia le poisson que nous lui avons dédié. Depuis, M. Laurillard en a rapporté plusieurs individus pris à Nice, et, enfin, M. Savi en a envoyé au Muséum sous le nom de *cyprinus Aphya.*

Le prince Charles Bonaparte a donné une fort bonne figure de ce poisson, et il a conservé, par égard pour notre célèbre Savigny, la dénomination imposée dans les galeries du Muséum à cette espèce d'able, qu'il a cru devoir considérer comme d'un genre distinct, appelé Telestes: ce poisson est donc nommé, dans la Faune italienne, *Telestes Savignyi.* La description dans cet ouvrage y est d'une grande exactitude ; mais je ne saurais donner une assez grande importance aux caractères indiqués par le célèbre ichthyologiste, dont je ne partage pas l'avis, pour faire de ce poisson un genre distinct.

Voici les caractères : « Corps grêle ou arrondi, plutôt « alongé ; la tête courte, le museau arrondi et avancé au-« delà d'une bouche petite et ouverte en dessous ; la dor-« sale opposée aux ventrales, et plus ou moins arrondie ; « les pectorales grandes ; les écailles très-petites ; la ligne « latérale courant par le milieu du corps ; les dents pha-« ryngiennes sur deux rangs, un peu crochues. »

L'auteur oppose à ces caractères les trois rangées des

dents pharyngiennes de ses Squalius et les dentelures des Scardinius. Mais je demande comment on peut distinguer par la diagnose précédente les telestes d'un *cypr. dobula,* si ce n'est par des particularités tout-à-fait spécifiques? et puis j'observe que tous les *squalius* que j'ai reçus étiquetés de la main même du prince de Mussignano, n'ont pas toutes trois rangées de dents pharyngiennes; on peut même dire que c'est l'exception qui ferait ici la règle. Les passages entre les *scardinius* et les autres ables à dents peu ou très-peu dentelées sont véritablement insensibles. Que le lecteur me pardonne ces détails; mais il fallait bien prouver que je n'ai attaqué les idées d'auteurs aussi justement estimés, qu'après avoir étudié dans leur ensemble les espèces, peut-être un peu multipliées, de ces cyprinoïdes. Cet able, qui vit dans les rivières du Piémont, a été connu par M. Risso, qui, dans la 2.ᵉ édition de son Ichthyologie, a publié cette espèce sous la dénomination nouvelle de *Leuciscus cabeda.* C'est lui-même qui a nommé les individus rapportés par M. Laurillard.

L'Able mozzella.

(*Leuciscus muticellus,* Ch. Bon.)

Nous avons reçu au Cabinet du Roi par M. Canali, sous le nom de *Lasca del Tevere,* une espèce

qui a le museau large mais peu élevé, dépassant un peu la bouche, qui est fendue en dessous; la hauteur fait près du cinquième de la longueur totale; la caudale et l'anale petites.

D. 10; A. 10 ou 11, etc.

Les écailles, au nombre de cinquante-cinq à soixante, dans la longueur totale.

Les dents pharyngiennes sont au nombre de cinq sur le rang externe et de trois sur le second : elles avaient la surface de leur couronne plate, sans dentelures, le bout étant très-crochu ; mais, en examinant les germes des dents de remplacement, on voit que la couronne est dentelée.

La couleur du dos est un gris rougeâtre plus ou moins foncé sur le dos, se fondant par de l'argenté plus ou moins gris avec le blanc argenté du ventre : le tout est glacé de jaunâtre ; une bande bleu d'acier ou grise longitudinale s'étend de l'œil ou de l'épaule sur la queue, en passant sur la ligne latérale ; la pectorale est jaunâtre, avec une bandelette aurore à sa base : on retrouve cette teinte sur le lobe inférieur de la caudale ; les autres nageoires sont bleuâtres.

Ce poisson a été récemment décrit et figuré dans la Faune italienne par le prince Charles Bonaparte de Canino, qui nous a envoyé plusieurs petits individus pour les collections du Jardin des Plantes. Nous lui avons conservé le nom que ce naturaliste lui a donné, quoiqu'il fût bien postérieur à celui de la collection publique du Muséum.

M. Canali l'avait envoyé sous le nom de *Lasca batarba,* de *Lasca del Tevere,* noms que nous retrouvons dans la Faune italienne, avec ceux de *Ruglione* à Terni, de *Mossella* ou de *Morrone* à Viterbe. Je vois aussi, par la collection du Muséum, que M. Savi croyait, comme M. Agassiz, que cette espèce est le véritable *Cyprinus aphya* des auteurs.

Nous avons reçu sous ce nom des poissons nommés par M. Agassiz lui-même du nom de *Cyprinus aphya,* et je ne crois pas que ces poissons du Danube soient de la même espèce que ceux de l'Italie. On va en juger par la description suivante. Je crois d'ailleurs aussi que le *Cyprinus aphya* de Bloch est tout différent.

L'ABLE SARDELLE.

(*Leuciscus sardella* , nob. [1])

M. Costa s'est demandé, dans sa Faune de Naples, si le *Sardella rossa* des habitans de Scafarti est le *Cyprinus dobula* des auteurs?

C'est un petit poisson dont la hauteur est du quart de la longueur totale; la nuque aplatie; l'ouverture de la bouche petite et oblique vers le bas; la mâchoire inférieure plus courte que la supérieure; les yeux médiocres, éloignés du bout du museau d'un diamètre et demi; le premier rayon de la dorsale élevé sur le milieu de la longueur du corps, la caudale non comprise.

D. 10; A. 11, etc.

La couleur du dos est un brun verdâtre un peu mordoré; la dorsale est jaune; la caudale a du roux à la base; les autres nageoires sont rouges de minium.

L'auteur dit que les dents pharyngiennes sont au nombre de cinq et semblables à celles des autres ables.

La forme du corps est celle de nos jeunes rotengles, mais il ne paraît pas que ce poisson en ait la dentition des pharyngiens. Il aurait quelque ressemblance, dans la coloration des nageoires, avec le *Leuciscus fucini* du prince Bonaparte; je ne le crois pas de la même espèce, mais ce qu'il y a de certain, c'est qu'il n'appartient pas au *Cypr. dobula* de Linné.

L'ABLE COMPAGNON.

(*Leuciscus comes* , Costa.)

Je crois que le poisson figuré et décrit par M. Costa dans sa Faune de Naples, est très-voisin de celui-ci, s'il n'est le même.

---

1. *Leuciscus dobula* , Costa; *Faun. neap.* , p. 24, tab. XIX.

Les formes générales sont les mêmes; le museau est aussi saillant, mais les teintes sont un peu différentes; le dos est brun mordoré; les flancs sont argentés; la dorsale est jaune; l'anale, bleuâtre, a le bord jaunâtre; la pectorale, grise, a une tache dans son aisselle; les ventrales sont bordées de jaune; la bande brune reste sur la queue; car elle ne dépasse pas la dorsale.

On voit que ce ne sont pas tout-à-fait les mêmes teintes; je n'ose décider sur des textes dans des espèces aussi voisines. Ce qu'il y a de certain, c'est que, suivant M. Costa, ce poisson accompagne toujours le *Cypr. dobula*.

La vie de ce petit poisson est peu tenace, et il se gâte très-promptement après la mort. La chair est d'ailleurs peu savoureuse.

On le nomme *Sardella bianca scafati*.

*L'*ABLE BLANCHATRE.

(*Leuciscus albidus,* Costa.[1])

M. Costa a décrit, dans sa Faune napolitaine, un able dont les formes ont quelques rapports avec le *Leuciscus dolabratus,* et qui conduit aussi vers notre ablette.

Le corps est assez haut, parce que la courbure du ventre est très-prononcée. La hauteur du tronc mesure le quart de la longueur totale; la tête fait les deux tiers de cette hauteur; l'anale est longue et basse; la dorsale quadrilatère; la caudale fourchue. Voici la formule des nombres tels que la donne M. Costa.

D. 12; A. 14; P. 7; V. 14; C. 18.

Je pense que c'est par une erreur typographique que le nombre des rayons des ventrales est porté à quatorze, car dans tous les ables il est de neuf, et la figure ne représente pas les ventrales plus grandes qu'à l'ordinaire.

---

1. Costa, *Faun. neap.*, *Poiss.*, 15, tab. XIV.

L'ABLE CALABROIS

(*Leuciscus brutius*, Costa [1])

est un des ables à corps alongé comme le *Leuciscus muti-cellus,* ou comme nos ablettes; mais dont le museau, beau-coup plus rond, tient plus de la forme de nos chevaines et de nos gardons.

Il a le corps alongé; la hauteur est comprise cinq fois et deux tiers dans la longueur totale; la tête a presque la même proportion, ne faisant que le cinquième du corps, et l'œil est petit et des trois huitièmes de la longueur de la tête. L'extrémité du museau est arrondie; la bouche est fendue droite, et la lèvre supérieure charnue, recouvre presque l'inférieure.

D. 10; A. 9, etc.

La couleur est changeante en roux violet et en vert rembruni, avec un brillant argenté; le dessous est jaunâtre; l'œil est tacheté de brun; la bouche jaunâtre; les nageoires sont pâles; la dorsale étant brune à la base; la caudale et l'anale verdâtres; la pectorale jaune sur les premiers rayons et pâle en dedans; les ventrales ont aussi du jaune.

On trouve ce petit poisson dans le fleuve Crati, qui baigne la ville de Cosenza, où l'espèce est connue sous le nom de *Riole* ou *Reole.* La plus grande longueur est de six pouces napolitains.

L'ABLE DE VULTURE.

(*Leuciscus Vulturius*, Costa. [2])

C'est un joli petit poisson du lac de Montecchio.

Sa tête est déclive, parce que l'occiput est élevé; mais sa nuque est basse et déprimée : elle a quelque ressemblance, dit M. Costa,

---

1. Costa, *Faun. neap.*, p. 22, pl. XVIII.
2. Costa, *Faun. neap.*, *Poiss.*, 15, tab. XV.

avec celle d'un petit saurien ou d'un chalide. Ce savant zoologiste lui a trouvé pour caractère le plus saillant, entre tous ses congenères, d'avoir les nageoires assez longues et trapézoïdales.

D. 9; A. 15; C. 18; P. 14; V. 8 ou 9.

La couleur est un vert jaunâtre, sali de brun sur le dos.

Ce poisson est peu différent de la *Sardella bianca* du lac Persile ou Pesile, qui a cependant la tête un peu plus alongée, ce qui dépend de la longueur du museau, dont l'extrémité est éloignée du bord de l'orbite d'une fois et un quart le diamètre de l'œil.

La couleur générale est argentée, avec des teintes verdâtres ou jaunâtres sur le dos ; une bande grise longitudinale s'étend de l'opercule à la caudale. Les nageoires sont pâles à teintes jaunâtres.

Cette disposition des couleurs rappelle celles des *Leuciscus muticellus* et *Leuciscus Savignyi*. M. Costa l'a observé dans la petite rivière de Staffoli, et dit qu'on la confond avec les autres poissons blancs, et surtout l'ablette, sous le nom de *Sardella*. La plaque basilaire, représentée tab. XIV, *e* 1 et *e* 2, a une forme particulière et remarquable par son échancrure; elle prouve que cette espèce est bien distincte de tous les ables dont nous avons parlé.

L'Able hachette.

(*Leuciscus dolabratus*, Holandre.)

M. Holandre, bibliothécaire instruit de la ville de Metz, et qui s'est occupé de publier une Faune du département de la Moselle, a distingué parmi les ables une espèce qui a

la hauteur, plus forte que la tête n'est longue, est comprise cinq fois et demie dans la longueur totale du corps. L'œil est gros et situé sur le haut de la joue : son diamètre est compris trois fois et demie dans la tête. La mâchoire inférieure dépasse un peu la supérieure quand la bouche est ouverte.

D. 11; A. 13 ou 14, etc.

Je compte quarante-cinq écailles dans la longueur. Tout le poisson est d'un bel argenté, grisâtre sur le dos; il y a un peu de noir dans la fourche de la caudale.

Nous avons reçu un individu de cette espèce, long de quatre pouces et demi, par les soins de M. Selys, de Liège, et qui l'avait pris dans la Meuse. M. Selys l'indique comme un poisson rare; M. Holandre l'a découvert dans la Moselle et ses affluens : on le prendrait au premier aspect, à cause de son éclat argenté, pour une ablette, mais le nombre des rayons l'en distingue.

L'Able ochrodonte.

(Leuciscus ochrodon, Agassiz.)

Je crois retrouver, parmi les ablettes que M. Nitsch a envoyées de l'Elbe, le poisson dont mon ami, M. Agassiz, m'a envoyé le dessin sous le nom d'Aspius ochrodon. Ces individus offrent aussi plusieurs différences sensibles avec l'ablette ordinaire et avec l'alburnoïde.

Ces poissons ont le corps plus large que les précédens, car la hauteur n'est que le cinquième de la longueur totale. Le dos est plus soutenu derrière la nuque; la tête est plus courte que la hauteur du corps. Le museau est plus gros et plus court; l'œil est moins grand, car son diamètre est près de quatre fois dans la longueur de la tête; les dents pharyngiennes sont dentelées et sur deux rangs comme celles des précédens, mais elles me paraissent plus hautes; l'anale est plus large et plus haute de l'arrière, parce que ses derniers rayons sont plus longs.

D. 10; A. 19.

Les écailles me paraissent un peu plus petites : j'en compte cinquante rangées sur le côté; la ligne latérale est aussi très-arquée; la couleur est celle de notre ablette.

J'en ai sous les yeux neuf individus, tous entièrement semblables, et reconnaissables à leur facies et à leur anale large et haute. Les plus grands ont cinq pouces et demi de longueur. J'ai voulu rappeler, par le nom que je lui impose, ses affinités avec le *Cyprinus alburnus.*

Outre ces individus, j'en trouve un entièrement semblable, venant de Moskou, et qui a été donné au Cabinet du Roi par M. Ehrenberg.

L'ABLE ALBURNOÏDE.

(*Leuciscus alburnoides,* Selys.)

On trouve, parmi les bandes d'ablettes, un able qui ressemble tellement à une sardine, qu'il faut d'abord s'assurer des caractères génériques pour ne pas confondre ce cyprin avec un clupéoïde.

Le corps est alongé, un peu rond sur le dos et aminci sous le ventre, sans qu'il soit tranchant; la tête est alongée, le museau mince, la mâchoire inférieure plus avancée que la supérieure, avec un petit tubercule sur la symphyse. La bouche est d'ailleurs peu fendue; l'œil est grand : son diamètre fait le tiers de la longueur de la tête, qui est comprise cinq fois et demie dans la longueur totale, et qui est un peu supérieure à la hauteur du tronc.

Les dents pharyngiennes sont sur deux rangs : la première rangée a quatre dents, la seconde deux : elles ont la couronne dentelée, et les dentelures doivent être profondes, car elles se voient encore sur le côté des dents qui ont la couronne déjà usée et plate. La dorsale est trapézoïde, l'anale est faite comme celle de l'ablette ordinaire, mais elle a plus de longueur. La caudale est fourchue, la pectorale pointue.

D. 10; A. 20, etc.

Les écailles sont lisses, au nombre de quarante-cinq; la ligne
latérale est courbe, mais peu arquée. Le poisson a le dos bleu verdâtre et le reste du corps argenté.

J'ai reçu de la Meuse, par M. Selys, un individu long
de cinq pouces, et j'en retrouve de parfaitement semblables parmi les ablettes que j'ai rapportées de Neuwied;
ce qui prouve que ce poisson entre dans le Rhin avec
la Moselle.

Mais j'en ai aussi vu dans les eaux du Brandebourg, car
je l'ai pêché dans le lac du Tegel. Je crois donc que
M. Selys a eu raison de faire une espèce de cette race
d'ablette, plus rare que l'able auquel l'on réserve plus
spécialement ce nom.

Quoique j'aie reçu ce poisson de Liège, il paraît, d'après
l'ouvrage de M. Selys, que cette espèce est moins commune dans la Meuse que dans les affluens de ce fleuve à
fond caillouteux, tels que la Vesdre, l'Ourthe et aussi
dans la Moselle.

L'ABLE A BANDES.

(*Leuciscus fasciatus*, Nordm.[1])

M. Nordmann nous a donné, des eaux douces d'Abasie,
des exemplaires de son *Aspices fasciatus*.

C'est un petit poisson dont les couleurs sont assez voisines des ables que M. Agassiz appelle *Leuciscus aphya*,
et qui paraît aussi assez voisin de nos éperlans de la Seine.

Le corps est large et trapu, dont la courbe du ventre est beaucoup plus forte que celle du dos; dont le chanfrein est soutenu,
le museau gros et obtus, la tête courte, l'œil de médiocre gran-

---

1. *Faun. pont.*, p. 497, pl. 23, fig. 2.

deur. Les dents pharyngiennes sont sur deux rangées, de cinq et de trois : elles ont la pointe courbe et pas de dentelures. La hauteur est trois fois et trois quarts dans la longueur totale ; la tête fait les deux tiers de cette hauteur, et le diamètre de l'œil est trois fois et deux tiers dans la longueur de la tête. La dorsale est assez pointue de l'avant; l'anale courte et haute; la caudale plutôt échancrée que fourchue.

D. 9; A. 14, etc.

Je compte de quarante à quarante-cinq écailles dans la longueur. La ligne latérale est large et marquée par deux points comme le précédent, et je vois quatre à cinq séries longitudinales de points noirs au-dessus de la ligne latérale.

Le poisson frais a le dos grisâtre glacé de vert, le tout sous des reflets d'argent, qui passent au blanc métallique du ventre irisé de jaunâtre. Il y a le long des flancs deux bandes noirâtres, qui deviennent plus foncées sur la caudale, et en outre les points noirs que j'ai indiqués plus haut.

M. Nordmann dit les bandes noires, et ajoute qu'elles paraissent davantage sur les vieux individus.

Nos individus ont quatre pouces, et ils ne paraissent pas devenir beaucoup plus grands. La forme comprimée du corps leur donne l'apparence d'une jeune brème.

Cette espèce se multiplie beaucoup dans les torrens rapides et les rivières des pays situés le long de la côte orientale du Pont-Euxin, en Abasie et en Mingrélie, et sur les peuplades Tcherkesses et des Chapsoughes.

Pallas n'a pas connu ce poisson.

L'ABLE D'AGASSIZ.

(Leuciscus Agassii, nob.)

M. Agassiz a donné au Cabinet du Roi, sous le nom de Leuciscus aphya, un poisson du Danube d'une espèce particulière, mais qui n'est pas, comme il le croyait, le *Cyprinus aphya* des auteurs, attendu que l'anale a onze rayons.

Il ressemble aussi, par les couleurs, au *Leuciscus muticellus* du prince de Mussignano, mais il est cependant d'une espèce différente. Il s'en distingue, en effet,

par un museau moins gros, parce que la ligne du profil de la gorge jusqu'au menton est rectiligne et horizontale, tandis qu'elle est convexe et relevée dans le *leuciscus muticellus*. La ligne latérale est aussi beaucoup plus droite. Cet able a le profil supérieur arqué; la hauteur du tronc quatre fois et demie dans la longueur totale; la tête, courte, cinq fois et demie dans cette même longueur; le museau est obtus; l'œil a son diamètre quatre fois dans la longueur de la tête, ce qui donne aussi un caractère très-reconnaissable de cette espèce. J'ai vérifié sur plusieurs individus que les dents pharyngiennes, sur deux rangs, n'ont que quatre dents à la rangée externe, et une seule à l'interne. La couronne est crochue, mais sans dentelures : c'est le seul able qui ait ce nombre de dents. La dorsale est petite, arrondie; la caudale peu fourchue.

D. 10; A. 11, etc.

Il y a quarante-trois rangées d'écailles entre l'ouïe et la caudale; chaque écaille est striée comme le sont celles des cyprins en général. La couleur est un gris cendré sur le dos, avec une bande grise longitudinale; au-dessus de la ligne latérale elle s'avance jusque sur l'opercule, mais ne paraît pas traverser l'œil; tout le dessous est l'argenté pur du ventre; les nageoires ont du jaunâtre.

Nos individus ont cinq pouces. Ils viennent de Munich. Ils ont été nommés par M. Agassiz, et il m'a communiqué le dessin fait d'après la nature vivante.

C'est à cause de cela que je lui dédie cette jolie espèce, différente du *Cypr. aphya* de Linné, qui n'est autre que le *Cypr. phoxinus* et du *Cypr. aphya* de Bloch, distinct de celui de Linné, et du *Leuciscus muticellus* de la Faune italienne.

L'ABLE A IRIS.

(*Leuciscus iris*, nob.)

Je trouve, dans la collection du Jardin du Roi, des ables qui ressemblent plus que tout autre au *Cyprinus aphya* de Bloch[1], et que M. Cuvier me remit peu de jours avant sa fatale maladie. Ils en ont la forme alongée, mais comme ils viennent d'Amérique et que la dorsale porte une tache caractéristique, oubliée sur la figure de Bloch, je n'ose indiquer une parfaite identité.

Ils ressemblent par leur tournure à des goujons; mais en les examinant avec soin, on s'assure bientôt, par l'absence de barbillons, par la forme des nageoires et par leur coloration, qu'ils n'appartiennent pas à cette espèce.

La tête est grosse, assez large et aplatie sur la nuque; le dos est rond et convexe; le ventre saillant, ce qui rend la queue plus grêle. La hauteur surpasse la longueur de la tête et celle de la caudale, et n'est pas comprise tout-à-fait cinq fois dans la longueur totale du corps. Le museau est arrondi, déprimé; la bouche est large et fendue en-dessous; la mâchoire inférieure a l'air d'être un peu plus longue; l'œil est situé sur le haut de la joue : son diamètre fait à peu près le tiers de la longueur de la tête. Le premier rayon de la dorsale est au milieu de la longueur totale. La nageoire et l'anale sont un peu arrondies, ainsi que les nageoires paires.

D. 9; A. 9; C. 19; P. 19; V. 9.

Il y a quarante rangées d'écailles, qui ont toutes le centre argenté et le bord gris roussâtre, ce qui fait paraître le dos du poisson comme enveloppé dans une sorte de roseau. Une bandelette grise

---

1. Bl., 97, fig. 2.

règne le long du côté au-dessus de la ligne latérale. Les nageoires
sont transparentes et pâles; presque tous les individus que j'ai sous
les yeux ont une tache noirâtre à la base des premiers rayons de
la dorsale; un petit individu entièrement semblable aux autres pour
tout le reste, a la dorsale blanche, transparente et sans aucune tache.

La longueur de nos individus varie de trois à huit pouces.
Ils nous sont venus de New-York par M. Milbert, et de
la Caroline par M. Gibbes. La tête des deux d'entre eux
a le front et la nuque hérissés de longs tubercules coniques,
durs, épidermiques; les autres ont des séries de petits
pores très-marqués.

Ce sont de tous nos poissons ceux qui ressemblent le
plus à la figure de Bloch, par leur tournure générale, et
ils en ont les neuf rayons de l'anale. Si Bloch avait indiqué
la tache dorsale, je n'hésiterais pas à les donner pour son
Cypr. aphya, mais non pour celui de Linné, et s'il me
reste quelque incertitude sur ce rapprochement, c'est qu'un
de nos exemplaires, qui est bien sûr de la même espèce,
manque de tache à la nageoire.

Ils ne sont pas certainement de la même espèce que
les individus du Danube, déposés au Cabinet du Roi par
M. Agassiz, sous le nom de *Cypr. aphya;* et ces derniers,
de même que le *Leucisc. muticellus* du prince Charles
Bonaparte, ne sont pas le *Cypr. aphya* de Linné. Mais il
faut bien faire attention que je ne parle ici ni de la description ni de la synonymie de Bloch. Quand je traiterai
du Véron, que l'on désigne ordinairement sous le nom
de *Cypr. phoxinus,* je vais démontrer facilement que c'est
aussi le *Cypr. aphya* de Linné et d'Artedi. Bloch avait
reçu de Müller le poisson qu'il a peint sous le nom de
Cyprinus aphya. Mais la description a été faite évidem-

ment d'après les livres consultés par Bloch : elle est par conséquent un mélange de plusieurs traits appartenant à l'espèce figurée, et au *Cypr. aphya* des auteurs.

Le poisson décrit par Bloch venait-il du Nord de l'Europe? J'ai là-dessus quelque incertitude; car je vois que Muller[1] et M. Nilsson[2] ont un *cypr. aphya* à côté de leur *cypr. phoxinus;* ce dernier auteur cite Bloch; mais il a tort de citer Linné.

L'espèce qui précède et les quatre ou cinq dont nous allons parler, constituent le groupe et même le genre Aspius, tel que M. Agassiz l'a entendu. Je n'ai plus à revenir aux objections que j'ai faites à sa distribution générique et aux caractères qu'il a assignés à son genre. J'ajoute quelques espèces à celles qu'il cite, même pour l'Europe.

Ce savant ichthyologiste a placé parmi ses aspius les deux espèces fossiles d'ables figurées dans son Histoire des poissons; l'une, *aspius gracilis*[3], des schistes d'OEningen, et l'autre, *aspius Brongnartii*[4], des schistes de Ménat en Auvergne.

L'ABLE ÉPERLAN.

(*Leuciscus bipunctatus*, nob.)

Un petit able très-abondant dans la Seine, et que nos pêcheurs appellent l'*Éperlan de Seine,*

a le corps plus large et plus court que l'ablette. Sa hauteur mesure le quart de sa longueur : quelquefois elle est un peu moindre. La ligne du profil monte par une courbe régulière du bout du

---

1. *Prod. Faun. dan.*, p. 5o, n.° 431.
2. Nilss., *Ichth. Scand.*, p. 29, n.° 7.
3. Agassiz, Poiss. foss., vol. 5, tab. 55, fig. 1 et 2.
4. *Ejusd. ibid.*, fig. 4.

museau à la dorsale, puis elle est en ligne droite jusqu'à la caudale. La courbe du ventre est régulière et va du menton à la queue. La téte est petite et courte, et du cinquième de la longueur totale. Son museau est court et rond; la mâchoire inférieure dépasse un peu la supérieure; l'œil est grand : son diamètre est près du tiers de la longueur de la téte. La base du premier rayon de la dorsale est au milieu de la longueur du tronc, la caudale non comprise. La partie antérieure est plus haute de moitié que le dernier rayon, et d'un quart de plus que la base de la nageoire. L'anale a une base plus longue d'un tiers que le premier rayon, qui lui-même a un tiers de plus que le dernier. La caudale a ses deux lobes assez aigus; la pectorale est pointue et aussi longue que la tête; la ventrale a quelque chose de moins.

D. 10; A. 19; C. 21; P. 15; V. 9.

Les dents pharyngiennes sont sur deux rangs, cinq à la première rangée, deux à la seconde : elles ont la pointe aiguë et recourbée, ce qui les rend très-crochues, mais la couronne n'est pas dentelée.

Les écailles sont à peine striées, et j'en compte cinquante le long de chaque côté. Ce petit poisson brille du bel éclat argenté sur le ventre, et a le dos d'un rouge verdâtre mêlé de bleu d'acier, formant une sorte de raie sur la queue. Un grand nombre de points pigmentaires sont répandus sur l'argenté. Sur cette cuirasse métallique se dessine fortement la ligne latérale, qui est large, un peu verdâtre et formée de deux séries de petits points noirs, ce qui l'a fait appeler *cyprinus bipunctatus*. Les viscères ressemblent à ceux de nos autres cyprins; le foie m'a paru un peu plus petit, la rate plus foncée, les deux lobes de la vessie aérienne plus égaux; sur le squelette on compte trente-trois vertèbres à la colonne épinière et quinze paires de côtes.

J'ai trouvé cette espèce en abondance dans la Somme, dans l'Eure, dans la Marne, dans le Morin, par conséquent dans les eaux douces du bassin de la Seine; il est aussi dans la Loire et dans ses affluens. Je l'ai vu dans toutes les eaux de la Prusse, et nous en avons aussi reçu des différentes parties de l'Italie.

La description qu'on vient de lire est faite sur des individus que j'ai vus et examinés souvent dans la Seine, où l'espèce est très-abondante, et elle correspond en tous points à la figure de Bloch.[1]

Il me paraît que le poisson mentionné par M. Reisinger[2] a les mêmes couleurs que ceux de notre Seine; de sorte que je rapporte encore cette description à notre éperlan de la Seine. Cet auteur le place dans le Waag, un des affluens du Danube, et observe qu'il aime la chaleur, qu'il est très-prolifère, et donne sa chair comme de bon goût.

Nous avons remarqué, au contraire, que dans la Seine ce poisson a souvent un goût amer très-sensible.

Il ne paraît pas que l'espèce avance beaucoup vers le Nord; car aucun auteur de Suède ou de Norwège, ni même aucun auteur anglais n'en font mention; aussi Artedi n'a pas connu cette espèce, qui n'a pas été non plus établie dans les douze éditions du *Systema naturæ*. C'est Bloch qui, le premier, l'a fait connaître, et en a donné une figure assez reconnaissable dans des catalogues systématiques.

M. Nordmann[3] cite un *aspius bipunctatus,* Agassiz, sans rien dire des couleurs, qui se trouve dans les petits ruisseaux de la Bessarabie, et M. Eichwald le compte aussi parmi les poissons des eaux du Caucase; mais il est difficile de savoir s'il faut rapporter ce poisson à cette espèce

---

1. Bl., tab. 8, fig. 1.
2. *Pisc. Hung.*, p. 71, n.° 18.
3. *Faun. pont.*, p. 496.

ou à la suivante. Je suis porté à le donner comme *asp. bipunctatus*, parce que les couleurs si vives de l'espèce suivante auront frappé ces habiles observateurs, et que déjà je crois que notre espèce descend le Danube, puisque nous la voyons dans les rivières qui y versent leurs eaux.

L'Able de Baldner.

(*Leuciscus Baldneri*, nob.)

Mais avec l'éperlan de la Seine, je pense qu'il existe dans les eaux douces de l'Europe une seconde espèce, confondue par la plupart des auteurs avec le *cyprinus bipunctatus* de Bloch.

Je lui trouve le corps un peu plus alongé, le museau plus aigu : elle est d'ailleurs semblable pour le reste, et a les mêmes nombres de rayons.

D. 10; A. 19, etc.

Les couleurs sont très-différentes et beaucoup plus élégamment variées. Le vert du dos, à reflets argentés, descend sur les côtes jusqu'à la ligne latérale; par le milieu du côté est une bande d'un joli lilas : le tout est sablé de points noirs pigmentaires. La dorsale est verte, mêlé de gris; la base a quelque peu de jaune. La caudale est de même couleur, mais plus claire et plus transparente; la pectorale, la ventrale et l'anale sont pâles et portent dans leur aisselle ou le long de la base des rayons une tache jaune assez pure sur les nageoires paires, et passant à l'orangé sur l'anale. La ligne latérale est d'ailleurs formée d'une double série de points ou de traits noirs.

Je juge de ces jolies couleurs par un fort beau dessin communiqué par mon ami M. Agassiz, et la description que M. de Jurine a donnée de son *Platet* du lac de Genève, est bien conforme aussi à la nôtre.

Je retrouve aussi les mêmes couleurs sur le dessin de

Baldner, qui a nommé le poisson *Riensling*. Elles sont plus heurtées, mais c'est bien évidemment la même chose. Il est possible qu'elles acquièrent plus d'intensité à l'époque de la belle saison; car la description de M. Selys-Longchamps[1], sous le nom de *Aspius bipunctatus,* a l'air d'être entièrement faite, quant aux couleurs, sur le dessin de Baldner. Ce qui prouve que les teintes que l'on serait tenté de croire exagérées sur le dessin du pêcheur strasbourgeois, peuvent atteindre à cette intensité.

Les documens laissés dans ce manuscrit, recueillis par Willughby[2], lui ont fourni son article sur ce poisson, dans lequel il a cru trouver le *Phoxinus squamosus* ou le *Bambela* de Gesner. Rien n'est moins certain; il est impossible de les caractériser, non plus que les *phoxinus squamosus* de Marsigli, que Bloch a cru devoir rapporter à son *cyprinus bipunctatus.*

Suivant la note de l'auteur de Strasbourg, ce poisson fraie dans le Rhin au mois de Mai; il existe aussi dans ses affluens, comme dans la Moselle ou dans la Meuse, et les petites rivières qui s'y jettent. C'est, comme je l'ai dit, le *Platet* du lac de Genève: nous l'avons reçu par les soins de M. De Candolle, et ce doit être aussi le *Cypr. bipunctatus* du lac de Constance, d'après l'ouvrage de M. Nenning.

L'ASPE.

(*Leuciscus aspius,* nob.)

Un des plus grands ables connus est le poisson dont je vais traiter dans cet article et que j'ai vu pour la pre-

---

1. Selys, *Faun. belg.*, p. 216.
2. Willughby, p. 267, liv. 4, ch. XXIX.

mière fois sur le marché de Berlin sous le nom de *Raapfe*.

Ce grand et beau poisson est déjà figuré dans Gesner[1] et bien reconnaissable dans ce dessin, et les principaux traits de son histoire naturelle sont déjà bien signalés dans la notice que l'ami de Gesner, le médecin Kuntmann, lui avait adressé. Aldrovande[2] n'a fait que copier la figure de Gesner. Willughby[3] en a tiré également son article, de sorte qu'Artedi, profitant de ces matériaux et de la description de Schonevelde, a établi l'espèce dans sa synonymie[4], en reproduisant immédiatement cette espèce une seconde fois, quand, quelques pages plus loin[5], il cite l'*Asp* des Suédois comme un poisson d'une nature particulière à compter dans sa synonymie, et dont il fait une description[6] détaillée des plus complètes. Linné se servit uniquement de cette description dans son *Fauna suecica*[7] et dans le *Systema naturæ*, où l'Aspe prend rang dès la X.ᵉ édition, sous le nom de *Cyprinus aspius*, mais comme un poisson propre à la Suède et inconnu aux ichthyologistes qui l'avaient précédé.

Cette belle espèce, une des plus communes sur le marché de Berlin,

a le corps alongé; sa hauteur, égale à la longueur de la tête, est comprise quatre fois et demie dans celle de tout le corps. Le museau est pointu, l'œil est petit, éloigné de deux diamètres au moins du bout du museau; le préopercule est large, et entre lui et l'œil est une grande plaque formée par le quatrième sous-orbitaire. Dans cette série, le second est étroit et très-petit; la mâchoire inférieure

---

1. Gesner, *Paral.*, p. 9. — 2. *De pisc.*, p. 604.
3. *De pisc.*, p. 256, ch. 12. — 4. Arted., *Syn.*, p. 8, n.° 12.
5. *Ibid.*, p. 14, n.° 31. — 6. *Descript.*, p. 14, n.° 6.
7. *Faun. suec.*, p. 121, n.° 319.

dépasse la supérieure; la bouche est d'ailleurs bien fendue; les dents pharyngiennes sont grêles et crochues, à couronne non usée; devant les cinq grandes externes il y a trois autres petites. C'est donc la dentition générale des *leuciscus Jeses.* Il n'y a d'autres différences que celles d'une espèce à une autre. La dorsale s'élève sur le milieu du dos, un peu au-delà des ventrales. L'anale est longue et en faux ; la caudale est fourchue ; la pectorale pointue, les ventrales larges et triangulaires.

D. 10; A. 17; C. 5 — 19 — 6; P. 17; V. 10.

Je compte soixante-cinq rangées d'écailles entre l'ouïe et la caudale, et dix-huit dans la hauteur. Les écailles sont striées; la ligne latérale s'infléchit sur la région pectorale et vers la douzième rangée d'écailles : elle se dirige en droite ligne à la queue.

J'ai toujours vu ce poisson coloré de la manière suivante :

Le dos, gris-verdâtre, a des reflets argentés ou dorés, selon l'incidence de la lumière; les flancs perdent le vert du dos et restent gris-argentés ou dorés, et le ventre est blanc pur et argenté. Les joues sont sablées de points gris-verdâtres ; la dorsale, grise, a quelques teintes rougeâtres; la caudale est plus foncée que la nageoire du dos; l'anale et les nageoires paires sont rougeâtres.

Ces teintes s'accordent parfaitement avec celles d'un beau dessin de ce poisson, appartenant à M. Agassiz. On doit donc reprocher à Bloch, qui voyait ce poisson en si grande abondance sur le marché de Berlin, l'inexactitude des couleurs de son enluminure; car la caudale et la dorsale, qui seules se rapprochent un peu de la nature, sont d'un vert beaucoup trop clair; et quant à la forme ou à l'exactitude du trait, il faut remarquer que Bloch a fait peindre la pectorale et l'anale beaucoup trop courtes, et que la dorsale n'est pas assez haute de l'avant.

J'en ai plusieurs individus de deux pieds, et j'en ai
acheté un de trente-et-un pouces.

Voici les observations anatomiques faites à Berlin sur
cette espèce.

Le foie du Raapfe est d'une couleur très-pâle ; le lobe moyen
est le plus long : il descend jusqu'au-delà de la première courbure
de l'intestin, et il se dilate un peu dans le reste de sa longueur :
il est très-mince ; le lobe droit l'est un peu moins, mais plus gros ;
il est situé sur le canal intestinal : dans la jonction de ces deux
lobes est placée la vésicule du fiel.

Le lobe gauche est petit, de moitié moins long que le droit :
il se réunit à celui-ci sur les intestins par son extrémité.

La vésicule du fiel est oblongue, étroite, pleine d'une bile très-
verte : elle débouche dans l'intestin par un trou extrêmement petit ;
le canal est très-court.

L'œsophage n'est pas très-large et il ne se dilate pas pour former
un estomac. Après s'être replié vers les deux tiers de la longueur
de l'abdomen, avoir remonté jusque sous le diaphragme et s'être
replié de nouveau, le canal intestinal va jusqu'à l'anus, en diminuant constamment de largeur. Il n'a aucune valvule à l'intérieur ;
sa velouté est peu épaisse et chargée d'un très-grand nombre de villosités très-fines et très-serrées. La rate est grande, d'un beau rouge.

La colonne épinière a quarante-neuf vertèbres, et dix-huit portent des côtes.

Outre ceux que j'ai achetés à Berlin, le Cabinet du
Roi en possède de l'Elbe, par M. Nitsch ; du Danube,
par M. le marquis de Bonnay ; d'Odessa, par M. Nordmann ; et les différens auteurs qui ont écrit sur l'ichthyologie, montrent que ce poisson est assez répandu.

Ainsi Artedi et Linné nous montrent que l'*Asp* existe
en Suède, et M. Nilsson[1] ajoute au nom suédois d'Artedi

1. *Prod. ichth. Scand.*, p. 28, n.° 6.

celui d'*Aspare*, et le donne comme habitant les lacs et les grands fleuves de la Suède moyenne et supérieure. Cependant MM. Fries et Ekström ne mentionnent pas l'espèce dans leurs Ichthyologies. Muller[1] le compte sous le nom norwégien de *Blaa-spol* dans sa Faune danoise. En Allemagne, Schwenckfeld[2] et Wulff[3] font connaître que de leur temps l'espèce existait en Prusse; Siemssen[4] le cite dans les eaux du Mecklembourg sous la dénomination de *Raape*, que je trouve écrit par Leske[5] *Rappe*, et qui l'appelle en latin *cypr. rapax*. Il ajoute à sa nomenclature allemande les noms de *Aland* et de *Raubalet* ou de meunier (*Alet*) vorace. Je ne vois pas que ce poisson se trouve en Angleterre, en Suisse, en Belgique ou en France; mais on le trouve en grande abondance et de forte taille vers l'Est. Déjà Meidinger[6] en dit quelques mots dans son Histoire du Danube, en en donnant une figure assez mauvaise, et sur laquelle sont tracées des ligues longitudinales que je n'ai jamais vues sur les poissons vivans dans les eaux de Berlin. M. Reisinger[7] le mentionne de tous les fleuves de la Hongrie; Pallas, sous le nom de *Cypr. rapax*, l'indique du Volga, du Don; mais il observe qu'il manque à la Sibérie. Les noms russes sont *schèrech* ou *scherespör*, et des Moloroses, *belest* et *beleona*; et à Cama on le nomme *kon* (cheval), à cause de

---

1. *Faun. dan.*, p. 51, n.° 438.
2. *Theriotr. Siles.*, p. 423.
3. Wulff, *Ichth. boruss.*, p. 43, n.° 56.
4. *Fische Meckl.*, p. 77, n.° 12.
5. *Ichth. Lips.*, p. 56, n.° 12.
6. *Dan. Pan.*, IV, tab. 7, fig. 2.
7. *Pisc. Hung.*, p. 64, n.° 12.

sa rapidité en nageant. Les Calmouques disent *chóies-seigassun*, ce que Pallas traduit par *ovillus piscis.*

Le nom de *belezna* est rapporté par M. Nordmann comme celui d'Odessa. Ce savant zoologiste, en disant l'Aspe très-abondant dans toutes les rivières de la Crimée, observe qu'il varie beaucoup de couleur, et qu'il a vu des individus rayés comme Marsigli les représente.

Tous ces auteurs s'accordent à dire que l'aspe est un poisson vorace, devenant grand, pesant jusqu'à douze livres, aimant les eaux claires, à fond propre, frayant vers la fin de Mars; peu vivace, ayant la chair blanche, de bon goût, mais grasse et difficile à digérer.

L'Able mentonnier.

(*Leuciscus mento*, Agassiz.)

L'able que M. Agassiz a nommé *Aspius mento,*

a le corps plus alongé; sa hauteur est cinq fois et un quart dans la longueur totale; sa tête un peu plus courte que la hauteur du tronc; l'œil trois fois et demie dans la longueur de la tête; la mâchoire inférieure est épaisse, saillante, arrondie en dessous, et justifie très-bien, par sa forme, l'épithète que lui a donné mon ami M. Agassiz. Les dents pharyngiennes, sur deux rangs, sont fortement dentelées. Un autre caractère fort distinctif se trouve dans la forme alongée et peu haute de l'anale.

D. 10; A. 21, etc.

Les écailles sont petites : j'en compte soixante-cinq à soixante-dix rangées sur le côté, elles sont oblongues et striées.

La ligne latérale, infléchie en dessous, est peu courbe; tout le poisson brille d'un bel éclat d'argent; la caudale et l'anale ont du jaunâtre.

L'individu que je décris a sept pouces et demi de long:

il vient du Danube. C'est M. Agassiz lui-même qui nous l'a envoyé étiqueté.

Ce savant zoologiste a donné une fort belle figure de cette espèce dans son Histoire des poissons de l'Europe centrale[1]. C'est suivant M. Heckel l'*Aspius Heckelii* de M. Fitzinger. Le célèbre ichthyologiste de Vienne a aussi figuré ce poisson dans son Mémoire sur les cyprins d'Europe, inséré dans les Archives de Vienne[2]. Enfin, M. Nordmann[3] nous apprend que l'espèce se trouve encore dans les eaux de la Turquie d'Europe.

L'ABLETTE.

(*Leuciscus alburnus*, nob.)

Le poisson que l'on pêche dans un grand nombre de lieux en Europe, dans le seul but d'en retirer la matière blanche et brillante de l'éclat du plus bel argent, pour en orienter les fausses perles, puisque la chair n'est pas bonne à manger, est l'Ablette de nos pêcheurs. Répandu dans toute l'Europe, remarqué par tout le monde à cause de sa voracité qui le fait mordre à l'hameçon, à cause de son éclat métallique et de sa grande abondance ; il semblerait que ce poisson ait dû prendre déjà, depuis le commencement de nos méthodes rigoureuses, un rang certain dans les nomenclatures linéennes : cependant il n'en est rien. On a pu voir d'abord, par les articles précédens, que les zoologistes avaient confondus plusieurs

---

1. Hist. des poiss. d'eau douce, pl. 28, fig. 2.
2. Heck., *Wien. Ann.*, v. 1, 2.ᵉ part., p. 224, pl. XIX, fig. 3.
3. *Faun. pont.*, p. 496.

espèces en une seule; mais d'un autre côté il est facile de s'assurer que la synonymie de ce poisson a été faite très-légèrement par Artedi, et que par conséquent l'espèce du *cyprinus alburnus* n'était pas bien fixée.

Ainsi Rondelet[1], comme on a pu le voir plus haut à l'article du *Leuc. Agassizii,* a plutôt donné cette dernière espèce sous le nom d'*alburnus* que la nôtre; car non-seulement sa figure laisse voir la bande longitudinale des flancs, mais son texte est trop clair et trop explicite pour laisser aucun doute. Or, comme Aldrovande[2], Gesner[3] ont copié l'ichthyologiste de Montpellier, on serait presque tenté de dire qu'il est au moins fort douteux que le *cypr. alburnus* d'Artedi et de Linné dans le *Fauna suecica,* et jusques dans la XII.e édition, soit notre ablette.

Willughby[4] a composé son article de l'*Alburnus Ausonii* sur celui de Gesner, pour la plus grande partie; et quant à sa figure, elle est faite sans aucun doute d'après la bouvière (*cyprinus amarus*) et non pas sur une jeune ablette. Ce qui n'a pas empêché Bloch, Gmelin et plusieurs autres auteurs de copier cette citation sans faire la moindre observation sur l'inexactitude de cet article.

Marsigli, qui a précédé également Linné, a donné, sous le nom d'*Albula Ausonii,* une figure d'able difficile à déterminer, mais qui n'est pas celle de notre ablette.

Ainsi l'on voit qu'à l'époque d'Artedi, la synonymie de l'espèce du *cyprinus alburnus* était encore mal établie, et cette assertion devient aujourd'hui d'autant plus fon-

---

1. *De pisc. fluv.*, p. 208.
2. *De pisc.*, p. 629.
3. *De aquat.*, p. 23.
4. *De pisc.*, p. 263, tab. Q. 10, fig. 7.

dée, qu'il est évident, après nos travaux et surtout ceux de M. Agassiz, que nous n'entendons plus désigner sous le nom de *Leuciscus alburnus* le même poisson que Linné et Bloch désignaient, puisque nous avons reconnu plusieurs espèces confondues sous cette dénomination.

Le nom d'*Able*, d'*Ablette*, correspond aux mots latins d'*alburnus* ou d'*albula*, comme celui de *Weisfisch*, en allemand, reproduit la même idée. Mais il faut faire bien attention que dans ces langues comme dans la nôtre, ce sont des expressions collectives que l'on emploie pour désigner aussi bien tous les poissons blancs de nos eaux douces, que l'espèce en particulier du *leuciscus alburnus*. Si cependant on fait attention que notre ablette est de tous ces blancs, pour me servir du terme des pêcheurs, celui qui mord le plus vite à l'hameçon, et qu'il est très-abondant dans la Moselle, il n'y a pas lieu de craindre une erreur sensible en admettant qu'Ausone[1] a entendu parler de nos ablettes, en disant d'elles :

> *Quis non et virides vulgi solatia Tincas*
> *Norit, et* ALBURNOS *prædam puerilibus hamis?*

Avant d'apprécier ce que les auteurs postérieurs à Linné ont pu dire de l'ablette, je vais en donner une description détaillée faite d'après nature.

Ce cyprin a le profil du dos droit et celui du ventre arqué. L'épaisseur du dos rend cette partie du corps un peu arrondie ; le ventre est un peu plus comprimé, sans être tranchant au-devant des ventrales, mais il le devient un peu entre ces nageoires et l'anale. La hauteur est cinq fois et deux tiers dans la longueur totale, et l'épaisseur deux fois et demie dans la hauteur. La lon-

---

1. Aus. *Mos.*, p. 378, vers 126.

gueur de la tête est égale à la hauteur du corps ; le dessus de la
tête est plat, le museau est obtus ; l'œil est grand, son diamètre est
un peu moindre que le tiers de la longueur de la tête, et sa distance au bout du museau est égale à son diamètre. La pièce antérieure du sous-orbitaire est presque carrée ; le bord qui touche
l'œil a une petite échancrure ; les trois autres pièces entourant l'œil
sont très-étroites. Les deux bords du préopercule sont hauts et
étroits ; l'opercule est large, il couvre plus de la moitié de la joue.
L'interopercule est petit, le subopercule est un peu plus grand : ces
deux pièces sont peu distinctes de l'opercule et complètent le bord
de l'appareil operculaire. L'ouverture des ouïes est grande : il y a
trois rayons à la membrane branchiostège. Les deux ouvertures de
la narine sont près l'une de l'autre dans une petite fossette que l'on
voit un peu au-dessus de l'œil à la moitié de la distance du bout
du museau à l'œil : l'antérieure est la plus grande.

La mâchoire inférieure avance un peu plus que la supérieure ;
la symphyse est relevée en une petite pointe mousse ; les lèvres sont
médiocrement charnues ; la dorsale s'élève à peu près sur le milieu
du dos, elle est petite, en trapèze ; ses rayons sont au nombre de
neuf, dont le premier est simple : ils sont tous très-grêles ; le premier, qui est le plus long, est double du dernier : la longueur de
cette nageoire est des deux tiers de la hauteur.

L'anus est percé sous la fin de la dorsale, et après lui commence
l'anale, dont la hauteur n'est que les trois quarts de la longueur :
elle a dix-huit rayons, dont les deux premiers sont simples ; le
premier est très-court, le second est le plus long de tous, et le
dernier est plus petit que la moitié du plus long rayon.

La caudale est profondément fourchue : ses deux lobes sont
égaux ; il y a dix-neuf rayons, dont les deux extrêmes sont les
plus longs et les plus forts ; la longueur de la caudale est un peu
plus grande que celle de la tête.

La pectorale est attachée au bas de l'os de l'épaule, près de la
gorge : elle n'est pas aussi longue que la tête ; on lui compte seize
rayons, dont le premier est simple et fort : il n'y a pas d'écailles
particulières dans l'aisselle.

Les ventrales sont assez grandes, arrondies, soutenues par huit rayons, dont le premier est simple : il y a une petite écaille dans son aisselle.

La ligne latérale suit la courbure du ventre ; tracée au tiers inférieur du corps, elle se relève vers la queue, qu'elle partage par le milieu : elle est formée d'une suite de petits points relevés en relief sur chaque écaille.

Les écailles sont petites et se détachent avec une très-grande facilité. Chaque écaille est ovale, à bord mince, presque membraneux : elles sont marquées de deux ou trois stries longitudinales et divergentes, visibles à l'œil nu ; à la loupe, on voit un grand nombre de stries fines et concentriques sur toute leur surface.

Le dessus de la tête et le dos de l'ablette est verdâtre, à reflets irisés et dorés ; les côtés, le ventre et les joues sont du plus bel éclat d'argent mat que l'on puisse voir.

La dorsale est grise ; la caudale est un peu plus foncée et bordée de noir ; les autres nageoires sont blanches et transparentes.

L'iris de l'œil est argenté comme le corps.

Le foie de l'ablette est petit ; le lobe droit est divisé en trois lobules : le premier est sur le milieu de l'abdomen et court ; le second est placé le long de l'estomac et est court aussi ; il est peu distinct du troisième, qui est long et appliqué sur l'estomac. Le lobe gauche s'attache au lobe droit en dessus de l'œsophage : il est divisé en deux lobules, dont un très-grêle et très-long, est placé entre l'œsophage et le premier repli de l'intestin ; le second, un peu plus court et un peu plus gros, est situé sur le côté de l'abdomen en dehors de l'intestin : sa couleur est rouge-pâle.

La rate est grosse et cachée entre le second lobule du lobe gauche et l'intestin : sa couleur est d'un beau rouge vif.

La vésicule du fiel est très-petite et sa liqueur est d'un jaune très-pâle : elle est située sous la partie supérieure du second lobule du lobe droit du foie, et le canal cholédoque, qui est très-court, s'ouvre dans l'intestin près de l'œsophage.

L'œsophage est très-large : il n'y a aucun étranglement pour l'estomac, mais il se rétrécit pour donner naissance à l'intestin, qui

va d'abord droit depuis le pharynx jusqu'au tiers postérieur de l'abdomen : là il remonte vers le diaphragme où il se courbe de nouveau, d'où il se porte droit à l'anus.

La vessie natatoire est comme celle des autres cyprins : l'antérieure est plus petite que la postérieure, qui se termine en pointe;
le canal aérien est très-petit : il naît de l'extrémité antérieure de la
seconde et remonte vers le haut de l'œsophage.

Les vésicules séminales sont longues, grisâtres, communiquant
dans un oviducte commun qui s'ouvre derrière l'anus : elles occupent toute la longueur de l'abdomen; elles sont vides au mois
de Juillet.

Les reins sont gros, rouges, renflés vers leur milieu, ainsi que
cela a lieu dans les autres cyprins.

Le péritoine est d'un beau blanc d'argent.

Il y a quarante-trois vertèbres à la colonne épinière et dix-huit
côtes.

Outre les individus de la Seine, j'ai vu ce poisson dans
les eaux douces de presque toute l'Europe; car je l'ai
trouvé moi-même dans la Somme, dans l'Escaut, dans
plusieurs canaux de la Hollande : je l'ai pêché par troupes
considérables dans le lac de Tegel et dans les eaux du Havel et de la Sprée.

Puis nous avons reçu ce poisson de Munich, de Vienne,
de Suisse, de Milan, par M. Savigny, et du lac de Como,
par MM. Ricketts et Pentland.

On l'y nomme, suivant ces naturalistes, *Arborello;*
dans toutes les parties de l'Allemagne que j'ai visitées,
j'ai entendu appeler ce poisson du nom d'*Ukeley.* Ceux
du lac de Zug nous sont venus sous le nom de *Winger,*
et ceux du lac de Genève, sous celui de *Rondion.*

Bloch, qui voyait prendre l'ablette par milliers dans les
eaux des environs de Berlin, a donné une figure médiocre

quant au trait, et tout-à-fait fausse quant aux couleurs, et j'ai déjà fait ces remarques, en décrivant ce poisson, pendant que je prenais, dans le lac de Tegel, sur les lieux même où Bloch avait vécu, des ablettes que je comparai avec les planches coloriées de cet ichthyologiste.

L'ablette est commune en Suède, ainsi que le prouvent les ouvrages de Linné[1], de Nilsson[2] et de M. Ekström[3]. Ces deux auteurs ont cru devoir la classer dans le genre *Abramis*. On la trouve en Danemarck ; car Müller la compte déjà dans le *Fauna danica*[4]. Nous la voyons citée dans Siemssen[5], qui lui donne pour nom mecklembourgeois celui de *Witik* ou de *Witing*, dans Leske[6]; mais le nom le plus commun sur le marché de Berlin est *Ukeley*. M. Selys-Longchamps ne l'a pas comptée parmi ses espèces de Belgique.

On conçoit qu'un poisson aussi commun et qui est employé dans une industrie productive, ait été décrit et figuré par presque tous les ichthyologistes de nos jours, et cependant ces figures sont en général loin d'être ce que sera celle que M. Agassiz se propose de donner dans son Histoire naturelle des poissons de l'Europe centrale, et qu'il m'a communiquée.

La figure de Duhamel[7], sous le nom de Able ordinaire, est fort médiocre : c'est d'ailleurs la seule dont il

---

1. *Faun. suec.*, n.° 330, p. 124.
2. *Prod. Scand. pisc.*, p. 31, n.° 14.
3. *Fisch. von Mörkö*, trad. all. de Creplin, p. 53.
4. *Prod. Faun. dan.*, p. 51, n.° 439.
5. *Die Fische von Mekl.*, p. 77.
6. *Ichth. Lips.*, p. 40, n.° 7.
7. Traité des pêches, II.ᵉ part., sect. III, pl. 32, fig. 1.

faille parler; car son grand Able[1] est une espèce de Leu-
cisque, mais presque indéterminable.

J'en dirai plus de la figure de Klein[2], malgré qu'on la
trouve indiquée dans l'ouvrage de Leske comme la seule
bonne représentation de notre poisson. Elle est tout-à-fait
incorrecte, et n'a certes pas été faite d'après une ablette.

Ce sont là cependant toutes les citations entassées par
Bloch à son article du *Cyprinus alburnus*. Toutes les eaux
de l'Angleterre la nourrissent en grande quantité. C'est le
Bleak déjà cité après Ray et Willughby par Pennant[3], et
dont Donovan[4] a laissé une assez jolie figure, mais que
j'aime beaucoup moins que celle de M.Yarell[5], à laquelle
il n'y a rien à demander. Les auteurs des Faunes d'Angleterre, comme Turton[6], Flemming[7] et Jennyns[8] et Mme Bowdich[9] ont cité ou figuré ce poisson dans leurs ouvrages.

Hartmann ne la mentionne pas dans son Ichthyologie
helvétique, et cependant M. Nenning, dans son Histoire
du lac de Constance, la donne sous le nom de *Laugele;*
M. de Jurine l'a comptée parmi ses poissons du lac de
Genève, et en a donné une assez bonne figure sous le
nom d'Able.

Au nom genevois de Rondion, M. de Jurine ajoute
ceux de Blanche, de Blanchaille ou de Sardine, qu'on
donne dans le canton de Vaud et en Savoie.

M. Reisinger[10] nous dit aussi que l'ablette se trouve
dans le Danube et les autres rivières de la Hongrie.

---

1. Traité des pêches, II.ᵉ partie, sect. III, pl. 23, fig. 2.
2. *Miss.*, V, pl. 18, fig. 3. — 3. *Zool. Brit.*, p. 315.
4. *Brit. fish.*, tab. 18. — 5. *Brit. fish.*, p. 368.
6. *Brit. Faun.*, p. 109, n.° 126. — 7. *An. Kingd.*, p. 188, n.° 67.
8. *Anim. vert.*, p. 414, n.° 95. — 9. *Brit. fresh water fishes*, n.° 4.
10. *Pisc. Hung.*, p. 70, n.° 17.

17.   27

Pallas la connaît de toutes les eaux de la Russie, mais il assure qu'elle ne vit pas en Sibérie, et il rapporte un grand nombre de noms vulgaires des différens dialectes de ce vaste empire. Les habitans du Volga disent *Sseláwa*; de Novogorod, *Ukelja*; d'Oua, *Sikla*; de Serpuchof, *Werchowodka* (c'est-à-dire, nageant à la surface des eaux); de Malorosie et des bords du Donez, *Ssebell* ou *Ssibill*, et quand elle dépasse cinq pouces, *Selvedka*; chez les cosaques du Jaik, *Konjuk* ou *Garmak*, et chez ceux de Kama, *Wandisch* ou *Schekleika*.

M. Nordmann[1] dit aussi qu'on trouve l'ablette dans toutes les rivières de la Russie méridionale, et il observe qu'on n'a jamais vu ce poisson descendre dans la mer Noire, tandis qu'on en prend souvent dans la mer Baltique, à de grandes distances de l'embouchure des fleuves.

Le prince Charles Bonaparte a donné dans sa Faune d'Italie, sous le nom d'*Aspius alburnus*, une figure aussi élégante que celle des nombreuses espèces de poissons qu'il nous a fait connaître, mais qui me paraît être d'une autre espèce que notre ablette. Je la trouve trop trapue, les couleurs sont plus foncées; si c'est une variété de notre ablette, il faut du moins la signaler; car elle pourrait tout aussi bien être distinguée comme espèce que celles de plusieurs autres cyprins dont nous avons parlé plus haut.

Tous les auteurs s'accordent à dire que l'ablette fraie en Avril et en Mai, et qu'elle a fini sa ponte en Juin. Elle croît assez vite les premières années; puis elle est plus lente dans sa croissance. Elle n'atteint pas plus de sept à huit pouces, encore est-il rare de la trouver de

---

1. *Faun. pont.*, p. 496.

cette taille; communément elle n'a que cinq à six pouces.
On prend l'ablette à la ligne, et comme elle mord bien,
sa pêche est une des plus suivie par les personnes qui
aiment à se donner ce tranquille passe-temps. On la prend
aussi au carrelet ou à l'échiquier avec le goujon.

Sa chair est mauvaise ou du moins peu estimée dans
notre Seine; mais je vois que tous les auteurs n'en parlent
pas de même, et ne paraissent la rejeter que par le trop
grand nombre d'arêtes dont elle est remplie. *Carne gaudet sapida*, dit M. Reisinger.

Ce poisson se nourrit de mouches, d'insectes, de petits
poissons; on dit qu'il est nuisible dans la basse Seine,
parce qu'il détruit une grande quantité de petits éperlans
(*Salmo eperlanus*, Lin.). Il vit en grandes troupes, ce qui
rend sa capture plus facile pour ceux qui se livrent en
grand à la pêche de cette ablette, à cause de son utilité
pour l'industrie. J'ai souvent trouvé dans le canal intestinal de l'ablette des échinorhynques et des tænias; une
seule fois j'ai rencontré dans son abdomen une longue et
belle ligule (*Ligula abdominalis*). Étant à la campagne,
en Septembre, sur les bords du Morin, une des rivières
qui se jettent dans la Marne non loin de Paris, et où
l'ablette abonde, j'ai eu la patience d'examiner au microscope les yeux d'un nombre considérable d'ablettes
(plus de trois cents), dans l'espoir d'y trouver les helminthes, que M. Nordmann a été assez heureux pour découvrir dans les yeux des cyprins, et que M. Dujardin
rencontre fréquemment dans les cyprins des eaux douces
de la Bretagne : mais ces recherches ont été infructueuses.
Pennant, et après lui M. Yarell, disent que l'ablette est
sujette à une maladie assez singulière : dans les accès elle

monte à la surface de l'eau et se met à nager avec une grande rapidité et en décrivant des cercles plus ou moins grands. Dans la basse Seine, où l'on fait des pêches suivies de ce poisson, sous le nom d'*ovelle;* on donne aux poissons atteints de cette sorte de tournis, le nom de *folle ovelle.* Les auteurs anglais que j'ai cités disent que les pécheurs de la Tamise lui donnent dans ce même état le nom de *mad Bleak,* ce qui signifie la même chose. Je n'ai jamais observé ces sortes de malades, mais je trouve dans les notes de M. Noël de la Morinière qu'ayant recherché la cause de cette maladie, il a reconnu qu'il existe dans la tête des individus affectés un ver blanc filiforme, semblable à ceux qui attaquent les harengs. Ce serait donc une sorte de filaire cérébrale, qui agirait dans ce cas sur le cerveau du poisson, comme le cénure le fait sur le cerveau des moutons.

Si dans nos contrées on n'estime pas la chair de l'ablette, on en fait cependant une pêche active, à cause de la matière pigmentaire, brillant du bel éclat métallique de l'argent pur, que l'on retire de dessous les écailles.

C'est particulièrement depuis les Andelys jusqu'au pont de l'Arche, et surtout près du village de Freneuse, à côté d'Elbeuf, que l'on se livre à ce genre d'industrie. On tire parti de l'ablette de l'Yonne près d'Auxerre, de la Moselle, du Rhin et de quelques autres fleuves de l'Allemagne, mais le brillant retiré de l'ablette de la Seine est le plus estimé. C'est vers le printemps que se fait dans la basse Seine la grande pêche de l'ablette; on se sert alors de petites sennes, dont le fil est très-fin et la maille serrée, et comme les ablettes sont alors réunies en grandes troupes, cette pêche peut donner dans quelques cas une idée de celle du hareng. Un pêcheur m'a assuré avoir pris dans une nuit jusqu'à cinq mille ablettes.

On sait depuis les Mémoires de Réaumur[1], qui a décrit le pigment dont on se sert sous le nom d'*essence d'Orient* pour la fabrique des fausses perles, que des femmes ou des enfans écaillent avec soin et précaution le ventre des ablettes, laissant de côté les écailles du dos, à cause du pigment verdâtre de celles-ci; que les écailles du ventre ainsi recueillies sont d'abord lavées avec précaution pour en retirer le mucus, et puis elles sont battues et agitées fortement comme triturées dans un vase où il y a peu d'eau. On passe à travers un tamis lâche, pour séparer d'abord les écailles. On laisse reposer, puis l'on décante le premier dépôt; on lave de nouveau, et, après avoir plusieurs fois lavé et décanté, on finit par obtenir un précipité d'une poussière fine, comme impalpable, qui a l'apparence d'argent métallique réduit en pâte, et auquel on ajoute, pour le préserver de toute décomposition animale, et pouvoir par conséquent le conserver, une quantité suffisante d'ammoniaque.

Ce produit, délayé dans une dissolution de gélatine, est introduit et fixé convenablement dans de petites boules en verre, faites avec des verres plus ou moins opalescentes, afin d'avoir déjà des irisations que le verre blanc et pur, dont nous nous servons à d'autres usages, ne pourrait pas donner aux perles.

La fabrication des fausses perles est une branche de notre industrie française de quelque importance, et elle l'était plus autrefois qu'aujourd'hui. Il faut au moins qua-

----

1. Acad. des sciences, 1716.

tre mille ablettes pour obtenir un demi-kilogramme d'é-
cailles, qui se réduit après les lavages à moins du tiers
de son poids; on peut estimer qu'il faut dix-huit à vingt
mille ablettes pour obtenir un demi-kilogramme d'essence
d'Orient. Les pêcheurs de Tourville, de Freneuse et du
pont de l'Arche, venaient autrefois, de 1760 à 1780,
vendre à Paris le produit de ces ablettes, et on le leur
payait de dix-huit à vingt-quatre francs le demi-kilogramme. Aujourd'hui la même quantité de matière en
poids ne se paie plus que huit à neuf francs; parce que
les fabricans en tirent d'un bien plus grand nombre d'endroits, et que d'un autre côté aussi les hommes qui pré-
parent le blanc d'ablettes mêlent à ce poisson d'autres
ables, tels que les jeunes chevaines, gardons, vandoises;
mais ces espèces ne donnent pas une essence aussi belle
et aussi brillante, à cause des points pigmentaires noirâtres dont leur corps est saupoudré, ce qui n'a pas lieu
chez l'ablette.

On dit que l'art de faire des perles fausses était connu
depuis très-longtemps des Chinois; on ne doit pas s'en
étonner, à cause de la grande quantité d'ables qui pul-
lulent dans leur nombreuses rivières; mais il paraît certain que le véritable inventeur des fausses perles, telles
que nous les employons aujourd'hui, est un nommé Jacquin, qui, vers 1680, imagina d'enduire l'intérieur de
petites boules de verre du pigment argenté de l'ablette.

On lit déjà dans le Mercure galant, Août 1686, que
cet artiste avait poussé si loin l'art de fabriquer les perles,
que les joailliers ou les orfèvres s'y trompaient aisément.
On les employait alors en grandes quantités dans les pa-
rures et pour orner les rosaires. Toutefois, comme il arrive

presque toujours à tous les inventeurs, on peut lui contester la priorité de cette découverte. Réaumur fait remonter l'emploi de l'essence d'Orient à 1656, et d'autres même prétendent que l'on connaissait cet art déjà sous Henri IV. Volckmann [1] prétend que dans le temps où Jacquin commençait à répandre ses fausses perles, Saint-Jean de Maizel avait une fabrique à Cavaillon, où l'on en préparait dix mille par an. Beckmann [2] est aussi de cet avis; mais il faut faire bien attention que l'on a commencé à faire des fausses perles en orientant avec le blanc d'ablette la surface extérieure de petites boules de cire convenablement percées, et qui étaient recouvertes d'une sorte de vernis. Ces perles se détruisaient très-promptement par la seule chaleur de la peau et par le frottement; c'est alors qu'on substitua à ces perles celles faites en verre et enduites en dedans du nacre argenté de l'ablette. Quel que soit d'ailleurs le véritable nom de l'inventeur, il est toujours bien constant que l'invention et la perfection de ce petit art sont dues à notre pays.

L'ABLE CORDILLE.

(*Leuciscus cordilla*, Savi.)

M. Savi a envoyé au Cabinet du Roi, sous le nom de *Cyprinus cordilla*, un petit able assez ressemblant

par sa forme raccourcie, par la courbure de la ligne latérale, à l'*aspius alburnus* du prince Bonaparte; mais il n'a pas autant de rayons à l'anale.

---

1. *Neueste Reise durch Frankreich*, II, p. 194.
2. *Beiträge zur Geschichte der Erfindungen*, II, p. 325.

La hauteur est quatre fois et demie dans la longueur totale ; la tête, un peu plus courte, y est cinq fois.

D. 10; A. 13, etc.

L'anale est haute de l'avant ; la caudale est fourchue ; la ligne latérale est aussi infléchie que celle de l'ablette ; je compte trente-neuf rangées d'écailles : elles ont beaucoup de stries.

Ce poisson vient d'Italie ; il est long de trois pouces et demi.

L'ABLE CLUPÉOÏDE.

(Leuciscus clupeoides, nob.)

M. Nordmann a donné au Cabinet du Roi un able déjà décrit par Pallas sous le nom de *Cypr. clupeoides.* Il est voisin de l'ablette et de l'*aspius mento* d'Agassiz ; aussi le savant professeur d'Odessa en fait un de ses Aspius.

Il diffère de ces espèces :

par un corps plus court et plus trapu, dont la hauteur est quatre fois et demie ou deux tiers dans la longueur totale.

La tête est beaucoup plus courte ; car elle est contenue cinq fois et demie dans cette même longueur totale. Le museau est plus aigu ; la mâchoire inférieure dépasse la supérieure, mais c'est la symphyse qui fait saillie : elle n'a pas ce renflement inférieur dû aux deux branches, qui caractérise l'able mentonnier.

Les dents pharyngiennes sont semblables pour le nombre à celles des espèces précédentes, mais elles sont moins dentelées.

L'anale est bien moins haute et moins longue que celle de l'ablette.

D. 10; A. 18, etc.

Les écailles sont aussi petites que celles de l'able mentonnier ; mais comme le corps est beaucoup plus court, je n'en compte que cinquante rangées sur le côté.

La couleur paraît argentée.

L'individu est long de six pouces. Il vient du Tauris.

C'est Guldenstædt[1] qui, dans les Actes de Pétersbourg, a donné la première figure et la description de ce poisson. On en a reproduit la gravure dans l'Encyclopédie méthodique. Depuis, Pallas[2] en a donné une excellente description, dans laquelle il nous apprend que cette espèce remonte en troupes aux mois de Novembre, Décembre et Janvier, de la mer Caspienne dans les fleuves Terec et Lekour, pour y frayer. On le pêche au printemps, dans le Palus-Méotide, surtout à Besimaennaja Kossa, rarement dans le Don. Ce poisson s'avance en petites troupes dans le Borysthène, jusqu'aux cataractes, et dans le Danube. Il devient excessivement gras, et, à cause de son bon goût, il est estimé surtout quand il a été rôti et séché à la fumée, parce qu'il perd toute sa graisse huileuse. Les Russes du Terec le nomment *schirnaja ryba,* c'est-à-dire poisson gras; ceux des marais méotides, *selàwa,* et sur les bords du Danube et du Borysthène, *skabria.* Les riverains de la mer Caspienne, du côté de la Perse, et les Tatars, disent *schamay* ou *schumai,* c'est-à-dire le roi des poissons; les Calmouques le nomment *tanghun.* Les Allemands établis à Astracan, l'ayant comparé au hareng à cause de sa forme comprimée, de son ventre un peu tranchant, et de la préparation qui lui donne une sorte de ressemblance à nos harengs-saures, l'ont appelé *Kislarischer Hering.*

M. Nordmann, qui a vu prendre ce poisson en abondance dans le Bug et les autres fleuves nommés plus haut,

---

1. *Nov. Comment. Petropol.,* t. XVI, tab. 16.
2. *Zoogr. ross. asiat.,* III, p. 333.

17.   28

s'en est rapporté à la description de Pallas. Il a donné une figure de la dentition pharyngienne, et celle du poisson entier[1]. Il dit qu'il est connu dans toute la Russie, quand il est fumé, sous le nom de *schamaika*, et il écrit le nom des pêcheurs de la mer Noire *seleiva*.

*L'*Able tarichi.

(*Cyprinus tarichi*, Pall. et Guld.)

Pallas a donné, à la suite de l'espèce précédente, une description tirée des manuscrits de Guldenstædt, qui se rapporte à une espèce très-voisine; mais que M. Nordmann croit différente.

C'est un poisson oblong, mince, de la forme du hareng, dont la hauteur est le septième de la longueur totale. La tête est petite, le museau obtus, le vertex aplati, la bouche petite, la mâchoire inférieure avancée, cachant la supérieure quand la bouche est fermée. Les yeux grands, près du bout du museau.

D. 11 ou 12; A. 12 ou 15; C. 19; P. 15 — 17; V. 9 ou 10.

Les pectorales sont pointues, blanches et rembrunies à leur base; les ventrales au milieu du corps portent dans leur aisselle une longue écaille pointue. La dorsale, blanche, est salie de brun; la caudale est fourchue; le dos est presque droit, bleuâtre, couvert de petites écailles; les côtes et le ventre, blanc, sont sablés de points bruns; la ligne latérale, courbée en dessous, est rapprochée du ventre.

Ce poisson, du nom de *tarichi* chez les Géorgiens, se pêche en abondance dans le grand lac d'Arménie, le *Gotscha*, et est porté à Tiflis pendant le carême.

---

1. *Faun. pont.*, pl. 21, fig. 2, et pl. 27, pour les dents.

Pallas dit que ces deux espèces sont voisines du *Cyprinus cultratus,* et il a en effet raison ; M. Nordmann les a placés parmi les Aspius à cause de leur dentition, mais il aurait pu aussi placer dans ce genre le *cyprinus cultratus* lui-même.

L'ABLE DU STYMPHALE.

(*Leuciscus stymphalicus,* nob.)

Nous devons à M. Virlet, membre de l'expédition scientifique de Morée, un petit able remarquable

par sa ligne latérale, par la grosseur de sa tête et de son museau. Le profil du dos, à partir de la nuque, est très-soutenu et arqué, de sorte que la hauteur du tronc, égale à la longueur de la tête, est seulement du quart de celle du corps entier.

D. 9 ; A. 11, etc.

La ligne latérale offre le même caractère singulier de s'arrêter comme dans la bouvière (*cyprinus amarus*) ; sur la naissance du tronc elle atteint dans cette espèce la septième rangée d'écailles, dont le nombre total est de trente-huit à quarante sur chaque flanc. La couleur est celle des ables, mais une ligne bleuâtre se montre de chaque côté de la queue.

On voit que par les couleurs comme par la ligne latérale, ce petit poisson se rapproche de la bouvière ; mais il ressemble trop aux ables, que je viens de décrire, pour l'en éloigner. C'est une preuve nouvelle que, depuis les brèmes jusqu'aux vérons, tous ces poissons ne constituent qu'un seul genre naturel.

Cette jolie espèce vit dans le lac Zaraco, autrefois si célèbre dans l'histoire mythologique de la Grèce sous le nom de lac Stymphale. Nos individus ne dépassent pas deux pouces et demi.

L'ABLE MAXILLÉ.

(*Leuciscus maxillaris*, nob.)

M. Aucher-Éloy a envoyé au Cabinet du Roi un able
des rivières de Perse qui mériterait encore bien plus l'épithète de mentonnier que celui à qui M. Agassiz l'a donnée.

Ce poisson a le corps alongé; car la hauteur n'est que le sixième
de la longueur totale; la tête est aussi alongée : elle n'est comprise
que cinq fois dans tout le poisson. Le museau est bombé au-devant
des yeux, et grossi à l'extrémité par la saillie de la mâchoire inférieure, plus longue que la supérieure, renflée en dessous, et remarquable par le nu des deux branches maxillaires. L'œil est assez
grand, du quart de la tête; le premier rayon de la dorsale est implanté un peu avant la fin de la première moitié du corps; d'ailleurs la nageoire est courte et un peu plus haute que sa base n'est
longue. L'anale est aussi haute qu'elle est longue; la caudale est
peu profondément fourchue.

D. 11; A. 14, etc.

La ligne latérale est un peu infléchie, marquée par une série
de tubulures entourées de points pigmentaires, qui font paraître
la ligne plus large qu'elle ne l'est réellement, et marquée d'une
double série de points, à la manière de notre éperlan de la Seine
(*leuciscus bipunctatus*). Les écailles sont petites et lisses : il y en a
soixante et onze rangées. La couleur est celle de nos ables, bleuâtre
ou verdâtre sur le dos et argentée sur le reste du corps; les nageoires sont plus ou moins grises.

Les dents pharyngiennes sont aussi celles de nos ables, sur deux
rangs, l'une de quatre, l'autre de deux. Les externes ou les inférieures sont comprimées, crochues à l'extrémité et dentelées.

Pourrait-on jamais placer ce poisson dans un genre
SCARDINIUS, à côté du Rotengle (*leuc. erythrophthalmus*).
Les individus ont six pouces de long.

*L'*ABLE ALBULOÏDE.

(*Leuciscus albuloides*, nob.)

Le même infortuné voyageur qui a succombé aux fatigues de son excès de zèle pour les sciences naturelles, a aussi envoyé des mêmes eaux que le précédent, un able qui ressemble beaucoup à notre ablette.

Les formes du profil sont tout-à-fait semblables, mais le poisson décrit dans cet article a la tête plus large et l'œil paraît plus grand. La hauteur du tronc est cinq fois dans la longueur totale; la tête égale cette hauteur : celle de l'ablette est donc un peu plus courte. Les dents pharyngiennes sont au nombre de quatre sur le rang externe et de deux sur l'interne : elles sont coniques, mousses ou peu pointues et sans crénelures.

La mâchoire inférieure avance plus que la supérieure; l'opercule est plus large; la dorsale est haute, et surtout l'anale.

D. 9 ; A. 13, etc.

Il y a de quarante à quarante-cinq écailles très-striées le long des côtes; la ligne latérale est très-courbée vers le ventre, qui est arrondi; la couleur est verdâtre sur le dos et blanche argentée sur le ventre; les nageoires ont des teintes jaunes.

Nos individus n'ont pas cinq pouces.

C'est ici le lieu de parler de quelques espèces décrites dans la Zoologie russe de Pallas, et que je n'ai pas cru devoir intercaler dans ce qui précède.

*L'*ABLE MUNDA.

(*Cyprinus Per-Nurus*, Pall.)

Voici l'extrait de la description de Pallas :

Poisson qui ne dépasse jamais cinq pouces, assez semblable par sa forme à la tanche, plus épais, ventru, les écailles petites; la tête

assez grosse, conique; le museau obtus, le vertex aplati; les yeux
assez grands, saillans, à iris doré; la lèvre supérieure protractile,
recouvrant la mâchoire inférieure, qui est plus courte. Le corps
à côtés épais et convexes; le dos arrondi, olivâtre, rappelant la
tanche par la couleur et par la petitesse des écailles. Le ventre
blanc, un peu argenté; la ligne latérale courbée vers le ventre et
devenant droite sur la queue; la dorsale reculée au-delà du milieu,
se cachant dans un sillon. Les pectorales molles, rouges, ayant à
la base une caroncule épaisse et couleur de sang. Les ventrales
éloignées, petites, étroites, rouges; l'anale, plus éloignée que la
dorsale, transparente et rougeâtre; la caudale fourchue, d'un brun
olivâtre.

D. 8; A. 9; C. 20; P. 9; V. 7.

Ces nombres sont bien différents de tous ceux de nos
cyprins. Sont-ils exacts?

La longueur du poisson décrit est de quatre pouces
sept lignes. C'est d'après les manuscrits de Steller que Pallas a fait connaître cette description. Ce poisson se multiplie beaucoup dans les lacs et les étangs des bords de la
Léna. Les Russes en prennent des troupes pendant tout
l'été avec des filets ou des nasses. Ils l'estiment comme
nourriture, ainsi que les habitans de Jakutz. Ils croissent
et se multiplient de bonne heure, de sorte qu'on en prend
de toute grandeur dans les filets. Quoique s'engourdissant
moins que le carassin (*Cypr. carassius*), ils peuvent, après
avoir été congelés, revivre dans l'eau peu froide. L'espèce
n'existe pas dans la basse Sibérie. On peut la confondre
facilement avec la tanche, et les petits ressemblent assez
bien aux vérons.

Les Russes de la Léna nomment ce poisson *munda*,
munduschka, et à Jakutz *mungurbalyk* ou *munda-ponti*.

*L'*Able krasnopèr.

(*Cyprinus leptocephalus*, Pallas.[1])

Poisson d'une coudée et plus, à tête longue peu comprimée, convexe, plane dessous, à museau déprimé, arrondi; les mâchoires grêles, à lèvres épaisses, l'inférieure dépassant beaucoup la supérieure; les ouïes bien fendues; le corps alongé, lancéolé, épais et peu comprimé; l'abdomen un peu aplati : ce sont les formes d'un barbeau. Les écailles de moyenne grandeur; la ligne latérale près du ventre et suivant à peu près sa courbure. Le dos est brun-bleuâtre, à reflets argentés sous la ligne latérale; le dessous du ventre blanc de lait; la dorsale brune; toutes les autres nageoires rouges; les pectorales sont cendrées à la base; l'anale est d'un rouge vif; les ventrales sont pâles. Il y a du brun mêlé au rouge de la caudale.

D. 8; A. 8; C. 19; P. 20; V. 10.

Ce poisson, que les Russes de la Daourie nomment *krasnopèr*, c'est-à-dire à nageoires rouges, est commun dans les fleuves Onon et Jugoda : il ne fuit pas, aussi le prend-on aisément au trident; mais il est très-mauvais à manger, et sa chair est remplie d'arêtes.

Il a de très-grandes ressemblances avec le *Cypr. aspius;* on ne le trouve pas cependant dans la Sibérie inférieure, comme dans les fleuves au-delà de l'Oural.

*L'*Able lacustre.

(*Cyprinus lacustris*, Pallas.)

Pallas dit que la forme de ce cyprin approche de celle du gardon; c'est donc une espèce d'able.

---

1. Pallas, *Faun. ross. as.*, p. 312, n.° 220.

Il a le corps plus épais, le profil montant en arc jusqu'à la dorsale; un peu anguleux au pied de cette nageoire et arrondi au-delà. Le ventre est arrondi, la tête est plus large que le tronc; le front plat; le museau obtus, arrondi; la mâchoire inférieure plus courte; la bouche petite; les écailles grandes; la ligne latérale, formée d'une suite de points épais, s'approche du ventre, dont elle suit la courbure.

D. 10—11; A. 11—12; C. 19; P. 18; V. 9.

Toutes les nageoires sont d'un brun rougeâtre.

Pallas se demande si ce n'est pas le *Cypr. Idbarus* de Linné. Les Russes de la Sibérie le nomment *tschebàk*, et à Pétersbourg les pêcheurs disent *sirr* ou *sirt*, et *kortsa* dans plusieurs contrées sibériennes. Il s'appelle *jaktchull*, *mohtka*, *paur-schischpu-chul* ou *potje*, et *nömr-schoenschpu-chol*, ce qui signifie poisson à dos arrondi; les Tatars de Jennissé disent *küsik*, de Baraben *chalok*, de Jakutz *tschàwak*, et les Calmouques *zúba*.

Cette espèce, rare dans les lacs de la Russie septentrionale, se trouve communément dans toute la Sibérie jusques à la Léna, dans tous les lacs, comme dans les fleuves d'eau pure à fond rocailleux ou glaireux, ne redoutant pas les rivières qui descendent avec force des montagnes. C'est le meilleur de tous ces cyprins. Il est également commun dans le lac Baïkal. Il fraie en Mai; ses œufs sont très-nombreux. Il vit long-temps hors de l'eau, parce que, dit Pallas, les ouvertures des ouïes se ferment exactement.

On peut aussi mettre à la suite de ces ables plusieurs espèces curieuses de l'Inde, faciles à caractériser, et que je n'ai pas pu retrouver dans les ouvrages de M. Buchanan ou de M. John M'clelland.

J'aurai toujours soin d'indiquer avec lequel de nos ables ces espèces ont le plus de ressemblance.

L'ABLE HARENGULE.

(*Leuciscus harengula*, nob.)

C'est un petit poisson que l'on prendrait pour une harenguette ou tout autre espèce voisine de petits harengs, par le brillant de ses opercules, par la forme comprimée du corps, et par la minceur des parois de l'abdomen, qui laissent voir les côtes.

La hauteur du tronc égale la longueur de la tête et fait le quart de celle du corps entier. Le profil du dos est assez rectiligne : celui du ventre est très-courbé jusqu'à la fin de l'anale; la queue est étroite. La mâchoire inférieure dépasse la supérieure; l'œil est grand. La dorsale, assez pointue, n'a pas de gros rayons; l'anale est courte, un peu pointue de l'avant; la caudale fourchue.

D. 11; A. 7, etc.

Les écailles sont petites : j'en compte soixante rangées sur le côté; le dos est vert; une ligne droite et tranchée sépare la couleur du dos de l'argenté brillant des flancs et du ventre. Les opercules brillent de l'argent poli le plus vif. Il n'y a pas de taches sur le corps; les nageoires sont incolores.

Nous avons reçu ce petit poisson, long de trois pouces, de la rivière de l'Irrawaddi, par les soins de M. Reynaud, chirurgien à bord de la corvette *la Chevrette,* commandée par M. Fabré, dont l'expédition a été fort utile aux sciences naturelles.

*L'*ABLE MÉLETTINE.

(*Leuciscus melettina*, nob.)

Une autre petite espèce à corps semblable à un petit hareng, et que je nomme pour cette raison *melettine*, du nom de la melette de nos côtes de Saintonge et de Bretagne, est aussi très-voisine de celle de Rangeon.

Elle en diffère par un corps plus long et plus étroit; car la hauteur est ici du cinquième de la longueur totale. La tête de la même proportion que la hauteur du tronc; l'œil a plus du quart de la tête; la mâchoire inférieure, plus alongée que la supérieure, a un petit tubercule sur la symphyse; toutes les nageoires ont les rayons grêles et très-flexibles; la caudale est fourchue, l'anale un peu pointue de l'avant.

D. 11; A. 8, etc.

Je compte plus de cinquante rangées d'écailles très-molles le long des flancs. La ligne latérale est concave; les joues sont brillantes du plus bel argent poli, et cet éclat s'étend le long des côtes en une bandelette assez large, mais distincte du vert du dos et du ventre. Le côté du dos est plus tranché, celui du ventre est fondu; les nageoires sont un peu rembrunies.

Nos individus ont trois pouces quatre lignes; ils viennent de Bombay par M. Dussumier.

*L'*ABLE DE MAHÉ.

(*Leuciscus Mahecola*, nob.)

C'est un petit poisson qui a la forme de nos gardons.

La tête est un peu plus courte que la hauteur du tronc, laquelle est comprise quatre fois dans la longueur totale. Le museau est assez pointu; l'œil assez grand; la courbure du dos et celle

du ventre sont assez semblables et régulières ; la dorsale n'a pas de
rayon fort ; l'anale est petite ; la caudale fourchue.

D. 11 ; A. 7 ; C. 19, etc.

Les écailles sont grandes et striées : j'en compte vingt-deux entre
l'ouïe et la caudale. La ligne latérale est un peu concave et sur la
cinquième rangée d'écailles, et deux écailles plus bas on trouve
une série de petits enfoncemens qui sembleraient des pores.

Ces enfoncemens, plus marqués sur cette rangée que
sur les autres, sont dus au mode particulier de l'insertion
de l'écaille, et se retrouvent, quoique moins visibles, sur
les autres écailles de ce poisson. Je crois que c'est une
disposition de cette nature qui aura été prise pour une
seconde ligne latérale, ainsi qu'on le trouve dans les descriptions de M. Buchanan.

Le dos est verdâtre, les flancs argentés ; une tache noire et ronde
est de chaque côté de la queue. La dorsale est rougeâtre clair ; les
pectorales et la caudale sont verdâtres : on voit un peu de noir
à la pointe des lobes de celle-ci. La ventrale et l'anale sont incolores et transparentes.

Les individus de la collection n'ont que trois pouces
de long ; mais M. Dussumier, qui les a rapportés, nous
assure que ce poisson devient plus grand, et a quelquefois cinq pouces. Il est assez bon à manger.

L'ABLE ABUSSEAU.

(*Leuciscus presbyter*, nob.)

Un autre able, voisin du précédent, mais bien distinct
dans ses formes, a une légère ressemblance avec nos athé-
rines, quoique la bande argentée de ces poissons ne soit
pas marquée sur le corps de notre cyprin ; c'est à cause

de ce faible rapport que j'ai donné à cette espèce le nom
de *presbyter*.

Le profil du dos est droit; celui du ventre est légèrement courbe :
la hauteur est à peu près quatre fois et demie dans la longueur totale. La tête a la même proportion; la mâchoire inférieure paraît
un peu plus courte; la dorsale est avancée, n'a pas de rayon fort;
l'anale est petite; la caudale n'a pas les fourches longues.

D. 11; A. 7, etc.

Il y a vingt-six rangées d'écailles le long du corps; la ligne
latérale est concave sur la sixième écaille, et elle n'en a que deux
au-dessous d'elle. Le dos est verdâtre, les flancs argentés, pas de
taches; il y a un peu de noirâtre au bord de la dorsale : cette
teinte était probablement rouge.

Nos individus ont trois pouces huit lignes; ils viennent
de Bombay : nous les devons à M. Dussumier.

L'Able aux yeux d'or.

(*Leuciscus chrysops,* nob.)

Un autre able des eaux douces du Bengale se distingue
par

la grandeur de son œil doré; le diamètre est deux fois et demie
dans la longueur de la tête, contenue elle-même cinq fois dans
la longueur totale, qui comprend trois fois et deux tiers la hauteur du tronc. Le museau est obtus, la mâchoire supérieure plus
longue que l'inférieure; la dorsale et l'anale pointues; la caudale
peu fourchue; pas de rayons antérieurs sensiblement plus gros.

D. 13; A. 20; C. 19.

Malgré ce nombre des rayons de l'anale, on ne peut pas placer
cet able près des brèmes : il ressemble plus à nos gardons.

Les écailles sont de médiocre grandeur et peu striées : j'en compte quarante-cinq rangées sur le côté; la ligne latérale est courbe et infléchie vers le bas, surtout à la région pectorale.

La couleur est argentée, avec des taches noires qui me paraissent accidentelles.

La longueur de l'individu est de trois pouces neuf lignes.

*L'*ABLE DANDIA.

(*Leuciscus dandia*, nob.)

M. Leschenault a encore donné au Cabinet du Roi un autre petit able de Ceylan,

à corps alongé comme un petit chevaine de deux à trois mois; à tête plus large et plus aplatie; à mâchoire supérieure plus courte que l'inférieure; la région des yeux et des joues grosse et saillante; la dorsale petite sur le milieu du corps; l'anale courte et pointue de l'avant.

D. 9; A. 9.

La hauteur est cinq fois dans la longueur totale; la tête, plus longue, est du quart de cette même longueur. Les dents pharyngiennes sont sur deux rangs, l'un de cinq et l'autre de deux seulement: elles sont crochues, mais sans dentelures. Le dos est verdâtre: une bande noire naît sur le bord de l'orbite, traverse l'opercule et tout le côté jusqu'à la caudale; le dessous est blanc.

Les nageoires sont incolores; la caudale est profondément fourchue.

Ces petits poissons n'ont que deux pouces et demi.

*L'*ABLE DES GATES.

(*Leuciscus Gatensis*, nob.)

M. Leschenault a pris dans les eaux douces qui descendent des montagnes des Gates un petit able à corps comprimé et assez large, dont le ventre est bien arqué; la hauteur est le quart de la longueur totale; la tête y est comprise quatre fois et deux tiers; la bouche est très-fendue, presque comme dans une clupée; la mâchoire inférieure est plus longue que l'autre; l'œil est grand; les dents pharyngiennes sont crochues, sans dentelures, sur trois rangs, l'une de cinq, l'autre de trois, et la troisième de deux. La dorsale n'est pas très-reculée; l'anale est longue.

D. 10; A. 17.

Il y a trente-huit rangées d'écailles sur chaque côté; la ligne latérale est très-courbe; les couleurs sont rembrunies sur le dos, argentées sous le ventre, et les côtés sont traversés par de petites bandes verticales, grisâtres, qui se voient par reflets : j'en compte neuf.

Ces petits poissons n'ont pas trois pouces.

L'ABLE DE L'ISLE-DE-FRANCE.

(Leuciscus nesogallicus, nob.)

M. Moreau de Joannès a donné au Cabinet du Roi trois individus d'un able qu'il croyait venir des eaux douces de l'Isle-de-France. Ces poissons ressemblent à des petits muges.

Leur hauteur est contenue quatre fois et demie dans la longueur totale. La tête est large, le museau dépasse la mâchoire inférieure; la bouche est fendue obliquement en dessous.

D. 9; A. 12.

Il y a au moins quarante-cinq rangées d'écailles; la ligne latérale est presque droite; le dos est vert; le ventre argenté : beaucoup de points pigmentaires noirs se voient à la loupe.

Nos individus ont six pouces et demi.

*L'*Able du Nil.

(*Leuciscus Niloticus,* Joannis.)

M. de Joannès[1] s'est procuré dans le Nil deux espèces d'ables que M. Agassiz considère devoir être placées parmi les aspices. L'une d'elles

a le corps alongé, mince; sa hauteur est du cinquième de sa longueur; la tête est du quart de cette même longueur; l'œil est assez gros sur le haut de la joue; le profil du dos est presque rectiligne; celui du ventre est très-courbe.

D. 9; A. 13; C. 19 et des petits; P. 12; V. 9.

Ce petit poisson est blanc, à reflets dorés sur le ventre; une ligne de points bruns s'étend des ouïes à la caudale : M. de Joannès la considère comme une seconde ligne latérale; celle que les naturalistes désignent seule de ce nom est courbe et près du ventre, dont elle suit la courbure.

Cet able est petit, ordinairement long de deux pouces et demi, se tient en bandes le long des rivages. Il est bon en friture.

*L'*Able bibié.

(*Leuciscus bibié,* Joannis.)

Le même officier de marine a pris, parmi les troupes de l'espèce précédente, un petit able qui lui ressemble en tous points;

mais il paraît avoir la dorsale plus reculée et insérée au tiers postérieur du dos. Les ventrales sont aussi plus petites et n'auraient que huit rayons; les pectorales un peu plus longues; l'anale a un plus grand nombre de rayons.

D. 9; A. 18; C. 19; P. 12; V. 8.

---

1. Magas. zoolog., tom. IV, pl. 4.

Les couleurs et les habitudes sont celles des précédens;
le bibié paraît plus rare que l'autre. Il est de même taille.
M. Agassiz le place auprès du *Cyprinus cultratus*, Linn.

Après les ables de l'ancien monde, nous avons à décrire les espèces que nourrissent les eaux douces de l'Amérique septentrionale. Plusieurs sont très-voisines de celles
de nos eaux douces; aussi ai-je imaginé de leur donner
des noms qui fassent de suite reconnaître lequel de nos
ables ces poissons représentent aux États-Unis. Ce ne sont
pas des espèces identiques. Il était utile de bien faire
ressortir cette circonstance, à cause des conséquences qui
en résultent pour l'étude de la distribution géographique
des poissons.

L'Able de Bosc.

(*Leuciscus Boscii*, nob.)

On doit à l'activité de M. Bosc la connaissance de ce
cyprinoïde. Il ressemble tellement aux brèmes par la forme
générale, la largeur du corps, la petitesse de la tête, que
les colons français de certaines parties de l'Amérique septentrionale, comme sur les bords du lac Pontchartrain,
ont donné à cette espèce le nom de *Brème*. Et cependant on ne pourrait pas, en suivant le système de M. Cuvier et de ses imitateurs, ranger ce poisson dans le genre
des Brèmes, à cause du trop petit nombre de rayons de
son anale.

La hauteur du corps est trois fois et demie dans sa longueur
totale; l'épaisseur n'est guère que le tiers de sa hauteur; la tête,
petite, a en longueur les deux tiers de la hauteur du tronc, où
elle est comprise cinq fois et demie dans la longueur totale. Le

museau est petit, déprimé, un peu en coin; l'œil a plus du quart
de la longueur de la tête. La mâchoire supérieure recouvre l'inférieure, un peu plus courte. Les cinq dents pharyngiennes, sur un
seul rang, sont un peu dentelées ou mieux festonnées : la pointe
est crochue et recourbée. Le premier rayon de la dorsale est sur
la première moitié du corps. La nageoire est haute et pointue : le
plus grand est près de deux fois aussi haut que la base de la nageoire; le dernier rayon est plus court que cette base. L'anale est
aussi longue que son rayon antérieur est haut, et celui-ci est à
peine plus court que celui du dos. La caudale est coupée en croissant assez profond quand elle est étendue. Les ventrales ne sont
pas plus larges que celles des autres ables.

D. 9; A. 16; C. 21; P. 16; V. 8.

Les écailles sont de moyenne grandeur, striées; il y en a quarante-sept rangées dans la longueur, dix au-dessus et trois au-
dessous de la ligne latérale. Celle-ci, parallèle à la courbe du
ventre, est par conséquent très-concave et tracée sur le bas des
côtes. Nos individus sont tous verdâtres sur le dos, à reflets dorés
très-marqués sur le blanc du ventre. La dorsale et la caudale,
verdâtres, sont plus foncées que l'anale, dont la pointe antérieure
est noirâtre. Les pectorales sont un peu verdâtres, et les ventrales
rougeâtres.

Nos individus ont de sept à huit pouces. Les uns nous
viennent des eaux douces de Pensylvanie par M. Milbert;
d'autres des eaux douces de Charleston, dans la Caroline,
par M. le docteur Holbrook; et M. Lesueur en a envoyé
de Philadelphie et de New-York.

J'ai retrouvé dans les papiers de mon illustre ami M. de
Lacépède le dessin original que M. Bosc avait fait en Amérique et que le célèbre auteur de l'Histoire naturelle des
poissons a fait graver sous le nom de *cyprin américain*[1].

____

1. Lacép., V, pl. XV, fig. 3.

Il a près de huit pouces de longueur; quoique teint à l'encre de Chine, il est facile de reconnaître l'espèce dont nous parlons ici : la courbure de la ligne latérale, la longueur de l'anale, la hauteur et l'étroitesse de la dorsale ne peuvent laisser la moindre incertitude, quoique les ventrales paraissent plus larges sur le dessin que dans la nature. Il fallait d'ailleurs recourir à cet original pour fixer cette détermination; car la copie de M. de Lacépède a été tellement altérée qu'il est difficile de savoir lequel des nombreux ables d'Amérique cette espèce représente. Ce que je dis ici donne la raison du changement de nom spécifique qu'a dû subir aussi cet able; car plusieurs autres espèces vivent avec celle-ci dans les eaux douces des États-Unis.

Shaw, en copiant M. de Lacépède, a fait entrer dans son système le *Cyprinus americanus*; mais le docteur Mitchill a imposé un autre nom à ce poisson. C'est son *Cyprinus chrysoleucos*[1]. Il ne nous apprend rien autre sur les habitudes de cette espèce, si ce n'est qu'on la trouve dans les étangs où se tiennent les pomotis et les perches fluviatiles.

Dans la partie anglaise des États-Unis, M. Bosc a entendu désigner l'espèce sous le nom de *Sylverfish* (poisson d'argent), et il dit que sa chair, quoique sentant la vase, sert de nourriture habituelle dans la Caroline; que, jeune, ce poisson est une excellente amorce pour prendre la truite. D'ailleurs je vois aussi dans les notes de M. Bosc, que ce naturaliste confondait ensemble ces diverses espèces aussi voisines l'une de l'autre que nos ables euro-

---

1. Mitch., *Phil. trans. of New-York*, tom. I, p. 459.

péens. Il me paraît probable que c'est à ce poisson ou plutôt à toutes les espèces voisines que Linné affectait, d'après Gardon, le nom de *Cypr. americanus;* mais il n'est pas certain que Lacépède ait entendu parler de l'espèce de Linné.

L'ABLE GARDONNET.

(*Leuciscus gardoneus*, nob.)

M. Bosc, qui a donné ses collections au Muséum, nous a permis de reconnaître quelques-uns de ces ables américains, qui, je suis sûr, sont beaucoup plus nombreux que nous le croyons. Il les confondait tous avec le précédent. Celui-ci ressemble au gardon :

Il a le dos plus arqué, la tête plus courte, le museau aussi obtus; les dents pharyngiennes, au nombre de cinq, sur un seul rang; la pointe de la couronne est courbée, crochue, et son biseau est un pic dentelé avant d'être usé. La hauteur du tronc fait le quart de la longueur totale; la tête est près de six fois dans la longueur du corps; l'œil trois fois et demie dans celle de la tête. La dorsale naît sur le milieu de la distance, entre le bout du museau et la racine de la caudale. La nageoire est trapézoïde; l'anale est courte, la caudale peu fourchue.

D. 11; A. 10, etc.

Il y a quelques stries sur le haut de l'opercule, et seulement une ou deux sur les écailles; donc je compte trente-neuf rangées entre l'ouïe et la caudale, sept au-dessus et trois au-dessous de la ligne latérale : elle est infléchie vers le bas et très-marquée.

La couleur paraît avoir été celle de nos ables. La longueur de l'individu est de six pouces. M. Bosc ne donne aucun détail sur cette espèce.

L'ABLE VANDOISULE.

(*Leuciscus vandoisulus*, nob.)

Une autre espèce, due encore à M. Bosc,

a le corps alongé et comprimé; la mâchoire inférieure plus longue que la supérieure; les dents pharyngiennes crochues, sur deux rangées, l'une de cinq, l'autre de deux. On voit que ce poisson ressemble à notre vandoise (*Leuc. vulgaris*). La hauteur mesure le quart du corps, non compris la caudale; la tête a la même longueur; la caudale est courte : elle est cinq fois et demie dans la longueur totale; la dorsale naît au milieu de la distance du bout du museau à la fourche de la caudale : elle est semblable à celle de notre vandoise; l'anale a aussi de la ressemblance.

D. 10; A. 11, etc.

Les écailles paraissent plus petites; la ligne latérale a la même direction; il y a quarante-sept rangées d'écailles sur le côté, huit au-dessus et trois au-dessous de la ligne latérale.

Les couleurs paraissent être celles de nos vandoises. La longueur de l'individu est de sept pouces.

L'ABLE ROTENGULE.

(*Leuciscus rotengulus*, nob.)

Nous retrouvons aussi une espèce voisine de nos rotengles parmi les poissons rapportés par M. Bosc.

Le dos est très-bombé; le ventre est presque droit; les mâchoires sont égales; les dents pharyngiennes sur deux rangs, au nombre de cinq et de deux, ont la couronne denticulée. La hauteur est trois fois et demie dans la longueur totale; la dorsale est un peu reculée.

D. 11; A. 11.

Le poisson paraît avoir été doré comme nos rosses ou notre rotengle, auquel il ressemble beaucoup.

L'individu est long de six pouces.

L'Able de Storer.

(*Leuciscus Storeri*, nob.)

Les eaux douces de New-York ont fourni à M. Milbert un able qui a

le vertex large et plat; la distance entre les deux yeux comprend deux fois le diamètre de l'œil, et n'est que la moitié de la longueur du dessus de la tête. Le museau est pointu et un peu tronqué; la mâchoire inférieure plus courte; la distance du bout du nez à l'angle de l'opercule est comprise quatre fois et deux tiers dans la longueur totale, qui contient cinq fois et un quart la hauteur du tronc. Les dents pharyngiennes sont sur deux rangs, quatre en dehors ou inférieures, et une seule en dedans; la couronne est très-crochue et sans dentelure.

D. 9; A. 9, etc.

La ligne latérale est courbe et concave par le milieu du côté. Il y a cinquante rangées d'écailles le long du côté : elles sont très-finement striées. La couleur est verte sur le dos et les flancs argentés sur le ventre, et de petits points noirs pigmentaires très-fins forment, par leur réunion, une tache dans l'angle des écailles ou un liséré le long de leur bord, qui enveloppent le corps du poisson sous un réseau noir très-apparent. Le bord de l'ouïe est bleu-noirâtre; la caudale est verte, plus foncée que la dorsale; les autres nageoires sont décolorées.

La longueur de nos individus varie de sept pouces et demi à onze pouces.

Le nombre des rayons de la dorsale et de l'anale, ainsi que les formes générales, conviennent parfaitement à ce que M. Humphry Storer[1] dit de son *Leuciscus argenteus*; mais comme la vandoise a déjà été désignée sous un des noms que M. Storer propose de donner à la nouvelle espèce, je n'ai pas hésité, pour éviter toute confusion, de faire un nouveau nom pour ce joli poisson, et je l'ai dédié au zélé zoologiste à qui nous devons ce tableau de la Zoologie américaine. Il avait reçu du Worcester les individus qu'il a décrits.

L'ABLE GENTIL.

(*Leuciscus pulchellus*, Storer.)

Un autre able, des mêmes localités, peut être comparé à notre *Cyprinus rutilus* par sa physionomie générale.

Il a le corps plus trapu, sa hauteur égale la longueur de la tête, et est comprise quatre fois dans la longueur totale; le front est plus large que celui du précédent; la mâchoire supérieure recouvre l'inférieure; l'opercule a des sillons marqués; la dorsale est reculée, l'anale courte et haute.

D. 10; A. 10, etc.

Je ne compte que quarante-trois rangées d'écailles, striées comme celles de nos ables; la ligne latérale est fine, presque droite par le tiers inférieur du corps. Les dents pharyngiennes sont au nombre de cinq sur le rang externe et de deux sur la couronne, et quand elle est neuve, une pointe crochue et pas de crénelures régulières, mais des rugosités; elle s'use promptement, et le biseau est presque vertical ou horizontal quand la pharyngienne est plate. La couleur est uniformément verte, plus ou moins dorée sur les flancs et le ventre; les nageoires sont pâles.

Nous n'avons qu'un grand individu de cette espèce, long d'un pied et quelque chose, envoyé par M. Milbert.

---

1. *Report. of the fish of Massachusetts*, 1839, p. 90.

Le nombre des rayons de la dorsale et de l'anale est tout-à-fait le même que ceux donnés par M. Storer[1]. Il en a reçu des individus de quatorze pouces de longueur. Les premiers colons anglais ont transporté à cette espèce le nom de *Roach*; mais on l'appelle aussi quelquefois *Cousin Trout.*

L'ABLE ÉPERLANULE.

(*Leuciscus spirlingulus*, nob.)

Un autre petit able américain a quelque apparence de notre éperlan de la Seine. Il n'en a pas cependant la ligne latérale.

Il a le corps comprimé, à profil droit sur le dos et courbe sous le ventre; la hauteur fait un peu plus du cinquième de la longueur totale; la tête est dans les mêmes proportions de longueur; la dorsale est sur la première moitié.

D. 9; A. 10.

Les écailles sont très-minces, caduques, souvent percées d'un pore quand il s'est développé sous elle, et sur la peau un petit point noir, transparent dans le centre, et qui est rempli d'un mucus jaune quand on le soumet au microscope.

Ces petits corps ne sont pas comparables ni de même nature que les psorospermes observés par M. Muller ou par M. Rayer[2] sur plusieurs poissons de genre et de famille différens ou de la famille des cyprins.

Il n'y a que trente-cinq à trente-neuf rangées d'écailles : elles sont striées concentriquement, mais je ne vois pas de sillons longitudinaux ou rayonnans.

Une bandelette argentée se dessine sur le brun rougeâtre du dos; le dessous du ventre est aussi argenté. Les nageoires sont

---

1. *Reports of the fishes of Massachusetts,* p. 91.
2. Voyez Rayer, Arch. de méd. comparée.

incolores : elles sont irrégulièrement et accidentellement tiquetées de noir.

Les dents pharyngiennes sont sur deux rangs, l'un de quatre, l'autre de deux; elles sont crochues, à pointes acérées.

Nous avons reçu un de ces poissons par M. Milbert; il venait de New-Jersey, et M. Lesueur en a pris dans New-Harmony qui n'offrent aucune différence.

L'ABLE PETITE TANCHE.

(*Leuciscus tincella*, nob.)

Un autre able, du Mexique, ressemble au premier aspect à une tanche; mais il n'a pas

de barbillons; sa tête est petite et le museau un peu aigu; la mâchoire inférieure est plus courte que la supérieure; les dents pharyngiennes, au nombre de quatre, ont la couronne coupée en biseau. La caudale est à peine échancrée; la dorsale est petite, l'anale est très-courte.

D. 9; A. 7; C. 21; P. 17; V. 9.

Les écailles sont petites et très-finement granuleuses : j'en compte soixante-dix rangées dans la longueur, quinze au-dessus de la ligne latérale et douze au-dessous. La ligne latérale est fine et presque droite. Les couleurs de cet able sont comme celle de notre tanche, un vert doré très-foncé sur le dos, éclairci sur les côtés, et passant aux tons jaunâtres sous le ventre. La dorsale, la caudale et les pectorales sont vertes; les ventrales et l'anale sont plus pâles.

L'individu que je décris est long de cinq pouces. Je le dois à l'amitié de M. Lichtenstein, qui a bien voulu me le céder pour le déposer dans les galeries du Cabinet du Roi.

L'ABLE GRÊLE.

(*Leuciscus gracilis*, Richardson.)

Nous trouvons plusieurs cyprinoïdes, décrits avec le plus grand soin dans la Faune américaine du docteur Richardson.

Il en a fait connaître un [1] sous le nom de *Leuciscus gracilis*, et sa description est accompagnée d'une très-jolie figure. Voici un extrait de la description détaillée donnée par cet habile zoologiste.

Le corps est fusiforme; le profil du dos soutenu entre la tête et la dorsale; la longueur de la tête est contenue cinq fois dans la distance entre le bout du museau et la fourche de la caudale. Les yeux sont grands : leur diamètre est compris deux fois dans la longueur de la tête; la bouche est petite.

La dorsale répond à l'insertion des ventrales.

D. 9; A. 10; C. 19; P. 17; V. 8.

Les écailles sont de moyenne grandeur, épaisses et transparentes quand elles sont sèches. La ligne latérale est droite et porte cinquante-cinq écailles : il y en a dix-sept rangées dans la hauteur et sept au-dessous de la ligne latérale; la couleur est un vert pâle d'huile sur le dos, passant au blanc du ventre; les côtés de la tête sont nacrés.

La longueur est de douze pouces deux lignes anglais. L'espèce abonde dans la partie du Saskatchevan qui coule à travers les prairies de Carltonhouse, et a été pêché au filet pendant l'été.

---

1. *Faun. Bor. Amer.*, p. 120, n.° 57, pl. 78.

*L'*Able du nord-ouest.

(*Leuciscus caurinus*, Richardson.)

Le même auteur[1] a décrit un autre able, qui ressemble beaucoup par la forme et la grandeur des écailles et par d'autres caractères à la vandoise (*common dace*) d'Angleterre ; mais il s'en distingue par les caractères suivans :

D'une forme élégante, peu comprimée, le corps a sa plus grande épaisseur à la dorsale, et une hauteur égale au cinquième de la longueur totale. La tête est le quart de la longueur du corps, la caudale exceptée ; le museau est obtus, avance au-delà de la bouche ; la mâchoire supérieure recouvre l'inférieure ; la dorsale s'élève au milieu de la distance entre le bout du museau et la base des rayons mitoyens de la caudale.

D. 10 ; A. 9 ; C. 19 ; P. 18 ; V. 10.

Les écailles sont orbiculaires, au nombre de soixante et quinze le long de la ligne latérale, sur vingt-quatre rangées sous la dorsale : on en compte dix dans une longueur d'un pouce anglais.

Ce poisson habite la rivière Colombie et abonde aux environs du fort Vancouver. M. Richardson le doit aux recherches de MM. Souler et Gærdner.

Les individus atteignent un pied.

*L'*Able de l'Oregon.

(*Leuciscus Oregonensis*, Richardson.)

Dans la même Faune[2] on a cru devoir distinguer ce poisson de l'espèce précédente, qui lui ressemble cepen-

1. *Faun. Bor. Amer.*, p. 304, suppl., n.° 130.
2. *Ibid.*, p. 305, suppl., n.° 131.

dant assez pour que l'on ait quelque peine à en limiter
les caractères spécifiques.

Le corps est plus grêle ou plus pointu à l'arrière; la tête est plus
longue : elle ne mesure que le quart de la longueur totale; le museau plus obtus ; l'ouverture de la bouche beaucoup plus grande;
le premier sous-orbitaire, plus long, est percé d'un plus grand
nombre de pores. La dorsale est plus reculée sur le dos.

D. 10; A. 9; C. 19; P. 15; V. 9.

Les écailles, de même grandeur et en même nombre que dans le
précédent, sont tout-à-fait rondes.

La couleur du dos est entre le vert jaunâtre et le brun brocoli,
fondu graduellement sur les côtés et jusques en dessous de la ligne
latérale en jaune soufre. Cette dernière couleur brille sur la nuque,
les opercules et la base des nageoires. Le ventre est blanc argenté.

Cette espèce vit avec la précédente dans l'Oregon ou
la rivière Colombie. Le docteur Richardson en est aussi
redevable à M. Gærdner.

L'ABLE A BAUDRIER.

(*Leuciscus balteatus*, Richardson.)

M. le docteur Richardson[1] a décrit un able

à corps comprimé, dont la hauteur est égale au quart de la longueur, entre le bout du museau et la fourche de la caudale. L'épaisseur du corps est du dixième de cette même mesure. La courbe du
profil est plus forte entre le museau et la dorsale; celle du ventre
est plus grande. La tête a le quart de la longueur totale. Le museau est obtus; la mâchoire inférieure dépasse la supérieure.

D. 11; A. 19 à 22; C. 19; P. 17; V. 9.

Les écailles sont arrondies, au nombre de cinquante-sept le long
du côté : un pouce anglais en comprend seize à dix-sept. La cou-

---

1. *Faun. Bor. Amer.*, p. 3o1, suppl., n.° 128.

leur est verte, à reflets irisés en jaune et en bleu. Une belle bande dorée va de l'œil au bord de l'opercule, et une autre, rouge écarlate, s'étend de l'ouïe à l'anale.

Ce petit able, originaire de la Colombie, a été envoyé à M. Richardson par le docteur Gærdner. L'auteur a cru devoir le placer dans le genre des Brèmes (*Abramis,* Cuv.).

L'ABLE DE SMITH.

(*Leuciscus Smithii,* Rich.)

M. le docteur Richardson a donné, dans sa Faune américaine [1], la description d'une espèce prise dans le Richelieu, à son confluent avec le Saint-Laurent.

> Sa forme est très-comprimée ; le dos arqué et la dorsale plus près de la queue que de la tête ; l'anale longue et oblique, étendue jusqu'à la caudale, qui est fourchue ; les yeux grands et près du bout du museau ; la mâchoire inférieure plus longue ; la ligne latérale droite ; les écailles plutôt grandes que petites : on en compte soixante au moins dans la longueur. La couleur est brillante, verte sur le dos et argentée sur le ventre et les côtés.

Voici les nombres indiqués par le savant zoologiste cité plus haut.

B. 3; D. 1/12; A. 1/27; C. 18; P. 12; V. 7.

Le docteur Richardson a fait représenter, par une gravure sur bois, cette espèce, dessinée par le lieutenant-colonel C. H. Smith, à qui il a dédié ce poisson. Le naturaliste anglais observe que les écailles sont trop petites. La description faite sur des individus de neuf à dix pouces anglais de longueur, a été communiquée à M. Richardson, et cette description dit que le premier rayon de la dor-

---

1. *Faun. Bor. Amer.,* p. 110, n.° 51.

sale et de l'anale est épineux; ce qui veut dire que ce premier est simple comme ceux de tous les cyprinoïdes. Puis un second caractère, d'une plus haute importance, fait connaître que la langue est dentée. Malheureusement l'observateur n'a rien dit sur la grandeur, la disposition et la forme de ces dents. M. Richardson remarque qu'il n'a pas cru cependant faire un genre distinct de ce poisson, dont la forme générale est celle d'une brème.

Je ne partage pas cette manière de voir, et je crois que lorsque nous connaîtrons mieux ce poisson, que nous aurons une description plus complète de la langue et de l'armure qu'elle porte, il sera convenable de retirer ce poisson des cyprinoïdes. C'est la raison qui m'a empêché de citer cette espèce à la suite de nos brèmes, qui d'ailleurs ne doivent pas être séparées du genre des *Leuciscus*.

Du Rasoir.

(*Leuciscus cultratus*, nob.)

A considérer ce poisson d'une manière isolée et absolue à côté des ables ordinaires, comme le gardon ou le chevaine, rien ne paraît d'abord plus naturel que de le séparer de ces espèces et d'en faire un genre distinct. C'est ce que M. Cuvier a indiqué dans la seconde édition du Règne animal; car dans la première il avait conçu le genre *Leuciscus* tel que je le laisse aujourd'hui. Toutefois l'illustre auteur du Règne animal range à côté du *cyprinus cultratus*, sous le nom de Chela, plusieurs espèces de Buchanan, dont la bouche porte des barbillons. M. Agassiz[1]

---

1. Mémoire de la Société de Neuchâtel, déjà cité.

avait essayé de mieux préciser les caractères de ce groupe, en disant que les CHELA ne comprendront plus que les espèces à barbillons, qui viennent toutes des Indes; que l'on en retirera les espèces à corps trapu dont les ventrales sont très-longues, aussi originaires des Indes, et en formant, sous le nom de PELECUS, un genre distinct.

La plupart des ichthyologistes actuels ont suivi cette marche. Quant à moi, je ne crois pas devoir adopter cependant et séparer cette espèce singulière des autres ables; car je ne trouve pas d'autres caractères distincts que la longueur de la pectorale.

Voici la diagnose de ce genre :

« PELECUS. Corps très-comprimé et alongé; ventre tran-
« chant; dorsale opposée à l'anale, qui est très-
« longue; pectorales très-longues; ligne laté-
« rale brisée. »

En plaçant à côté de notre *cypr. cultratus* d'Europe les espèces que nous avons reçues des Indes, et qui sont voisines du *cyprinus clupeoides* de Bloch, on voit qu'il est impossible de séparer dans deux genres distincts ces différens poissons. Ils ont tous, en effet, le corps comprimé, alongé, semblable pour la forme à notre rasoir. Celui-ci a le ventre tranchant depuis la gorge jusqu'à l'anus; une autre espèce n'a le ventre comprimé et tranchant que jusqu'à la ventrale; l'espace entre cette nageoire et l'anale est méplat; d'autres, comme l'ablette, ont le ventre tranchant sur ce même intervalle, et il est arrondi depuis la nageoire paire abdominale jusques sous la région pectorale.

La dorsale, opposée tout-à-fait à l'anale dans le poisson d'Europe, ne l'est plus autant dans les espèces étrangères.

La ligne latérale, brisée d'une manière si singulière dans notre able, ne présente plus cette singularité dans les espèces voisines, et qui, je le répète, lient ces ables entre eux et ne peuvent être éloignées du *cyprinus cultratus*. Si M. Agassiz eût examiné les dents pharyngiennes, il les aurait trouvées semblables à celles du rotengle (*leuc. erythrophthalmus*), tandis que celles des espèces voisines les ont coniques et crochues comme celles de nos ablèttes. Telles sont les raisons qui ne me font pas admettre les genres indiqués dans l'ouvrage que j'ai analysé avec beaucoup de soin, parce qu'il venait d'un auteur recommandable. Que M. Agassiz ne voie dans ces critiques que ma sincérité pour ce que je crois être la vérité scientifique : j'ai pour lui une vive et sincère amitié; je professe pour son talent une haute admiration; ce que je désire le plus, c'est de le convaincre : j'ai eu la patience d'examiner un à un plus de cinq cents individus des nombreuses espèces d'ables que je viens de décrire; j'en ai retiré, toutes les fois que je l'ai pu, les dents pharyngiennes; je les ai préparées et j'en ai répété la description même quand elles se ressemblaient, pour que l'on ne croie pas que j'ai quelquefois jugé par présomption, et je demeure convaincu qu'il y a plus d'affinité générique entre tous ces ables qu'il y en a peut-être entre quelques espèces de certains genres que nous n'avons pas cru devoir subdiviser. Plusieurs percoïdes en offriraient la preuve. Je sais bien que ces divisions dépendent de la valeur que l'on attache à tel caractère générique ou spécifique; mais je crois que, si l'on fait descendre trop bas la valeur du caractère générique, et que l'on arrive ainsi à séparer dans des genres distincts les espèces les plus voisines seulement d'après quelques caractères de longueur d'organes, tels que les pectorales, alors on rendra impossible toute philosophie en histoire naturelle, tout rapprochement de distribution zoologique des espèces sur le globe : questions de zoologie générale qui seules donnent de l'intérêt aux travaux de détails nécessaires pour aborder la solution de ces grands problèmes.

N'admettant pas le genre PELECUS, je vais donner, sous le nom de *Leuciscus cultratus*, une description détaillée de ce beau poisson, étranger aux eaux douces de notre France, mais abondant vers l'est de l'Europe et le nord de l'Asie.

Ce poisson a le corps remarquable par sa grande compression et par son ventre caréné. La plus grande épaisseur fait le quart de la hauteur, qui est comprise cinq fois et quelque chose dans la longueur totale. La tête, courte et petite, ne fait guère que le sixième de cette même longueur totale; son œil est grand, et trois fois et trois quarts dans la tête. Les quatre sous-orbitaires sont très-étroits et presque perdus sous la peau : cependant le premier cache entièrement le maxillaire. Cette disposition explique la brièveté de la mâchoire supérieure; celle de la face de l'animal, qui n'est alongée que par la saillie de toute la mâchoire inférieure. Une légère échancrure se voit sur le milieu de la mâchoire supérieure et à laquelle correspond, sur l'inférieure, un petit tubercule pour y entrer.

L'articulation de la mâchoire inférieure n'atteint en arrière l'aplomb du bord antérieur de l'orbite. La joue, nue et argentée, est toute cutanée, attendu que le préopercule est entièrement couvert par la peau et qu'il recouvre presque en entier l'interopercule; l'opercule a quelques fines stries, et le sous-opercule est très-étroit et presque terminé en pointe vers l'angle. Le bord membraneux est assez large : les trois rayons branchiostèges se voient sur le bas de l'ouverture branchiale. La mâchoire inférieure et le limbe du préopercule sont percés d'une série de pores très-petits.

Les dents pharyngiennes sont au nombre de sept, cinq sur le bord externe, deux à l'interne : elles ont une couronne étroite, comprimée, pointue, crochue à l'extrémité et dentelée sur le bord : ce sont des dents semblables à celles des rotengles ou du genre *Scardinius*. Presque toute l'ossature de l'épaule est cachée sous le bord membraneux de l'appareil operculaire. Elle porte une pectorale remarquable par sa longueur, qui est du tiers de celle du corps, la caudale non comprise, laquelle entre cinq fois et demie dans la longueur totale. Cette nageoire, à base large, est articulée de manière à se coller contre le corps, et sa pointe dépasse l'insertion de la ventrale : celle-ci est pointue, moins longue à proportion que la pectorale : elle est comprise sept fois dans la longueur du corps sans y comprendre la caudale, à cause de la compression ou de la carène du ventre ; elle est articulée sur le côté au lieu d'être en dessous comme dans les autres cyprins. Cependant la compression de l'arrière du tronc en avant de l'anus, place les nageoires de l'ablette un peu comme celles-ci, et montre les rapports qui lient entre eux tous ces poissons.

L'anus est un peu au-delà de l'endroit où les ventrales peuvent atteindre, et des deux tiers de la longueur du tronc. Une longue anale, coupée en faux, suit sous le tronçon de la queue. La caudale est fourchue ; la dorsale, petite, est reculée sur le dos au-delà de l'anus ; car le premier rayon de cette nageoire répond au huitième de l'anale.

D. 9; A. 30; C. 25; P. 19; V. 9.

La ligne latérale est très-remarquable par les sinuosités qu'elle fait sur le corps. Naissant sur le haut de l'épaule, elle se porte horizontalement sur les huit premières rangées d'écailles : elle descend verticalement sur onze rangées ; elle est alors marquée sur la dernière près de la carène du ventre, mais elle remonte pour passer au-dessus de la ventrale, où elle devient convexe, laissant six rangs d'écailles au-dessous d'elle ; puis elle remonte parallèlement au bord de l'anale, n'ayant que quatre écailles pour la séparer de la base de cette nageoire, et elle se courbe pour atteindre la base de la caudale. Les écailles sont petites et par conséquent nombreuses.

17.

J'en compte quatre-vingt-douze rangées entre l'ouïe et la caudale, sur vingt ou vingt-deux rangées dans la plus grande hauteur. La couleur est un bleu d'acier très-brillant sur une petite partie du dos; tout le reste est d'un beau blanc d'argent.

La cavité abdominale est longue et fort étroite; le canal intestinal se replie deux fois et est aussi long que le corps du poisson. Le foie a deux lobes grêles et étroits, dont l'un s'étend dans toute la cavité droite du ventre. La vésicule du fiel est petite; la rate, de peu de volume, est brune; la seconde portion de la vessie aérienne est longue et fort étroite.

Il y a quarante-huit vertèbres à la colonne vertébrale et vingt paires de côtes.

Nos individus ont un pied et quelque chose de longueur.

Nous en avons reçu du Danube; un autre, originaire du Volga, a été donné au Cabinet du Roi par M. le baron de Humboldt, et M. Nordmann en a offert d'autres, originaires des eaux douces de la Crimée.

C'est par la description et la figure publiées dans le Voyage de Linné, en Scanie[1], où l'espèce est indiquée comme un poisson de la Baltique, que le *Cyprinus cultratus* prit rang dans le *Systema naturæ*. On ne doit pas dire que ce sont les premiers documens publiés sur ce singulier poisson, puisque dès 1726 Marsigli en avait donné, dans son Histoire du Danube[2], une représentation reconnaissable, quoique défectueuse sous plusieurs points. Il en a exagéré la ressemblance avec les clupées, en le comparant au *sarachus* d'Aldrovande; de même que Wulff[3],

---

1. *Iter Scand.*, p. 82, tab. 2.
2. Tom. IV, p. 21, ch. 8, tab. 8.
3. *Icht. Boross.*, p. 40, n.° 51.

qui lui a donné pour synonyme le *chalcis altera Ronde-letii*, ou le *Hæring in süssen Seen*, de Johnston[1]. Le silence d'Artedi et de presque tous les auteurs des Faunes septentrionales du continent ou d'Angleterre, prouve que l'espèce n'habite pas ces contrées. M. Nilsson[2] a cependant cité ce poisson comme originaire de la Baltique, et, à cause de la longueur de l'anale, il en a fait un de ses *Abramis*.

On ne la trouve pas en France ni au-delà du Rhin, mais vers le nord et à l'est de l'Europe : nous le voyons cité par tous les naturalistes.

Klein[3], qui a composé son article à peu près comme Marsigli, critique avec raison cet auteur d'avoir comparé cette espèce au poisson d'Aldrovande ; mais, par un bizarre sentiment des rapports entre les êtres, il rapproche ce cyprin, à corps comprimé et à bouche sans dents, du brochet, dont le corps est arrondi, et la gueule, large et bien fendue, est hérissée de dents sur presque toutes ses parties. La figure donnée par Klein est également reconnaissable, mais elle est encore bien plus défectueuse que celle de l'historien hongrois.

Bloch a donné, tab. XXXVII, sous le nom de Rasoir, une bonne description et une meilleure figure de l'espèce que ses devanciers. La critique, par laquelle son article est terminé, est pleine de justesse. Je ne trouve de reproche à la figure de Bloch, que la dureté avec laquelle les écailles et la ligne latérale sont tracées. Toute-

---

1. *Hist. pisc.*, tab. 3o, fig. 17.
2. Nilss., *Pisc. Scand.*, p. 32, n.° 15.
3. *Miss.* V, p. 74, n.° 3, tab. 20, fig. 3.

fois Bloch a donné la description d'après un individu pris dans un lac de la Nouvelle-Marche, où il avait été introduit par M. le comte de Marwick. Aussi je le crois moins exact à l'égard de quelques détails de mœurs que M. Reisinger[1], qui a vu souvent ce poisson abondant en Hongrie, dans le Danube, le lac Balaton, où on le nomme improprement hareng. Il le donne comme la proie du Sandar (*perca lucioperca*). Cet able se nourrit, comme les autres, d'insectes, de petits vers et même de limon : il fraie des milliers d'œufs; il atteint à un ou deux pieds, et à cause de sa chair molle et remplie d'arètes, il n'est mangé que par le bas peuple. Son nom hongrois, suivant Marsigli, est *Sablar,* que ne cite pas M. Reisinger. Son nom allemand *Sichel* a été altéré en conservant cette racine; il vient de la forme de son corps comprimé et tranchant en lame de faux. Suivant Wulf, il se nomme *Ziege* ou *Zicke,* que Bloch dit exprimer maigreur de sa chair.

Pallas[2] nous apprend aussi que le *Cypr. cultratus* se tient en assez grande abondance dans tous les grands fleuves ou lacs de la Russie d'Europe, principalement dans le système des rivières qui versent leurs eaux dans la Caspienne et la mer Noire; il remonte aussi jusques à Cama et à l'Oua, et, suivant le témoignage de Steller, de Merk et de Tilesius, il n'existe pas dans les fleuves de la Sibérie transourale et dans le Kamtschatka. On vend son frai, sous le nom de *snetki,* sur tous les marchés de la Russie pendant l'hiver. Les noms de l'adulte sont, dans les différens dialectes, *sabla-ryba,* sur le Volga; *tsche-*

---

1. *Pisc. Hung.*, p. 79, n.° 25.
2. *Faun. Ross. asiat.*, p. 331, n.° 239.

chon, dans la petite Russie; *bokowna*, dans le district de Perme; *berdisch* (c'est-à-dire *hache*), chez les Calmouques; *uldoe* ou *uldou* et *kyltschak* chez les Tartars.

Depuis, M. Tilesius en a donné une nouvelle figure dans les Mémoires de Pétersbourg [1], et plus récemment M. Nordmann [2], qui a suivi M. Agassiz dans la classification ichthyologique des cyprins pour sa Faune de la Russie méridionale, en a publié une bonne figure pour éclairer la simple note écrite sur ce poisson dans cet ouvrage.

Tous ces auteurs s'accordent à dire qu'il fraie en Mai; qu'il pond un très-grand nombre d'œufs, mais que sa chair est mauvaise et farcie d'arêtes.

L'Able coutelet.

(*Leuciscus cultellus*, nob.)

Nous avons reçu des eaux douces de Coromandel un able voisin de celui-ci, mais qui rentre aussi, par plusieurs caractères, dans les ables précédens.

En effet, il a le corps élevé et comprimé, ainsi que les pectorales longues du *cypr. cultratus*. Mais déjà la carène du ventre s'arrête à l'insertion des ventrales; les pectorales, de même forme, n'atteignent pas les ventrales; la ligne latérale est légèrement courbe et ne fait pas d'ondulations; les dents pharyngiennes, en même nombre et sur deux rangs, ont une couronne comprimée, pointue, un peu crochue et sans dentelures. La dorsale, reculée sur le corps, est insérée au-devant de l'anale, qui est beaucoup moins longue.

Ce poisson a le profil du dos un peu convexe ou soutenu au-

---

1. Mém. de l'acad. impér. de Pétersbourg, vol. IV, p. 461, tab. 15, fig. 6 — 7.
2. *Faun. Pont.*, p. 502, pl. 24, fig. 1.

dessus de la nuque ; puis auprès de la dorsale il devient un peu creux ; celui du ventre est concave régulièrement jusqu'à la caudale. La hauteur est comprise cinq fois et presque une demie dans la longueur totale. Elle est égale à la longueur de la tête. L'œil est petit, du cinquième de la longueur de la tête ; les osselets sous-orbitaires sont larges et visibles sur la joue ; le maxillaire est recouvert ; la bouche est plus fendue ; la mâchoire inférieure est moins saillante ; la pectorale est comprise trois fois et deux tiers dans la longueur du corps, la caudale non comprise, qui y est contenue sept fois et demie ; la ventrale est très-courte et ne fait que le dixième de la longueur de la tête et du tronc réunis ; l'anus s'ouvre à une fois sa longueur en arrière ; l'anale est basse, peu pointue, surtout en arrière ; la caudale est peu fourchue ; la dorsale est petite.

D. 9 ; A. 17, etc.

Les écailles sont très-petites : il y en a cent trente rangées entre l'ouïe et la caudale, et dix-sept au-dessus de la ligne latérale et onze au-dessous.

Le verdâtre du dos est séparé de l'argenté métallique des côtes et du ventre par une ligne bien tranchée ; les nageoires ont des restes de jaunâtre ou d'orangé.

La tête de ce poisson ressemble beaucoup, aux dents près, à celle d'un chirocentre.

La longueur de l'individu est de sept pouces.

Il a été envoyé par M. Leschenault.

L'ABLE CLUPÉOÏDE.

(Leuciscus clupeoides, nob.)

Un autre able, voisin du précédent, a la plus grande ressemblance avec le *Cyprinus clupeoides* de Bloch.

Il a, comme notre rasoir, le ventre tranchant, caréné et dentelé en scie jusqu'à l'anale. La nuque est moins relevée que dans le précédent, mais le dos est plus régulièrement convexe. La tête égale la hauteur du tronc et mesure le cinquième de la longueur totale. L'œil est plus grand, plus haut sur la joue; le préopercule moins large; la mandibule supérieure moins échancrée; l'inférieure aussi saillante; les dents pharyngiennes sont sur trois rangs : l'un en porte cinq, la seconde trois, la dernière deux : elles sont toutes coniques, à pointe crochue, sans dentelures; la pectorale faite de même est aussi longue; l'anale est plus courte, un peu en lame de faux; la dorsale est beaucoup moins reculée sur le dos, car il s'en faut de très-peu que son premier rayon ne s'élève sur le milieu du corps.

D. 9 ; A. 14, etc.

La ligne latérale est plus concave que dans l'espèce précédente, mais elle se porte sans autre inflexion jusques à la caudale. Il y a soixante-dix rangées d'écailles entre l'ouïe et la caudale : elles sont lisses.

La couleur du dos tranche fortement avec l'argenté des flancs et du ventre.

Notre individu a quatre pouces et demi : il vient du Mysore. C'est M. Dussumier qui l'a rapporté en 1827.

Le *Cyprinus clupeoides* que Bloch tenait de Tranquebar par les soins du missionnaire John, aurait, selon cet auteur, treize rayons à l'anale, neuf à la dorsale. On voit que de toutes nos espèces celle que nous venons de décrire convient le plus à la description fort abrégée de l'ichthyologiste de Berlin.

L'Able sardinelle.
(Leuciscus sardinella, nob.)

Nous avons reçu de la rivière de Rangoon, l'Irrawaddi, par les collections de M. Regnault, chirurgien à bord de la Chevrette, un able voisin de ceux-ci, mais qui s'en distingue aisément par sa petite tête et son museau pointu : elle est comprise six fois et demie dans la longueur totale. L'œil est grand dans un orbite élevé sur le haut de la joue, assez près du bout du museau ; la mâchoire inférieure dépasse très-peu la supérieure ; les dents pharyngiennes sont petites, serrées, sur trois rangées, de cinq, de quatre et de trois. La couronne, conique, a la pointe aiguë et crochue. La nuque n'est pas convexe ; la hauteur du tronc n'est que cinq fois et demie dans la longueur totale ; la dorsale est reculée au-delà des deux tiers de la distance entre le bout du museau et la caudale, et est au-dessus des premiers rayons de l'anale. Les pectorales n'atteignent pas aux ventrales : elles sont comprises cinq fois dans la longueur totale. Les ventrales touchent à la moitié de la distance entre leur insertion et l'anus.

D. 9 ; A. 22, etc.

Les écailles sont grandes, minces, très-finement striées et caduques ; le côté du poisson ressemble tout-à-fait à celui d'une sardine. La ligne latérale descend par une courbe insensible vers le ventre, dont elle suit la courbure : elle est composée, comme à l'ordinaire, d'une suite de tubercules. On voit, sur le côté, une sorte de raphé qui suit la colonne vertébrale depuis le haut de l'épaule jusqu'à la caudale, et qui ressemble, jusqu'à un certain point, à une seconde ligne latérale. Cependant en soulevant la peau on ne voit pas de nerf suivre ce tracé. Cela explique comment M. Buchanan parle des cyprins ayant deux et même trois lignes latérales. M. John M'clelland a répété après lui la même chose.

Le poisson brille d'un bel éclat argenté.

L'individu est long de six pouces et demi.

L'ABLE PETIT RASOIR.

(*Leuciscus novacula*, Val.)

J'ai représenté, dans l'Atlas zoologique du Voyage de feu Victor Jacquemont[1], ce petit able voisin des précédens, et surtout du *Leuciscus clupeoides*.

Il a le profil du dos plus droit, celui du ventre très-arqué sous les pectorales, caréné et saillant entre les ventrales et l'anale. La hauteur, plus grande que la tête n'est longue, est cinq fois dans la longueur totale. La mâchoire inférieure plus longue que la supérieure; les dents pharyngiennes, sur trois rangs, au nombre de cinq, de quatre et de trois sur chaque rangée : elles sont plus petites que celles des ables voisins. L'œil est plus grand; l'opercule plus arrondi; le sous-opercule plus étroit. La dorsale, un peu plus en arrière que celle du *cypr. clupeoides*, répond aux premiers rayons de l'anale; les pectorales, longues et pointues, n'atteignent pas tout-à-fait les ventrales, lesquelles touchent presque à l'anus.

D. 9; A. 17, etc.

Les nombres de l'anale diffèrent donc aussi un peu. La ligne latérale descend par une grande courbure dans la grande saillie du ventre, et se relevant un peu avant la ventrale, elle marche parallèlement au profil du ventre, sans se relever, jusqu'à la caudale, de sorte qu'elle est presque aux trois quarts de la hauteur à l'aplomb des ventrales, ainsi que sur le tronc de la queue. On sait que le plus souvent cette ligne passe par le milieu du tronc de la queue. Je ne vois rien qui représenterait ici une seconde ligne latérale. Il y a soixante rangées d'écailles sur le côté, quinze au-dessus et trois au-dessous à l'aplomb de la ventrale et sur la pectorale, j'en trouve seulement douze au-dessus et cinq au-dessous de la ligne.

La couleur est un argenté brillant, à teintes vertes, pâles sur le dos. Les nageoires pourraient bien avoir été rouges.

----

1. Val. chez Jacquemont, Voyage aux Indes, pl. 15, fig. 2.

17.   33

Nous en avons huit ou dix individus tous longs de quatre pouces à quatre pouces et demi.

L'Able lancette.

(*Leuciscus scalpellus*, nob.)

Un autre petit able des eaux douces de Ceylan, par M. Leschenault, ressemble encore aux précédens.

Il a le dos plus droit, le corps plus étroit, parce que la courbure du ventre est beaucoup moins forte. La hauteur est du sixième de la longueur totale ; la tête dépasse un peu cette mesure ; l'œil est tout-à-fait sur le haut de la joue ; les dents pharyngiennes en même nombre, cinq sur le rang externe, puis quatre, puis deux seulement.

La dorsale reculée ; l'anale basse ; la pectorale atteint à la ventrale.

D. 9 ; A. 17, etc.

La ligne latérale courbe et parallèle au ventre ; les écailles caduques ; le dos vert ; le reste du corps brille du plus bel éclat d'argent.

Ce petit poisson ressemble aussi à une sardine. Il n'a que trois pouces.

L'Able petite lame.

(*Leuciscus acinaces*, nob.)

M. Dussumier a rapporté des eaux douces de Mysore une autre petite espèce, voisine de la précédente,

mais qui a le corps plus haut et plus trapu ; parce que la courbure du ventre est plus sensible. La hauteur est du cinquième de la longueur totale. Le profil du dos est tout-à-fait rectiligne. L'œil est plus grand que dans aucun autre : son diamètre n'est que deux fois et demie dans la longueur de la tête, qui est elle-même assez

alongée : elle est comprise quatre fois dans la distance du bout du
museau à la caudale.

D. 9; A. 13.

La ligne latérale est courbe; les écailles très-caduques; une bandelette argentée sépare le vert du dos de l'argent brillant du ventre.

L'individu n'a que trois pouces. Ses dents pharyngiennes
sont semblables à celles des espèces voisines.

*L'*ABLE MACROCHIRE.

(Leuciscus macrochirus, nob.)

MM. Kuhl et Van Hasselt ont envoyé, de Java, au musée royal de Leyde, sous le nom de *Clupea macrochira*,
un able qui se rapproche par ses formes du *Cypr. cultratus.*

Voici la description que j'en ai faite à Leyde.

Ce poisson a le corps alongé et comprimé comme le rasoir (*cypr.
cultratus*); sa hauteur est du sixième environ de la longueur totale;
la tête est dans les mêmes proportions; la bouche est très-large-
ment fendue; la mâchoire inférieure dépasse de beaucoup la supérieure; l'œil est de médiocre grandeur; la dorsale est petite, reculée sur les premiers rayons de l'anale, qui est longue; la caudale
fourchue, la ventrale petite et courte; la pectorale, au contraire,
très-longue et terminée par un filet à peu près du quart de la longueur totale.

D. 8; A. 25; C. 19; P. 14; V. 7.

La ligne latérale est droite et par le milieu de la hauteur; les
écailles, très-petites, au nombre de quatre-vingt-dix rangées entre
l'ouïe et la caudale. La couleur est argentée, avec une tache grise
au-dessus de la pectorale.

L'individu a près d'un pied.

On voit que ce poisson diffère de l'espèce d'Europe par

sa ligne droite; par ce caractère il se rapproche du *cypr. clupeoides* de Coromandel, mais sa tête est tout-à-fait distincte. Je lui ai conservé l'épithète que les savans voyageurs hollandais lui avaient donnée pendant leurs travaux; mais l'espèce n'a pas les pectorales assez longues, quand on n'en fait pas une clupée, pour mériter plus qu'une autre cette dénomination.

L'ABLE A VENTRE AIGU.

(*Cyprinus oxygaster*, nob.)

J'ai dessiné et décrit à Leyde une autre espèce, voisine des précédentes. C'est celle que MM. Kuhl et Van Hasselt ont envoyée au musée royal de cette ville sous le nom d'*Oxygaster anomalurus*.

C'est un poisson à ventre tranchant, sans dentelures, dont le profil est courbe et concave : celui du dos est presque droit; l'anale est très-longue; la dorsale, un peu au-devant du premier rayon de la nageoire de l'anus, est sur le milieu du corps. La ventrale est petite; la pectorale, de longueur médiocre, touche cependant à l'insertion de la ventrale. La caudale, fourchue, a le lobe inférieur beaucoup plus long que le supérieur.

D. 6; A. 29; C. 19; P. 12; V. 7.

Les écailles sont assez grandes et caduques; la ligne latérale suit la courbure du profil de l'abdomen par le quart inférieur de la hauteur du tronc, comprise cinq fois dans la longueur totale. La tête est plus courte; la mâchoire inférieure dépasse la supérieure; l'œil est assez grand. Les dents pharyngiennes sont en même nombre que celles des ables précédens.

Le dos de ce poisson est vert, irisé de bleu et de jaune; le ventre est irisé en lilas; deux traits longitudinaux et noirs colorent la caudale; les autres nageoires sont grises; la dorsale et la pectorale ont un peu de jaunâtre.

Ce poisson, originaire de Batavia, est long de quatre pouces. Les naturalistes à qui l'ichthyologie est redevable de tant de découvertes intéressantes, avaient d'abord nommé cette espèce *Clupea anomalura*; puis ils ont eu l'idée d'en faire un genre particulier sous le nom d'*Oxygaster*; on voit d'ailleurs pourquoi nous n'avons pas dû adopter ce nouveau nom, pas plus que celui de *Chela*, pour séparer génériquement ce cyprinoïde des autres ables.

L'ABLE AU RUCHER.

(*Leuciscus apiatus*, nob.)

J'ai cru devoir décrire tout-à-fait à part, mais toujours dans le genre des ables, un cyprinoïde très-curieux, que nous devons aux recherches de M. Victor Jacquemont.

On reconnaît les individus de cette espèce,

à ce que les lèvres, les branches de la mâchoire inférieure, le premier sous-orbitaire, l'interopercule, les rayons branchiaux et quelques parties du front sont recouverts d'une peau épaisse, dans laquelle sont creusées de petites cellules hexagonales, rapprochées comme les loges d'un gâteau d'abeille : chaque loge est remplie d'une substance qui paraît au microscope, sous des grossissemens de trois cents fois, contenir des globules simples d'une excessive petitesse, parfaitement transparens, ronds, sans aucun prolongement. Ils sont différens des sporospermes observés par Muller; M. Rayer, qui a bien voulu les examiner, les a trouvés, comme moi, d'une nature toute particulière. Les trois individus que j'ai sous les yeux présentent cette disposition constante sur toutes les régions de la tête que j'ai citées, mais à des degrés de développement inégaux. D'ailleurs le poisson a la forme d'un jeune rotengle; la hauteur est à peu près du quart de la longueur totale; celle de la tête en fait le cinquième. L'os de l'épaule est remarquable par sa largeur et par la saillie de son apophyse postérieure au-dessus de la pectorale; la peau, qui est au-devant de la nageoire, est épaisse et nue, de sorte que sous la poitrine, qui est plus large que dans les autres ables, les écailles s'avancent par une simple bandelette étroite jusques sous l'isthme des branchies. La pectorale est d'ailleurs arrondie, courte et large; la ventrale, plus petite, est de même forme; la caudale est fourchue; les autres nageoires n'ont rien de remarquable, seulement la dorsale est un peu reculée.

D. 9; A. 10; C. 19; P. 14; V. 9.

La ligne latérale est légèrement concave; il y a quarante-deux rangées d'écailles sur le côté; la couleur est un verdâtre argenté égal sur tout le côté; les nageoires ne présentent pas de teintes remarquables.

La longueur des individus est de cinq à six pouces.

Il y a déjà long-temps que j'ai donné la figure de cette jolie espèce, découverte par M. Jacquemont, dans l'atlas de son voyage, pl. 15, fig. 3, et dont on pourrait faire un genre distinct, si l'on attribuait à ces détails spécifiques une valeur caractéristique supérieure à celle que méritent ces particularités.

J'ai indiqué plus haut, parmi les espèces d'ables, des poissons du Nil décrits par M. de Joannès. Il y a lieu de croire que le Nil nourrit encore d'autres poissons du même genre, mais qui ont échappé jusqu'à présent aux recherches savantes et actives, soit du célèbre voyageur de Francfort, M. Ruppel, soit des autres naturalistes qui ont exploité l'Égypte. J'ai trouvé, en effet, dans les dessins de M. Riffaut,

Un cyprinoïde sous le nom de GILLÉ (*Leuciscus Gille*),

qui a le profil du dos bombé; la dorsale haute et pointue de l'avant; la caudale assez large; les écailles assez grandes; le corps et les nageoires grises.

Un second, sous le nom de Bisarre (*Leuciscus Bisarre*),

a le corps plus grêle, très-étroit ; la caudale remarquablement grande ; l'anale longue et basse ; la dorsale haute et pointue ; l'œil très-petit, ainsi que les écailles ; les couleurs grises teintées de verdâtre sur le dos.

Un troisième, sous le nom de Cir (*Leuciscus Cir*),

a le corps étroit ; la dorsale haute et plus longue ; l'anale très-basse et courte ; la caudale de largeur ordinaire ; des écailles à peine visibles.

On conçoit que ces courtes mentions ne peuvent servir qu'à indiquer ces espèces aux recherches des naturalistes. Les notes du dessin de M. Riffaut me font voir que le nom de *Bibi* ou de *Bibié*, donné par M. de Joannès à l'une de ses espèces, est générique, et qu'il s'applique à d'autres dont j'ai la représentation au moins pour deux espèces, mais trop vague pour en tenir compte, comme je viens de le faire pour les précédentes.

Nous avons eu le soin d'indiquer aussi les espèces dont nous n'avons connaissance que par les peintures chinoises venues en Europe, et dont nous ne pouvons soupçonner la fidélité ; car, en ayant réuni un assez grand nombre, soit par des calques pris dans les bibliothèques de Londres et de Hollande, soit par des originaux rassemblés avec soin par M. Cuvier ou par moi-même, nous trouvons dans ces diverses figures, qui ne sont pas copiées l'une sur l'autre, des représentations d'espèces identiques ou au moins très-voisines.

On sait aussi que nous avons reconnu, sur la nature même, la fidélité de ces peintures ; déjà M. de Lacépède en avait fait usage avec raison et sagacité : nous ne devons donc pas négliger ces documens. Une première remarque, c'est que dans l'imprimé japonais, cité plusieurs fois par Lacépède, par nous-même, et dont nous avons dû l'explication du texte, traduit en chinois, à l'infatigable complaisance et à l'immense savoir de M. Abel Remusat, nous ne trouvons qu'un able reconnaissable, lorsqu'il y a au contraire plusieurs Saumons ou Clupées.

On pourrait l'appeler *Leuciscus coreensis.*

Cet able ressemble un peu à nos chevaines ;

sa mâchoire supérieure dépasse l'inférieure ; la dorsale est reculée ; l'anale est petite ; les nageoires paires sont arrondies et courtes ; les écailles assez grandes ; le dos, la dorsale, la caudale sont noirs ; les côtes sont gris-verdâtres ; le ventre est blanc ; les nageoires inférieures ont du grisâtre.

Parmi les peintures chinoises que je puis rapprocher l'une de l'autre, j'ai d'abord à mentionner le recueil de peintures chinoises de la bibliothèque du Muséum d'histoire, cité souvent par Lacépède, les beaux dessins chinois que je dois à l'amitié de M. Dussumier, les copies faites en Angleterre par Mme Bowdich, et enfin de jolis dessins chinois que la princesse Marie d'Orléans, duchesse de Wurtemberg, a bien voulu me donner pour en faire entrer les documens dans l'histoire des poissons ; ouvrage auquel son esprit aussi juste qu'éclairé savait porter un vif intérêt, et qu'elle daignait honorer de sa haute protection : qu'elle reçoive avec le tribut de mes regrets les sincères expressions de ma reconnaissance.

Je trouve d'abord une première espèce qui a quelque ressemblance par la largeur de son corps avec les brèmes, mais dont la tête et l'anale sont différentes.

L'Able rosette.

(*Leuciscus rosetta*, nob.)

Elle a en effet

la tête alongée et l'anale courte; la tête est le tiers de la longueur;
la dorsale est pointue et sur le milieu de la longueur; tout le dos
et la tête sont verts, fondu par une nuance insensible jusques sur
le clair du ventre ou de la gorge, et le tout glacé d'argent; des
taches vertes sont éparses sur les flancs; il y a des teintes roses
sur la caudale, sur l'anale et même sur les nageoires paires.

On doit rapporter à la même espèce un autre dessin
chinois, conservé dans la bibliothèque de Banks. Le dessin représente un poisson de dix pouces et demi.

L'Able fintelle.

(*Leuciscus fintella*, nob.)

Une autre espèce du même recueil a le corps large
comme une alose, et elle est tachetée comme la finte. J'ai
imaginé le nom sous lequel je la désigne pour rappeler
cette similitude.

La hauteur fait près du tiers de la longueur totale; la tête, beaucoup plus courte, n'en est guère que le cinquième; la bouche est
petite et sans dents; la ligne latérale, courbe, est marquée par une
sorte de cordelette; le dos est verdâtre, tacheté de vert plus foncé;
au-dessous de la ligne il n'y a plus de tache, et tout le côté est
argenté; la dorsale est verte; les autres nageoires sont rosées avec
quelques teintes verdâtres.

Le dessin représente un poisson long d'un pied.

L'ABLE BRAMULE.

(*Leuciscus bramula*, nob.)

Mme Bowdich nous a envoyé le calque de deux dessins
de la bibliothèque de Banks, qui sont évidemment faits
sur des poissons très-voisins de la brème; l'une d'elles

a la tête petite et courte, du cinquième de la longueur totale; le
tronc haut, du tiers environ de cette même longueur; les écailles
grandes, marquées chacune d'une petite carène longitudinale relevée; la ligne latérale peu courbée; l'anale a une longueur comprise quatre fois et demie dans celle du corps; la caudale est très-
fourchue; la dorsale, pointue, élevée sur la première moitié de la
longueur; le dos est coloré en brun verdâtre, étendu sur la dorsale et la caudale; le ventre est argenté; les pectorales, les ventrales
et l'anale sont brunâtres et pâles.

Le dessin représente un poisson de neuf pouces.

La seconde figure donne les mêmes formes et les mêmes
proportions.

L'anale est peut-être un peu plus étendue, mais les écailles paraissent sur le dessin plus petites, et elles ne portent pas ce petit
trait longitudinal représenté sur les autres. La ligne latérale est très-
faiblement marquée.

Le dos est vert-jaunâtre, un peu plus rembruni que la tête; le
ventre est argenté; la dorsale et la caudale sont vertes, un peu plus
foncées que les autres nageoires.

Il est probable que ces deux dessins représentent la
même espèce, et que la légère différence dans les teintes
et la rudes. des écailles tiennent à l'époque de l'année
où on aura pris les individus.

L'ABLE CHEVANELLE.

(*Leuciscus chevanella*, nob.)

Le recueil du Muséum contient le dessin d'un able à téte courte, du sixième de la longueur totale; à museau saillant au-devant de la mâchoire inférieure; à profil du dos très-relevé, de sorte que la hauteur est du tiers de la longueur du tronc, la caudale non comprise.

Tout le dos est vert, glacé d'argent, avec un point vert plus foncé dans l'aisselle de chaque écaille; sur les côtés, le vert se perd déjà sous le brillant d'argent dont le ventre est couvert. La dorsale, large et assez avancée sur le dos, est verdâtre, ainsi que la caudale aux lobes arrondis. Les autres nageoires sont pâles.

Le dessin représente un poisson de sept pouces.

L'ABLE MOLITORELLE.

(*Leuciscus molitorella*, nob.)

Parmi les dessins de M. Dussumier il y a un able qui ressemble un peu au précédent, mais qui en est cependant bien distinct.

C'est un poisson à dorsale un peu longue pour un able, à profil supérieur soutenu, à tète bombée entre les yeux, dont la longueur est comprise cinq fois et demie dans la longueur totale. La caudale a des lobes arrondis peu alongés; un gris verdâtre, plus ou moins foncé, colore le dos et le dessus de la tète; le reste du corps est argenté, irisé de lilas; les nageoires ont des teintes roses. Une tache bleue se montre au-dessus de la pectorale.

Le dessin représente un poisson de onze pouces trois lignes.

L'ABLE MEUNIÈRE.

(*Leuciscus molitrix*, nob.)

Mme Bowdich nous a envoyé de Londres un autre dessin, dont les couleurs rappellent celles des précédens.

Mais il a les écailles petites, la dorsale courte et haute de l'avant, l'anale plus étendue. Le dos est vert rembruni, le ventre argenté, les lèvres roses, l'opercule lavé de rouge : toutes les nageoires sont teintées de rose.

Le poisson a onze pouces.

L'ABLE JESELLE.

(*Leuciscus jesella*, nob.)

Une autre espèce

a le corps alongé ; car la hauteur est le cinquième de la longueur totale. Celle de la tête égale la hauteur du tronc. Les maxillaires sont larges et recouvrent la mâchoire inférieure. Le dos est vert uniforme, et le ventre jaune doré brillant ; toutes les écailles sont bordées de vert plus ou moins foncé, ce qui fait paraître le corps sous un réseau de cette couleur. Les nageoires sont pâles.

Le dessin représente un poisson de sept pouces et demi. La forme de la bouche et la couleur jaune ou dorée du ventre appartiennent plus aux truites qu'aux ables ; mais il n'y a pas de dents ni d'adipeuse, que les dessins chinois ne négligent pas ordinairement. Cependant le dessin n'est pas très-rigoureux, car l'anale a été oubliée.

L'Able cuivré.

(*Leuciscus cupreus*, nob.)

Ce dessin représente un able remarquable

par son museau pointu, dont la tête mesure le cinquième du corps; la dorsale est petite et arrondie, l'anale est courte, la caudale peu fourchue, à lobes arrondis; la ligne latérale, un peu concave, est marquée par une série de traits; les écailles sont de moyenne grandeur; la couleur est un cuivre doré comme celle de notre carpe, et elles sont bordées de vert plus foncé, ce qui fait une sorte de reselle verdâtre, dont chaque nœud, répondant aux angles des écailles, est marqué par un point vert. La pectorale, la caudale et la dorsale sont vertes; les autres nageoires sont pâles.

Le dessin est long de dix pouces.

L'Able bronzé

(*Leuciscus æneus*, nob.)

est très-voisin du précédent par les couleurs seulement plus rembrunies,

mais le museau est plus gros; les deux mâchoires sont plus égales; il y a des grosses ciselures sur l'angle de l'opercule.

Toutes les nageoires sont de la même couleur, vertes, glacées de rosé; le dos est beaucoup plus foncé que le ventre.

Je trouve cette espèce représentée par d'autres peintures chinoises, envoyées de Londres par Mme Bowdich. Les dessins sont faits d'après des poissons longs de neuf à dix pouces.

L'Able idelle.
(*Leuciscus idella*, nob.)

Un autre dessin chinois représente un able
à tête large et arrondie en dessus : elle n'a guère que le quart de la
longueur totale, et l'intervalle d'un œil à l'autre est du quart environ de la longueur de la tête. La dorsale est étroite et haute; la
caudale fourchue; l'opercule très-strié; les écailles sont grandes; la
ligne latérale droite; le dos, vert foncé, se fond en jaunâtre sur les
côtés; le ventre est argenté; l'opercule est jaune-verdâtre; l'œil est
doré; toutes les nageoires sont de couleur verdâtre.

Le dessin donne l'idée d'un poisson de quatorze pouces.

L'Able vandelle.
(*Leuciscus vandella*, nob.)

Enfin, ce dernier able est représenté par deux peintures de la bibliothèque de Banks, que nous devons,
comme la précédente, à Mme Bowdich.

Le museau est conique, avancé sur la lèvre supérieure, plus
longue que l'inférieure; les écailles sont de moyenne grandeur; la
ligne latérale très-courbe. Le dos est vert foncé et rembruni; les
flancs sont clairs et le ventre est argenté. La dorsale et la caudale
vertes; les autres nageoires jaunes.

Les dessins ont huit pouces.

Du Véron.
(*Leuciscus phoxinus*, nob.)

Il faut encore mettre à la suite des ables le Véron, que
plusieurs auteurs ont considéré, avec M. Agassiz, comme

devant être d'un genre distinct, sous le nom de *Phoxinus.*
Avec quelques différences dans la forme du corps, mais
qui ne peuvent être prises que comme distinctions d'espèce, il faudrait tenir compte de la petitesse des écailles,
caractère qui n'est aussi que spécifique; les dents pharyngiennes, coniques, crochues et sur deux rangs, sont semblables à celles de nos ablettes.

Le véron est un petit poisson vivant en troupes presque
innombrables dans nos rivières, avec le chabot (*cotus
gobio*) et la loche (*cobitis barbatula*).

Le museau du véron est gros et arrondi; la tête du cinquième
de la longueur totale; l'œil, petit, sur le haut de la joue; les deux
mâchoires égales; la bouche petite; les dents pharyngiennes sur
deux rangs : l'externe composé de cinq, l'interne de deux; chaque
dent conique peu comprimée; la couronne, sans dentelures, terminée par une pointe aiguë et recourbée; le corps, arrondi, a le
profil du dos et du ventre arqué, de manière que la hauteur du
tronc soit comprise cinq fois et un tiers ou une demie dans la
longueur totale. La queue est plus ou moins grêle; l'épaisseur est
entre la moitié et les deux tiers de la hauteur du tronc. La dorsale a la base de son premier tour près de la moitié de la longueur
totale; sa hauteur est des deux tiers de celle du tronc sous la nageoire; l'anale est un peu plus haute que la dorsale, et ne commence que sous le dernier rayon de la dorsale. La caudale est fourchue, à lobes larges et peu pointus. Les ventrales, petites et rondes,
touchent à l'anus.

D. 9; A. 9; C. 19; P. 15; V. 9.

Les écailles du véron sont très-petites et recouvertes, dans l'animal, d'une couche de mucus si épaisse, qu'on le croirait aisément
dénué d'écailles. J'en compte quatre-vingts à quatre-vingt-cinq rangées entre l'ouïe et la caudale. La ligne latérale est tracée par une
suite de tubulures faisant une série peu concave, et elle s'efface sur
la queue plus ou moins tôt, c'est-à-dire que sur des individus je

la vois disparaître avant l'anale; sur d'autres, un peu après l'anale; mais je n'ai trouvé qu'un seul exemplaire sur plusieurs centaines que j'ai examinés sous ce point de vue, qui ont une ligne latérale tracée jusqu'à la base de la caudale, et encore elle ne paraissait plus sur les trois ou quatre dernières écailles : comme elles sont très-petites, la terminaison paraissait près de la base de la caudale. Si la même chose avait lieu sur une carpe, l'éloignement eût été sensible. Voilà donc plusieurs ables qui offrent cette variation singulière dans le tracé de la ligne latérale. Les couleurs du véron sont assez jolies quand le poisson vit dans des eaux vives claires et sur fond de roc. Il est d'un beau bronze doré sur le dos, jaune orangé sous le ventre; le corps est traversé par des bandes ou de grosses taches noires; tout le corps est sablé d'un nombre considérable de points pigmentaires noirs; le tour de l'anus est souvent d'un beau rouge de minium. La dorsale est grise, tachetée de points noirs, mais plus pigmentaires : la caudale est verte comme le dos; les pectorales sont jaunâtres; les ventrales et l'anale rouges plus ou moins orangé. D'ailleurs les teintes varient beaucoup selon la saison et selon la nature des eaux. J'ai souvent vu des vérons dans la Seine, où l'espèce est cependant moins abondante que dans d'autres petites rivières des environs de Paris, qui étaient gris-blanc, sans aucune trace de rouge ni de jaune; d'autres étaient jaunâtres sous les parties inférieures.

J'ai trouvé, chez nos vérons, un foie petit; une vésicule du fiel assez grosse; le canal intestinal replié deux fois sur lui-même; les sacs ovariens toujours très-développés; trente-cinq vertèbres à la colonne vertébrale, dont seize portent des côtes. Il faut ajouter au nombre les trois vertèbres antérieures qui soutiennent la vessie aérienne.

Sa taille, toujours petite, n'excède pas ordinairement trois pouces et demi. Il me paraît cependant que dans quelques lacs de la Suisse elle devient plus grande; car M. Major a envoyé au Cabinet du Roi un véron du lac de Zug, long de quatre pouces deux lignes. C'est le plus grand individu que j'aie jamais vu.

Une des rivières des environs de Paris où j'ai observé le véron en plus grande quantité, est la Levrière, qui se jette dans l'Epte, un des affluens de la Seine, entre Vernon et les Andelys. Il y en a aussi beaucoup dans l'Andelle, un des affluens de l'Eure, et qui coule au milieu de la riante vallée de Fleury sur Andelle.

Le véron est plus abondant dans la basse Seine que dans la haute; je l'ai aussi d'autres petites rivières de Normandie, près le Hâvre, ou de Hesdin, par MM. Lesueur ou Baillon; mon ami, M. Rayer, le trouve en abondance dans la petite rivière de la Seule, qui passe à Anctoville, entre Villiers et Caumont, et va se jeter dans la mer sur la côte de la basse Normandie.

Or, dans toutes ces eaux les truites abondent, et elles s'en nourrissent avec avidité. Il y a donc association pour condition naturelle d'existence entre le véron et la truite.

Je vois parmi les nombreux individus que j'ai réunis, que plusieurs vérons se couvrent de tubercules épidermiques sur la tête et sur le tronc, comme nos brèmes, nos gardons et un grand nombre d'autres ables. Il ne faut pas d'ailleurs confondre ces tubercules avec ces petits décrits et figurés par M. Rayer dans ses Archives de médecine comparée.

Le Cabinet du Roi en a reçu du lac de Ballon, de Guebwiller dans les Vosges, où on le nomme *Erling* ou *Edingle;* nous en sommes redevables à M. Duvernoy, qui les tenait, sur une demande pour connaître le *Erling,* de M. le D.ʳ Lereboullet. Nous tenons encore ce poisson du Danube, par M. Agassiz; du lac de Zug, par M. Major;

17. 35

d'Italie, par M. Savigny; de Montpellier, par M. Delille; d'Angers, par M. Leclerc, et nous en avons aussi un exemplaire, pris dans les eaux de la Sibérie, par MM. Humboldt et Ehrenberg.

L'épithète de *Phoxinus,* donnée par Linné à cette espèce de cyprinoïde, est la traduction faite par Gaza du mot grec φοξῖνος, qui se trouve deux fois dans Aristote, pour désigner un poisson impossible à reconnaître dans les passages de l'histoire naturelle des animaux. En effet, on lit une première fois [1] parmi les assertions plus ou moins vagues dont ce chapitre est rempli, qu'il y a des poissons qui pondent des œufs sans accouplement; que ce fait est constant pour certaines espèces fluviatiles; car le *phoxinus,* à peine né et encore tout petit, a des œufs. Dans le chapitre suivant [2], il compte le φοξῖνος au nombre de ceux qui pondent une seule fois et lâchent leurs œufs dans les roseaux.

Aussi les auteurs de la renaissance ont-ils été très-incertains sur la détermination de ce poisson.

Belon [3], qui a laissé du véron une figure fort reconnaissable, et qui nous apprend que ce nom était déjà connu de son temps, paraît être un des premiers auteurs qui ait cru retrouver dans ce petit poisson le φοξῖνος d'Aristote. La raison qu'il en donne est loin de faire reconnaître ce que le philosophe grec a laissé de vague dans ses deux assertions sur nos φοξῖνος, et d'ailleurs les légères erreurs commises par Belon sur la prétendue absence des écailles

1. *Hist. anim.,* l. VI, c. XIII, p. 869, C.
2. *Ibid.,* c. XIV, p. 870, C.
3. *De aquat.,* p. 322.

et sur quelques autres détails, montrent qu'il n'avait pas étudié bien exactement ce petit poisson.

D'un autre côté Rondelet[1] a donné, sous le titre de *Phoxinus*, deux jeunes poissons de deux espèces très-distinctes : l'un, le plus petit, est probablement une brème encore très-près de sa naissance ; l'autre est un jeune de quelques-uns de nos ables, impossible à reconnaître : ses critiques sur les assertions d'Aristote sont justes. Plus loin, au chapitre XXIX, sous le titre de *Pisciculo vario*, Rondelet parle du véron ; mais la petite figure placée en tête est défectueuse ; car l'anale, la configuration du museau trop pointu, la petitesse des nageoires paires, ne peuvent faire reconnaître le moins du monde notre petit poisson.

Aldrovande[2] a copié Belon pour parler du *Phoxinus*. Gesner a reproduit les figures de Belon ; celles de Rondelet appartenant ou non au véron, et en a donné une originale qui n'est pas très-reconnaissable, de sorte que son article, composé de toutes ces compilations, est loin d'éclairer l'histoire naturelle de ce petit poisson. Laissant de côté les copies de Johnston, nous arrivons à l'ouvrage de Willughby[3], qui donne la première bonne description de notre espèce, qu'il connaît très-bien, parce que c'est un able très-abondant en Angleterre comme dans le reste de l'Europe. On ne doit pas s'étonner de ce qu'un poisson aussi petit d'ailleurs, ait été négligé ou mal déterminé avant Willughby, par la manière dont l'histoire naturelle était traitée ; mais ce qui va paraître plus singulier, c'est

---

1. *De pisc. fluv.*, p. 204, ch. XXVIII.
2. *De pisc.*, p. 682, ch. X.
3. *Hist. pisc.*, p. 268, ch. XXXI.

qu'Artedi et Linné ont été cause de plusieurs erreurs sur ce petit cyprin. Il me paraît impossible de ne pas admettre que le véron ne soit trois fois dans la Synonymie d'Artedi; mais cet habile zoologiste n'a pas toujours été heureux dans le rapprochement des citations de ses prédécesseurs.

Peut-on douter qu'il ne soit parlé du véron dans la phrase de l'espèce n.° 22 [1], au genre *Cyprinus* : elle est si caractéristique :

Iride crocea, macula atra ad initium caudæ.

On reconnaît plutôt notre espèce dans la longue synonymie placée sous l'article suivant [2], que dans la caractéristique fautive de l'espèce n.° 23; car l'épithète de *tridactylus* est évidemment erronnée; enfin, si l'on pouvait avoir quelques doutes sur l'espèce n.° 30 [3], la note qui termine la description [4] montre que le fondateur de l'ichthyologie méthodique ne parlait pas d'autre poisson que de celui de Linné. En remontant au *Fauna suecica* [5], il ne peut être douteux que l'auteur du *Systema naturæ* n'ait eu sous les yeux le véron. Il cite lui-même la figure très-reconnaissable de Marsigli [6] : sa description même suffirait pour faire reconnaître l'espèce, et aussi Linné se demande si le poisson qu'il mentionne ne doit pas être regardé comme le cyprin du n.° 23 de la Synonymie d'Artedi. Il est évident que les deux illustres savans et amis avaient travaillé sur le même sujet.

---

1. Arted., *Syn.*, p. 12, n.° 22.
2. *Ejusd.*, *ibid.*, p. 12, *sp.* 23. — 3. *Ejusd.*, *ibid.*, p. 13, *sp.* 30.
4. *Descript. pisc.*, p. 30, n.° 16.
5. *Faun. suec.*, p. 125, n.° 331.
6. Mars., *Danub.*, t. IV, p. 24, pl. 9, fig. 1.

C'est de ces derniers documens que se forma l'espèce du *Cyprinus aphya*, mal reconnu ensuite par les successeurs de Linné avec les élémens puisés dans la seconde citation d'Artedi, le *Cyprinus phoxinus* prit rang dans le *Systema naturæ* où l'on ne parla pas de la première. Malgré que Muller [1] conserve le *Cypr. aphya* distinct du *Cypr. phoxinus*, et qu'il leur donne une synonymie vulgaire différente, je persiste à regarder les deux espèces comme identiques et nominales.

Duhamel [2], Bloch [3] ont donné le véron, et leurs figures, reconnaissables, sont cependant plus ou moins défectueuses.

Ce que Linné et Artedi ont dit du véron, montre qu'il est abondant en Suède et dans le nord de l'Europe. Les auteurs récens des faunes ichthyologiques de ces contrées le confirment; car MM. Fries, Ekström [4] et Nilsson [5] citent aussi le *Cyprinus phoxinus*, et tous ces auteurs s'accordent à le nommer *Elritze* ou *Elritza*, et ils donnent encore plusieurs autres noms vulgaires.

Il est non moins abondant dans les eaux de l'Angleterre, où il est appelé *Minow*. Pennant [6], Turton [7], Flemming [8], Jennyns [9] le citent dans leurs ouvrages, soit sous le nom indiqué tout à l'heure, soit sous celui de *Pink*;

---

1. *Prod. faun. dan.*, p. 5o, n.° 43o et 431.
2. *Pêches*, 2.° part., sect. III, p. 5i5, pl. XXVI, fig. 7.
3. Pl. 8, fig. 5.
4. *Die Fische von Mörkö*, trad. Creplin, p. 26.
5. *Prod. ichth. scand.*, p. 29.
6. *Brit. Zool.*, t. III, p. 3i8.
7. *Brit. Faun.*, p. 1o9, n.° 127.
8. *Ann. Kingd.*, p. 188, n.° 68.
9. *Anim. vert.*, p. 4i5, n.° 96.

et à ces autres descriptions il faut joindre les citations de ceux qui en ont donné des représentations. Tels sont Donovan [1], Mme Bowdich [2] et enfin M. Yarell [3], qui ont donné les meilleures figures de cette espèce.

Ce poisson, commun en France, est cité dans la Faune de Maine-et-Loire par M. Millet [4]. Ce zélé zoologiste a cru même devoir distinguer les individus à nageoires plus arrondies, et a pensé retrouver en eux le *Cyprinus rivularis* de Pallas [5]. Il en a publié une figure dans laquelle je ne puis trouver aucun trait distinctif de nos vérons; la forme des nageoires se retrouve plus ou moins prononcée, de manière à faire bientôt conclure que les caractères à en tirer ne sont applicables qu'à de simples variétés. D'ailleurs Pallas lui-même déclare que son *Cypr. rivularis* [6] n'est autre que le *Cyprinus phoxinus*. C'est du moins l'opinion du savant M. Tilesius, et je me range tout-à-fait à cet avis.

Nous suivons aussi cette espèce en Belgique [7], où M. Selys-Longchamps a parfaitement observé les changemens de couleurs d'aspérités de différens individus selon l'époque de l'année. Le manuscrit de Baldner en offre une peinture du mâle à l'époque ou de la saison des amours : il le nomme *Melling*. Cela prouve que l'espèce est aussi dans le Rhin et dans ses affluens, en Alsace. Elle est également dans le Doubs, comme nous l'avons indiqué plus haut,

---

1. *Brit. fish.*, pl. 6o.
2. *Brit. fr. wat. fish.*, *Draw* n.° 8.
3. *Brit. fish.*, p. 372.
4. Millet, *Faun. Maine-et-Loire*, t. II, p. 729, pl. 6, fig. 2.
5. *Faun. ross. asiat.*, p. 33o, n.° 238.
6. *Itin.* II, app., p. 717, n.° 36.
7. Selys-Lonch., *Faun. belg.*, p. 2o3, n.° 21.

et nous la voyons citée par les naturalistes de la Suisse. La figure de M. Jurine est assez bonne[1]; la même espèce existe en Italie, et je ne puis en distinguer le *Cypr. Lumaireul* de Bonnelli. Le Waag et les autres fleuves de la Hongrie nourrissent ce même poisson, ainsi que le prouve l'ouvrage de M. Reisinger.[2]

M. Nordmann, qui a suivi la méthode de M. Agassiz, cite comme différens trois sortes de vérons; mais j'ai eu soin, dans la description du poisson, de faire remarquer les accidens offerts par la ligne latérale, et quant au nombre des écailles, peut-on admettre que trois écailles de plus ou de moins au-dessus ou au-dessous de la ligne latérale, quand elles sont si petites, peuvent avoir assez d'importance pour distinguer comme espèce les individus qui présentent ces variations?

Je ne suis pas même très-certain que l'on doive en séparer le *Cyprinus chrysoprasius.*

Tous ces auteurs s'accordent à dire du véron que sa chair est assez bonne, mais qu'il est bien meilleur à employer comme amorce, soit pour les truites, soit pour les grosses perches.

J'ai dit plus haut que le véron était fort commun dans la *Seule,* petite rivière de la commune d'Anctoville (Calvados). Les recherches dues aux soins de l'amitié filiale ont fait parvenir à M. Rayer deux vérons, les seuls qui, parmi un très-grand nombre, portaient sur la tête des petits boutons de la grosseur d'une tête d'épingle, d'un blanc jaunâtre, formés par une espèce de petite poche

---

1. Jurine, Poiss. du lac Leman, p. 229, n.° 20, pl. 14.
2. *Pisc. Hung.*, p. 74, n.° 20.

remplie de globules ovoïdes transparens, se montrant, sous le microscope et à un fort grossissement, composés de deux petites vésicules situées à l'une des extrémités de ces globules. Ces corps n'étant pas terminés par une queue filiforme, on ne peut pas les considérer comme des psorospermes observés par M. Müller sur tant de poissons de familles et de genres divers. M. Rayer n'a pas pu déterminer la nature végétale ou animale des petits corpuscules qu'il a décrits et figurés dans ses Archives de médecine comparée[1]. C'est un des rares exemples de maladie des poissons observée avec soin, voilà pourquoi je l'ai citée à la suite de l'histoire naturelle du véron. Un des individus, porteurs de ces pustules, a été déposé dans le Cabinet du Roi.

L'Able a nez noir.

(*Leuciscus atronasus*, nob.)

On peut placer auprès du véron, à cause de la petitesse des écailles et des nageoires, un petit cyprin des eaux douces de l'Amérique septentrionale, décrit par le docteur Mitchill sous le nom de *Cypr. atronasus*.

Il a le museau beaucoup plus aigu; la longueur de la tête est comprise quatre fois dans l'espace entre l'extrémité antérieure et la base de la caudale; la hauteur fait le sixième de la longueur totale.

D. 9; A. 8; C. 21; P. 15; V. 8.

Les écailles sont très-petites, au nombre de quatre-vingt-cinq rangées sur le côté. La ligne latérale s'étend jusques à la caudale : elle est droite.

Une bandelette noire est étendue tout le long du côté, depuis

---

1. Rayer, Arch. de méd. comp., p. 58, pl. IX, fig. 13.

la caudale jusques sur la tête : elle traverse l'œil et se rejoint en
entourant le bout du museau à celle du côté opposé; au-dessus
de la bandelette le dos est vert, et au-dessous il est d'un beau blanc
d'argent; du rouge-orange colore l'anus et la base de l'anale.

Je vois les dents pharyngiennes sur deux rangs , l'externe en
porte cinq et l'interne deux; leur couronne, comprimée sans dentelures, est terminée par une pointe aiguë et recourbée.

Ce petit poisson atteint à peine trois pouces : il est très-
abondant en Amérique. La première description en a été
faite par Mitchill [1], et depuis je la retrouve dans l'Histoire
du Massachussetts, par M. Humphry Storer. [2]

Les ichthyologistes qui étudieront cette monographie
des ables, verront maintenant pourquoi je n'ai pas encore
parlé du *Pigus* de Rondelet , que M. Cuvier avait cru
retrouver après un examen un peu rapide, dans un vangeron mâle de moyenne grandeur, envoyé de Genève par
M. De Candolle, et couvert de tubercules qui hérissent
cette espèce aussi bien pendant le temps du frai que celle
de la plupart des ables quelles que soient leur grandeur
ou leur patrie. Ce phénomène, je le répète, est général;
si la figure de Rondelet était parfaitement applicable à
une espèce déterminée, je n'aurais pas hésité cependant
à suivre l'exemple de M. Cuvier, et je dirai même celui
d'Artedi, qui avait dans sa Synonymie donné les élémens
d'établir cette espèce nominale, mais dont heureusement
Linné n'a pas fait usage. S'il en eût agi autrement, tous
les nomenclateurs n'auraient pas manqué de conserver un

---

1. *Trans. lit. phil. of New-York, fish. of New-York*, p. 460.
2. *Reports on the fish of Massach.*, p. 92.

Cyprinus pigus. Il faut s'abstenir de considérer le document laissé par Rondelet comme applicable à un able en particulier, et réformer l'espèce nominale établie dans le Règne animal, ou tout au plus la donner avec doute comme une synonymie du vangeron (*Leuciscus prasinus,* Agassiz).

————

Avant de terminer le chapitre des ables, j'ai aussi à dire quelques mots d'une observation ichthyologique qui m'a été communiquée par l'extrême obligeance de mon confrère et ami, M. Fischer de Waldheim, président de la Société impériale des naturalistes de Moscou. Il a bien voulu me communiquer plusieurs exemplaires d'un petit poisson pêché dans un petit ruisseau du nom de Beresofka, affluent du fleuve Ingoul dans le gouvernement de Cherson. A ces exemplaires était jointe une note de M. André Arendt, inspecteur du tribunal civil de la faculté médicinale du gouvernement de la Tauride, qui a le premier fixé l'attention sur ces petits poissons. Tous les individus n'ont en effet qu'un pouce à un pouce et demi de long. L'observateur éclairé qui les envoyait à son ancien maître, voulait lui donner un témoignage de reconnaissance et de respect, en désignant ce poisson, qu'il croyait d'une espèce nouvelle, sous le nom de *Cyprinus Fischeri.* M. Arendt avait bien reconnu qu'on prenait avec ces petits poissons des exemplaires encore très-jeunes du *Cyprinus amarus;* mais ne retrouvant pas les autres dans les auteurs qui sont à sa disposition, et ayant consulté d'ailleurs M. Nordmann, comme il le dit dans sa note, il a cru que tous ces petits exemplaires étaient d'une même espèce. Ayant mis tous ces petits individus dans

de l'eau, afin de pouvoir étendre convenablement les nageoires, de compter les rayons et d'en bien reconnaître
les formes, je me suis assuré que dans les nombreux individus que M. Fischer m'a envoyés, il y a du frai de vandoise et de gardon. La note de M. Arendt nous apprend
que les Russes nomment le frai *ovsiánka,* ce qui veut dire
poisson avoine, expression qui peint assez bien la petitesse
de tous ces individus.

———

Je trouve aussi dans l'ouvrage de M. Reisinger une espèce d'able désignée par le nom de *Cyprinus Kittaibeli,*
que je n'ai pas placé après la vandoise (*Cyprinus leuciscus*), parce que je la crois une simple variété de cette
espèce, mais je n'en suis pas assez sûr pour me prononcer
sur ce poisson que je n'ai pas vu, et dont il n'a été donné
jusqu'à présent aucune figure.

———

CHAPITRE XIV.

Des Chondrostomes.

Si j'ai appelé avec un soin minutieux l'attention des naturalistes sur les variations des espèces si nombreuses du genre des Ables, afin de réunir dans ce seul groupe les divisions trop nombreuses établies par les zoologistes modernes, je me hâte de dire que la division générique faite du *Cyprinus nasus* est excellente, parce qu'elle repose sur un caractère invariable qui ne se perd dans aucune espèce, quelles que soient d'ailleurs les combinaisons que la nature va faire autour de cette forme caractéristique.

Elle consiste dans la lame cornéo-cartilagineuse qui revêt la lèvre inférieure, et qui peut en être facilement détachée après une macération plus ou moins longue dans l'alkool. Je fais cette remarque, parce qu'il n'est pas rare de trouver des chondrostomes conservés dans nos cabinets qui ont perdu cette lame, et dont la lèvre alors est charnue comme celle des autres poissons. On reconnaît toujours que cette lame a existé, à une sorte de carène molle et charnue élevée sur la lèvre qui servait à la soutenir, et à former à sa base une sorte de repli de la peau dans laquelle les élémens de cette lamelle sont sécrétés, comme les ongles à l'extrémité de nos doigts.

L'étude de ce genre, dont nous ne connaissons encore qu'un petit nombre d'espèces des fleuves de l'ancien monde, est curieuse, et vient donner un puissant appui aux propositions établies dans les chapitres précédens, en faisant voir le peu de valeur que les dents pharyngiennes

et les barbillons ont pour caractériser les genres des Cyprinoïdes. Non-seulement les dents pharyngiennes varient
de forme ou de nombre dans les espèces, mais les unes
ont des barbillons à l'angle de la bouche; d'où il résulte
que le naturaliste qui voudrait suivre les principes de classification qui ont fait subdiviser les ables, devrait séparer
des chondrostomes d'Europe, qui ont les dents pharyngiennes sur un seul rang, les espèces ou du Nil ou de
l'Inde, qui ont les pharyngiennes sur trois rangs; puis,
enfin, les espèces de la Perse, qui ont des barbillons aux
mâchoires. En admettant alors ce principe, il faudra tenir
compte des différences si remarquables dans la lèvre du
chondrostome de Java, et alors on arrivera à constituer,
avec les chondrostomes, une famille naturelle dont toutes
les espèces seraient des types de genres. En agissant ainsi,
on ne fait autre chose que de déplacer la valeur des mots
familles, genres, espèces et variétés. On surcharge la méthode et la mémoire de mots qui ne font pas mieux connaître les distinctions essentielles entre les différens êtres.
Ce n'est pas que je croie qu'il ne faut pas former un genre
avec une seule espèce, ou qu'il faille essayer de diviser
en plusieurs coupes un genre trop nombreux en espèces,
ce serait d'une très-mauvaise philosophie méthodique;
mais il ne faut le faire que quand l'on trouve dans l'organisation un trait caractéristique tranché, qui ne peut pas
être nettement exprimé et limité dans la diagnose d'un
genre.

Ce sont les raisons qui me portent à réunir les espèces
que je vais décrire dans ce chapitre, dans un seul genre,
établi avec raison par M. Agassiz sous le nom que je lui
conserve; mais je ne fais pas entrer dans sa caractéris-

tique les formes ou le nombre des dents pharyngiennes et des nageoires, puisque ces caractères ne sont que des reproductions de ceux observés dans la plupart des autres cyprinoïdes. Il n'en est pas de même de celui des lèvres et de la bouche.

Du Nez.

(*Chondrostoma nasus*, Agassiz.)

Ce poisson, connu depuis Gesner et Aldrovande, et dont l'espèce ou celle qui l'avoisine en Italie, n'avait pas échappé à Belon, est distinct de tous nos ables d'Europe, par la forme avancée de son museau au-dessus d'une petite bouche étroite fendue en travers sous le museau. La saillie du museau tient ici, comme on va le voir, à une disposition des maxillaires dont je n'ai pas encore rencontré d'autres exemples dans les poissons. On verra que le squelette offre aussi plusieurs particularités intéressantes, et qui mettraient sur la voie pour distinguer des vertèbres de cyprinoïdes de celles des autres poissons osseux.

La forme du corps rappelle par son élégance celle du barbeau; mais la tête est beaucoup plus courte; le profil du dos est soutenu jusques à la dorsale; la convexité du ventre est plus forte. La hauteur est comprise quatre fois et demie dans la longueur totale; l'épaisseur n'est que le tiers de cette hauteur. La longueur de la tête est du sixième de la longueur totale. La distance du bout du museau au bord postérieur de l'orbite, égale la distance de ce même bord à celui de l'opercule. L'œil est éloigné du bout du museau de deux fois son diamètre, et deux fois et demie ce même diamètre vers l'œil du côté opposé. La distance à l'ouverture antérieure de la narine égale une fois ce diamètre. L'intervalle entre les deux yeux est convexe. Les osselets sous-orbitaires sont cachés sous une peau assez épaisse qui recouvre toute la joue. L'angle supérieur du préopercule est à une distance d'un diamètre de l'œil du cercle de l'orbite; le bord de l'os descend verticalement jusqu'au-dessous du profil du poisson; le bord horizontal est un peu incliné vers la bouche; l'interopercule, en lame arquée, est tout-à-fait inférieur; l'opercule est un peu convexe près de son articulation : il a quelques rares stries sur une surface d'ailleurs lisse et convexe; le sous-opercule complète la fente de l'ouïe, dont la membrane épaisse, qui borde cette ouverture, suit le contour de l'arcade humérale. La saillie du bout du museau au-devant de la fente de la bouche est très-sensible, et un voile membraneux, formant comme une double lèvre, recouvre un peu la mâchoire supérieure.

La fente de la bouche est tout-à-fait transversale et linéaire, parce que les deux mâchoires se touchent, mais ne se recouvrent pas. Le maxillaire est presque entièrement caché sous le premier sous-orbitaire : sa branche montante contribue à faire le talon tronqué du bout du museau. Les deux intermaxillaires sont petits, ne dépassant pas l'angle de la bouche : quant à la mâchoire inférieure, ses deux branches sont élargies et couchées horizontalement sous la voûte de la mâchoire supérieure, et ressemblent tout-à-fait à la disposition des mâchoires d'un mugil. C'est un nouvel exemple de ces combinaisons singulières que la nature se plaît à faire des formes génériques entre des espèces très-éloignées l'une de l'autre. Les deux mâchoires ont pour lèvres un bourrelet charnu, assez épais, plus dense que de coutume, et qui est recouvert par un étui cornéo-cartilagineux jaunâtre lisse, sans dentelures. Il se détache facilement et laisse voir sur la lèvre inférieure une petite carène encore assez molle, qui est le support ou le moule de la mandibule cornée. L'intervalle entre les deux branches laisse un vide assez grand, fermé sur le frais par la peau; car l'os hyoïde est rejeté en arrière et ne porte qu'une petite langue faisant peu de saillie dans l'intérieur de la bouche. Les dents pharyngiennes sont au nombre de six de chaque côté, sur un seul rang. La couronne est étroite, comprimée, haute et coupée en biseau, sans aucune dentelure; l'ivoire ou couche interne paraît former une sorte de

carène élevée au-dessus du bord de l'émail quand la dent n'est
pas encore usée. L'ossature de l'épaule est en partie cachée sous
le bord membraneux de l'opercule; il ne paraît que la plaque
triangulaire de l'huméral au-dessous de laquelle est insérée la pectorale, nageoire étroite et courte dont le premier rayon est assez
fort. Les ventrales, de même grandeur, mais plus arrondies et
plus larges, sont attachées aux deux tiers de l'intervalle, entre la
pectorale et l'ouverture de l'anus. La nageoire qui le suit est aussi
haute de l'avant que sa base est longue. Le dernier rayon n'a pas
la moitié de la hauteur des antérieurs. La caudale est fourchue
et ses lobes sont pointus. La base de la dorsale fait les deux tiers
des plus longs rayons : le premier rayon est implanté sur la moitié
de la distance entre le bout du nez et la naissance de la caudale.

B. 3; D. 11; A. 15; C. 21; P. 16; V. 10.

Les écailles sont striées et couvertes de très-petits points pigmentaires visibles à la loupe seulement. Il n'y a sur la portion
radicale aucuns rayons longitudinaux; on ne voit que les stries
concentriques des marques d'accroissement : elles sont de grandeur
médiocre. J'en trouve soixante rangées sur le côté, dix au-dessus
et six au-dessous de la ligne latérale : celle-ci, régulièrement et
faiblement concave, est tracée par les deux tiers de la hauteur,
et ne se redresse pas à la moitié de la hauteur sur le tronçon de
la queue. La couleur de tous les individus qui ont séjourné plus
ou moins de temps dans l'alkool, est uniforme et d'un beau blanc
argenté, avec quelques teintes grises sur le dos et des séries de
taches dorées, faibles ou pâles, à peine visibles, mais formant,
quand le poisson est un peu desséché, des lignes surtout faciles
à apercevoir près le profil inférieur du tronc; les teintes sont très-
différentes sur le poisson frais : tous les auteurs s'accordent à le
peindre rembruni sur la tête et le dos, ces régions du corps sont
quelquefois noires : ces couleurs se fondent insensiblement, sur
les côtés, dans les teintes jaunâtres ou dorées du ventre. La dorsale
et la caudale sont vertes rembrunies; la pectorale est d'une teinte
brune mêlée de rouge; les ventrales et l'anale sont rouges, tirant

au vermillon. Je trouve, dans l'ouvrage de Baldner, une peinture offrant ces couleurs; mais une autre nous représente toutes les nageoires grises ou plus ou moins noirâtres.

Cependant sur le dessin de M. Agassiz je ne vois pas des couleurs aussi foncées sur le dos, et la dorsale et la caudale ont quelques teintes rougeâtres : ces différences peuvent dépendre de la saison.

Ce que le poisson offre de plus remarquable à l'ouverture de l'abdomen, c'est la couleur noire du péritoine. D'ailleurs l'intestin fait deux grands replis sur lui-même et plusieurs sinuosités, et je ne vois pas de particularités bien notables à signaler sur les autres viscères. Ce sont ceux des ables.

En étudiant le squelette de ce poisson, on est frappé de la singulière conformation des mâchoires. Les maxillaires forment l'extrémité du museau et lui donnent sa forme tronquée en soutenant le voile membraneux qui recouvre les lèvres. On peut dire que les branches montantes sont élargies en cuilleron convexe en dehors, concave en dedans; puis la branche de l'os se contourne pour border l'extrémité du museau et se cacher derrière le sous-orbitaire. Elle donne une apophyse assez large, mais courte vers le milieu de sa longueur, puis elle se rétrécit pour se terminer en pointe étroite; les deux intermaxillaires sont réunis sur la ligne moyenne par une sorte de suture linéaire, de sorte que les deux os doivent avoir un mouvement commun, nécessaire au jeu de cette singulière bouche. Chaque os se porte horizontalement jusques sur le bord du museau, où il se courbe en angle droit pour descendre sous la branche du maxillaire et s'articuler avec la mâchoire inférieure. Le bord de l'os est mince et comme membraneux. La mâchoire inférieure a un dentaire coudé à angle droit; une des branches, formant avec sa congénère le bord de la bouche, est même élargie, convexe en-dessus, concave en-dessous. A l'angle des deux branches s'élève l'apophyse coronoïde, plus avancée par conséquent que dans la carpe et les autres poissons. La portion postérieure forme la palette visible à l'extérieur, dont j'ai parlé plus haut en décrivant la bouche. L'articulaire et l'angulaire sont très-petits.

1 7.   3 7

C'est d'ailleurs un able pour les autres os de la face ou du crâne; la base externe du pharyngien, l'os étant placé dans sa position naturelle, est plus large que dans aucun autre; l'apophyse horizontale du basilaire est longue et étroite; les apophyses transverses de la première et de la seconde vertèbre sont horizontales et grêles; celles de la troisième et les osselets de Webber ressemblent à ce que montre le chevaine; il y a ensuite dix-neuf vertèbres qui portent des côtes, et ensuite, quatre vertèbres pour compléter un nombre de vingt-six vertèbres abdominales, suivies de dix-neuf vertèbres caudales; la dernière élargie en éventail comme à l'ordinaire. Les vertèbres abdominales qui portent des côtes ont d'ailleurs une fort jolie combinaison d'apophyses épineuses avec leurs apophyses articulaires; ces vertèbres s'articulent comme celles des autres poissons en se touchant par la base des deux cônes intervertébraux. De la partie antérieure et supérieure s'élève de chaque côté une apophyse qui se réunit bientôt à celle du côté opposé pour former le stylet osseux et unique de l'apophyse épineuse, reculée obliquement et en arrière; sur le corps de la même vertèbre s'élève en arrière l'apophyse articulaire qui se redresse et s'alonge en un petit stylet, lequel, réuni à celui du côté opposé, forme un second anneau pour le passage de la moelle épinière. Cette apophyse articulaire postérieure se porte vers l'apophyse articulaire antérieure de la vertèbre suivante, laquelle naît du pied de la grande apophyse épineuse, et forme comme l'apophyse articulaire de la vertèbre. Un stylet unique passe sur le stylet de réunion de la vertèbre précédente, et se porte obliquement et en avant jusqu'à la grande apophyse épineuse. Ce système est bien développé sur les quinze premières vertèbres abdominales, et l'est beaucoup plus que dans tous les autres cyprinoïdes, quoique l'on observe une disposition semblable, à la grandeur près, dans les carpes, dans les ables, et pour celles-ci la bordelière (*cypr. Blicca*) est l'espèce où cet arrangement se voit le mieux. Je signale cette organisation aux zoologistes qui auraient à déterminer des vertèbres fossiles de poissons. On peut facilement reconnaître une vertèbre de cyprinoïde entre toutes les autres à leurs apophyses articulaires.

Je compte douze interépineux à la dorsale et à l'anale. L'huméral, étroit et grêle à l'extrémité que touche le scapulaire, est large et dilaté, et une grande palette visible à l'extérieur au-dessus de la pectorale. Le radial et le cubital sont larges; le trou cubital est petit et rond.

Cette description est faite sur un bel exemplaire long de quatorze pouces, bien conservé, envoyé de Strasbourg par M. Hammer; et sur un autre, semblable aussi pour la taille et pour les détails, pêché aussi dans le Rhin et envoyé de Strasbourg par Mme Levrault.

J'en ai sous les yeux d'autres exemplaires, venant du lac de Zug, par M. Major; du Pô, par M. Savigny; du Tibre, par le prince Charles Bonaparte. M. de Humboldt en a donné des exemplaires qui viennent de Moscou, et nous l'avons aussi des eaux douces de la Crimée par M. Nordmann. Outre les exemplaires pêchés dans le Rhin, nous en avons d'autres pris dans les eaux du nord de la France. Ainsi nous devons à M. Rodolphe Cuvier, alors pasteur à Nancy, la connaissance du *Schiffé* de la Meurthe : c'est le *Cyprinus nasus*; mais je dois faire observer que l'individu envoyé à M. Cuvier par son parent et ami, a le museau plus gros, la tête plus courte et le corps plus trapu que ceux du Rhin. On prend aussi cette espèce dans la Somme : M. Baillon en a envoyé des exemplaires au Cabinet du Roi.

On conçoit qu'un poisson aussi répandu a été connu de presque tous les ichthyologistes. Aussi nous le voyons déjà décrit ou figuré par les auteurs du seizième siècle.

Belon[1] parle d'un *Sueta,* qu'il caractérise bien pour

---

1. Bel., *De aquatil.*, p. 315.

un chondrostome, mais je serais tenté de croire que cet
auteur avait sous les yeux l'espèce suivante, parce qu'il
donne à ce *Sueta* la tête pointue.

Gesner[1] l'indique comme un poisson du Rhin et du
Danube, ainsi qu'Aldrovande[2]. Cette figure est bonne,
et en la comparant au barbeau (*Cyprinus barbus*), cet
érudit reconnaît déjà que la chair de ce poisson, appelé
Nase par ses compatriotes, est molle et bien inférieure
aux autres poissons d'eau douce.

La figure du *Nase* a été aussi conservée dans le Recueil
de Baldner, où on en voit deux dessins. L'une d'elles porte
des notes assez curieuses, pour leur époque, sur les mœurs
de ce poisson; il y est dit que c'est une espèce commune
que l'on pêche pendant toute l'année; qui fraie pendant
le mois d'Avril, ordinairement pendant la nuit (il est rare
de la voir pondre pendant le jour). Ce cyprin choisit de
préférence, pour frayer, une eau claire et rapide sur un
fond de gravier, et il nettoie le fond comme s'il était
balayé. Réunis ensemble en troupes assez nombreuses,
on peut pêcher jusqu'à trois mille nases dans une seule
nuit. A cette époque, les mâles se couvrent de durillons,
surtout vers la région de la tête. On voit que Willughby[3]
a profité des documens que fournissait Baldner. Marsigli
a donné aussi une bonne figure[4] avec quelques notes
intéressantes sur les habitudes de notre espèce. Il prétend
que le corps du mâle se couvre de taches noires pendant
le frai, et que la femelle conserve ses teintes blanches.

---

1. Gesn., *De aquat.*, p. 620.
2. Aldrov., *De pisc.*, p. 611.
3. Will., *De pisc.*, p. 254.
4. Mars., *Danub. Panon.*, IV, p. 9, tab. 3.

Elle paraîtrait avoir la dorsale et l'anale plus pointues. C'est une observation à ne pas négliger; car parmi les nombreux individus que j'ai examinés, j'ai observé cette différence, qui ne m'a pas paru assez importante pour être considérée comme spécifique.

Toutes ces observations, rapprochées par Artedi, ont fait prendre rang au nase dans la Synonymie[1], et Linné en composa, dans la dixième édition du *Systema naturæ*, l'espèce du *Cypr. nasus*.

Bloch, en donnant, tab. 3, le *Cypr. nasus*, a ajouté en synonymie dans son texte les figures de Klein[2]; mais je crois qu'il se trompe, ou il me reste du moins du doute sur ce rapprochement, attendu que les figures de Klein, quoique mauvaises, sont plutôt celles de la zerte (*Cyprinus vimba*) que celles du *Cypr. nasus*. D'ailleurs j'ai déjà dit que beaucoup d'auteurs ont confondu les deux espèces. On voit par le silence que Muller, Nilsson et les ichthyologistes anglais gardent sur notre cyprinoïde, que cette espèce ne se trouve pas dans ces contrées.

Nous savons que la Meuse la nourrit, et nous la voyons mentionnée dans l'ouvrage de M. Selys-Lonchamps[3] sous le nom de *Chondrostoma nasus*. Elle entre dans tous les affluens de ce fleuve, ainsi que dans la Moselle; c'est le *Hotiche* de la province de Liége, où on la conserve dans le vinaigre : on la nomme alors *Scavéche*. M. Reisinger[4] la cite, comme Marsigli, dans ses Poissons du Danube ou du lac Balaton, dont elle pénètre les abymes.

1. Art., *Syn.*, p. 6, n.° 9.
2. *Miss.* V, tab. XVI, fig. 1 à 3.
3. *Faun. helg.*, I, p. 204.
4. *Pisc. Hung.*, p. 69, n.° 16.

Pallas[1] la donne dans les versans de la Caspienne. M. Nordmann l'a pêchée dans les rapides du *Codor* en Abasie, et il observe qu'elle accompagne ordinairement la truite, et qu'elle remonte avec elle fort haut dans les torrens du Caucase.

Le CHONDROSTOME RYSÈLE.

(*Chondrostoma rysela*, Agass.)

M. Agassiz, auteur de ce genre, a joint à son *Cyprinus nasus* une seconde espèce, déjà mentionnée par Gesner.

C'est un petit poisson à museau aigu, mousse, moins avancé sur la bouche que celui du nez; la tête mesure près du sixième de la longueur totale. A en juger par le joli dessin que M. Agassiz m'a communiqué, le dos est gris-verdâtre rembruni sur la ligne moyenne; le ventre est jaune doré, et tout le corps est grivelé de vermicellures jaunes dorées. Les nageoires sont jaunes.

M. Agassiz, qui a retrouvé ainsi le *Rysela* de Gesner[2], fait observer dans les notes écrites sur le dessin, que l'espèce ne dépasse pas quatre pouces. Il en donnera la figure dans son Histoire des poissons de l'Europe centrale, à côté du jeune *Chondrostoma nasus*.

Le CHONDROSTOME SEVA.

(*Chondrostoma seva*, nob.)

Nous venons de signaler le Nez (*Chondr. nasus*) en Italie; mais il y existe une autre espèce, rapportée des eaux du Pô par M. Savigny, qui l'y a prise à Turin.

---

1. *Faun. ross. asiat.*, p. 304, n.° 216.
2. *Nomencl. de pisc. fluv.*, p. 290.

Quoique ressemblant à l'espèce précédente par son ensemble, ce poisson a le profil du dos plus droit et celui du ventre plus courbe. La hauteur du tronc est comprise cinq fois dans la longueur totale, qui contient cinq fois et trois quarts la longueur de la tête. Les os maxillaires étant plus étroits, il en résulte que la lèvre supérieure est beaucoup moins recouverte et que le museau est moins obtus à son extrémité. Le premier sous-orbitaire est aussi un peu plus carré; le voile qui descend sur la lèvre supérieure est très-étroit; la fente de la bouche est plus arquée; les branches longitudinales de la mâchoire inférieure sont plus étroites; le bord cartilagineux qui protège la lèvre est taillé en un biseau aigu; les dents pharyngiennes sont au nombre de six et portées sur des pédicules plus bas; la couronne est sensiblement plus alongée, et le biseau est bien plus horizontal que dans le nez commun. L'anale est plus longue et plus basse.

D. 10; A. 15, etc.

La ligne latérale est plus arquée; les écailles sont en même nombre que dans la précédente espèce; la couleur paraît aussi la même.

J'ai fait cette description sur un individu long d'un pied, parfaitement bien conservé. M. Savigny l'a reçu des pêcheurs piémontais sous le nom de *Seva*.

Je ne trouve aucune figure dans la Faune italienne qui se rapporte à cette espèce, véritable chondrostome. Je suppose qu'il y a eu quelques erreurs involontaires et quelque inversion dans le manuscrit du prince Charles Bonaparte, pour qu'il ait appelé *Chondrostoma rysela* un poisson que j'ai eu sous les yeux, parfaitement semblable à la figure de ce bel ouvrage et qui est un able, tandis que cette nouvelle espèce de chondrostome manque à cette Faune.

Le nom de *Seva* ressemble assez à celui de *Savetta* ou de *Suetta*, pour croire que Belon a pu parler de ce poisson.

Après ces chondrostomes européens, nous plaçons les espèces étrangères, dont la bouche est tout-à-fait semblable à celles de nos poissons d'Europe, mais qui ont tous cependant un caractère remarquable dans la différence que présentent les dents pharyngiennes plutôt dans leur nombre que dans leur forme. Les motifs que j'ai donnés plus haut pour ne pas diviser les ables, me font croire aussi que toutes ces espèces doivent être laissées dans le même groupe.

Le CHONDROSTOME DU NIL.

(*Chondrostoma dembensis*, Ruppel.)

Le Nil nourrit un de ces chondrostomes. C'est un poisson

à profil du dos soutenu, et dont celui du ventre est presque droit. La longueur de la tête, égale à la hauteur du tronc, est comprise cinq fois dans la longueur totale. L'espace entre les yeux est large et comprend deux diamètres de l'orbite, contenu trois fois et demie dans la longueur de la tête. Le museau est arrondi, saillant, formé comme dans l'espèce d'Europe, par les os de la mâchoire supérieure, laquelle recouvre l'inférieure. Le voile membraneux du maxillaire supérieur est frangé; la lèvre inférieure est assez développée en arrière de sa carène molle qui soutenait le cartilage de la bouche. Les deux branches de la mâchoire inférieure sont moins larges et moins écartées que celles du nez d'Europe, mais elles gardent encore leur position horizontale. Les dents pharyngiennes forment un petit groupe de trois rangées, serrées l'une contre l'autre, et au nombre de cinq sur la ligne inférieure ou externe, de quatre en-dessus, et de deux enfin. La couronne est étroite, coupée en biseau sans dentelures, et ne diffère de celle du nez d'Europe que par moins d'obliquité et d'acuité à la partie inférieure. La dorsale est longue; l'anale est pointue et très-étroite; la caudale est fourchue.

D. 14; A. 7; C. 19; P. 16; V. 9.

La ligne latérale est presque droite; je ne trouve que quarante à quarante-deux rangées d'écailles sur les côtes. Le dos est gris; le ventre très-argenté.

Nos individus ont cinq pouces et demi. Ils viennent du Nil, par M. Bové, qui est mort à Alger des suites des fatigues que ses recherches actives en histoire naturelle lui ont causé.

M. Ruppel[1] n'a trouvé qu'un seul individu de cette espèce à Goraza; il était long de trois pouces et demi, et au dire des pêcheurs, l'espèce ne devient pas beaucoup plus grande.

Le Chondrostome du Gange.

(*Chondrostoma Gangeticum*, nob.)

M. Regnaud a rapporté au Muséum un chondrostome dont le corps est plus raccourci, surtout vers la queue; le museau plus aigu, les lèvres plus minces, les branches de la mâchoire inférieure plus étroites, la dorsale plus courte.

D. 10; A. 7, etc.

Il y a beaucoup moins d'écailles sur le côté : je n'en trouve que trente-trois rangées; la ligne latérale est droite; le dos est gris plombé; le reste du corps argenté.

L'individu n'a pas tout-à-fait quatre pouces de longueur. Il a été pêché dans le Gange.

---

1. *Ueber neue Nilfische*, p. 16, pl. II, fig. 4.

Le Chondrostome a lèvre épaisse.

(*Chondrostoma lipocheilos*, nob.)

MM. Kuhl et Van Hasselt ont trouvé dans les eaux douces de Java une autre espèce, remarquable par le mouvement de la mâchoire inférieure et par l'épaisseur de la lèvre de cette mâchoire. Je n'en ai qu'un petit exemplaire;

il a le museau avancé, parabolique, et recouvre par sa grande épaisseur l'ouverture de la bouche. Cette forme ressemble, à quelques égards, à celle du museau d'un requin : pour que l'on ne croye pas que j'étends cette comparaison, je me hate de dire que les narines sont ouvertes au-dessus de l'avance du museau; que les yeux sont sur les côtés de la joue et bordés par leur sous-orbitaire, ce qui nous ramènera aux formes ordinaires des poissons osseux.

L'œil est éloigné du bout du museau de près de deux fois le diamètre. La tète est courte et comprise cinq fois et demie dans la longueur totale. Les deux maxillaires, avancés et élargis sous le museau, forment un arc élargi et élevé en avant, recouvert par une peau épaisse, percée, comme l'extrémité de la tète, de pores assez nombreux : une rainure sépare cet arc de celui formé par le bout du museau. Les intermaxillaires sont assez libres et protractiles, s'abaissant sous les maxillaires; la lèvre est mince, et ces deux os bordent la bouche et reçoivent la mâchoire inférieure, qui s'applique dans ses mouvemens comme sur une sorte de battement, d'où il résulte que la fente de la bouche est encore linéaire, quoique un peu arquée, et qu'elle rentre bien, par la forme de son ouverture et par le jeu de ses maxillaires, dans celle de la bouche du chondrostome d'Europe. D'ailleurs le bord de la lèvre inférieure est garni d'un étui cartilagineux ou légèrement corné. En abaissant la mâchoire pour voir le dedans de la lèvre, on est tout étonné de l'épaisseur de la lèvre interne. Elle fait un bourrelet qui entre dans la bouche comme le piston d'une soupape et elle doit la fermer hermétiquement. Un repli extérieur de la peau fait un large voile ou une grande lèvre mobile qui recouvre celle-ci. La langue est petite; les dents pharyngiennes sont semblables à celles des autres chondrostomes : voilà pourquoi je n'ai pas fait un genre de ce poisson; car toutes ses autres parties appartiennent évidemment aux espèces de ce genre.

Il y a trois rangées de dents à couronne tronquée un peu obliquement et au nombre de cinq, de quatre et de deux. La dorsale est haute, échancrée, et le second rayon un peu alongé en fil. L'anale est étroite, assez haute et pointue de l'avant.

D. 10; A. 7, etc.

Les pectorales touchent à l'insertion des ventrales, et celles-ci atteignent à l'origine de l'anale. Les écailles sont assez grandes et très-finement grenues; j'en compte vingt-six entre l'ouïe et la caudale. La ligne latérale est droite; le dos est gris-verdâtre et le ventre argenté; les nageoires ont conservé des teintes rougeâtres.

L'individu n'a guère que trois pouces et demi.

Le Chondrostome a demi voilé.

(*Chondrostoma semivelatus*, nob.)

Un autre chondrostome de l'Inde

a le museau arrondi et charnu; il est percé d'un petit nombre de pores assez gros. Le maxillaire se contourne dans l'angle de la bouche pour remonter et s'élargir au-devant de l'ethmoïde; il n'est couvert que d'un voile court, qui ne s'étend pas sur la moitié de l'intermaxillaire : celui-ci est élargi comme dans l'espèce précédente, et il supporte une lèvre assez charnue et cartilagineuse en dedans; la lèvre inférieure, épaisse et repliée en dehors, a aussi un étui corné.

Le profil monte par une courbe assez soutenue jusqu'à la dorsale; celle du ventre est très-peu concave : la figure du poisson ressemble beaucoup à celle de notre barbeau; il y a même de l'analogie entre la forme courbée du bord des nageoires. La tête est cinq fois et demie dans la longueur totale; l'œil est médiocre, rejeté sur la seconde moitié de la joue : il est éloigné du bout du museau de deux fois son diamètre. La hauteur du tronc est un peu supérieure à la longueur de la tête.

D. 12; A. 7.

Les écailles sont assez semblables aussi à celles du barbeau, mais elles sont plus grandes; j'en compte quarante sur le côté : la ligne latérale est peu marquée par le milieu de la hauteur.

Un grivelé grisâtre sur un fond gris-jaunâtre paraît être la couleur du poisson.

Nos individus ont six pouces : ils ont été envoyés de Madras, soit après la mort de M. Duvaucel, soit après celle de M. Jacquemont.

Le Chondrostome de Duvaucel.

(*Chondrostoma Duvaucelii,* nob.)

Le même zélé et courageux voyageur avait aussi recueilli une belle espèce que je ne retrouve dans aucune autre collection.

Ce poisson ressemble au meunier à s'y méprendre, par la forme élargie de son crâne, par la brièveté du museau, qui est arrondi, et qui ne recouvre plus la bouche comme dans les précédens. Sous ce rapport il s'éloigne beaucoup du nez ordinaire, puisque la bouche est fendue à l'extrémité; cependant la lèvre inférieure est encore cartilagineuse; la supérieure l'est aussi un peu; les intermaxillaires sont encore élargis, et les dents pharyngiennes montrent aussi, par leur ressemblance avec celles des autres espèces, les affinités de cette espèce avec les précédentes. J'en compte trois rangées: l'une de quatre, les deux autres de trois. La couronne est mince et comprimée. D'ailleurs le profil du corps s'élève par une courbe soutenue; la tête égale la hauteur du tronc et le cinquième de la longueur totale; l'œil n'est plus éloigné du bout du museau que d'une fois et demie le diamètre, et il est distant de l'autre de deux diamètres et trois quarts; l'anale est très-courte; la dorsale, au contraire, est longue.

D. 11; A. 7.

Il y a quarante écailles sur le côté; la ligne latérale est très-peu marquée; la couleur est uniforme argentée.

L'individu a huit pouces de long : il vient de Madras.

Le CHONDROSTOME ȘE DILLON.

(*Chondrostoma Dillonii*, nob.)

Voici encore un chondrostome originaire des eaux douces d'Abyssinie, qui me paraît une de ces espèces étrangères les plus propres à démontrer que les dents pharyngiennes peuvent très-bien servir à caractériser les espèces, mais nullement les genres des cyprinoïdes.

Ce poisson ressemble, par son facies, à plusieurs de nos barbeaux de l'Inde, à corps trapu, couvert de grandes écailles, avec une dorsale et une anale courtes, précédé d'un gros et fort rayon, et dont les pharyngiennes diffèrent et des dents du chondrostome d'Europe, et de celles des espèces de l'Inde. Le profil du dos, soutenu jusqu'à la dorsale, s'abaisse sur la queue. La courbure du ventre est forte et devient le plus convexe au-devant des ventrales. La hauteur à cet endroit est du quart de la longueur totale, et surpasse de près d'un tiers celle de la tête.

La dorsale est avancée sur la première moitié du dos; l'anale est très-étroite; la caudale peu fourchue.

D. 9; A. 7; C. 19, etc.

Les écailles sont grandes, au nombre de trente sur le côté; la ligne latérale est courbe par en bas à la région pectorale, et droite sur le reste du corps. Le poisson est plombé sur le dos et argenté sous le ventre.

Le museau est rond et obtus; l'œil a un diamètre qui égale à peu près le cinquième de la tête : il est haut sur la joue; la bouche est fendue en arc, dont les extrémités descendent brusquement dans l'angle de la bouche; la lame cornée de la lèvre inférieure est comme celle des autres chondrostomes, et les maxillaires, les intermaxillaires et la mâchoire inférieure sont conformés comme dans notre chondrostome. Il n'y a aucun barbillon. Les dents pharyngiennes sont en massue et crochues à l'extrémité : il y en a trois rangées, une extérieure de cinq, une seconde de trois et enfin deux. Il est hors de doute que dans la méthode des ichthyologistes qui prennent leur caractère dans les variations des dents, l'espèce dont il s'agit ne deviendra le type d'un genre particulier. C'est une manière de voir que je ne puis suivre, attendu que le poisson a la bouche faite comme celle des chondrostomes, et qu'il montre la liaison sous le rapport des dents entre quelques espèces d'ables et le genre auquel je le rapporte.

Nos individus ont six pouces et demi : ils nous ont été envoyés par M. Quartin Dillon, jeune médecin, mort victime des fièvres qu'il avait prises en s'exposant trop long-temps, par amour pour la botanique, à l'action délétère de ces climats brûlans. Ardent pour l'histoire naturelle, il ne négligeait pas, comme on le voit, les autres branches de cette science. Il a envoyé avec ces espèces quelques autres cyprins, dont je parlerai dans un supplément à ce volume ou au suivant, parce que l'histoire des genres où ils doivent prendre place était déjà rédigée quand les poissons me sont parvenus : j'ai payé à notre infortuné voyageur un tribut de reconnaissance bien mérité, en lui dédiant cette curieuse espèce.

Après ces chondrostomes, dont le dernier pourrait bien faire aussi une division, nous allons parler d'espèces dont la bouche est garnie de barbillons, et que je n'ai pas placées dans le genre des cyprins à barbillons, traités dans le volume précédent, parce que je n'ai regardé le caractère des barbillons que comme un moyen commode de distinguer des groupes dans les cyprins ; l'étude que j'ai faite de ces espèces me conduisant de plus en plus à revenir aux idées de Linné, et à ne considérer qu'un seul genre *Cyprinus,* comprenant toutes les espèces à lèvres charnues. Les poissons qui vont suivre ont l'étui corné des chondrostomes.

Le CHONDROSTOME DE SYRIE.

(*Chondrostoma Syriacum,* nob.)

M. Ehrenberg a donné au Cabinet du Roi une belle espèce de chondrostome de cette division.

Ce poisson a la tête courte, ne faisant guère que le sixième de la longueur totale ou les trois quarts de la hauteur du tronc. Le museau est très-gros et arrondi; le voile membraneux des maxillaires descend jusques sur la lèvre supérieure, qui est mince et plate en dedans pour recevoir l'inférieure, dont l'étui cornéo-cartilagineux est gros et tranchant. A l'angle de la bouche il y a un barbillon de longueur médiocre. L'œil est petit et éloigné du bout du museau de près de trois fois son diamètre; l'intervalle entre les deux yeux est de trois fois et demie ce même diamètre; une peau épaisse couvre les pièces operculaires; l'isthme de la gorge est large; les ouvertures des branchies sont médiocres; les dents pharyngiennes sont sur trois rangs, au nombre de quatre, de trois et de deux : elles ont la couronne aplatie et un peu courbée en dedans; la dorsale s'élève sur le milieu du tronc; l'anale est courte et petite; la caudale est fourchue; les ventrales sont arrondies.

D. 12; A. 7; C. 19; P. 18; V. 10.

Les écailles sont petites et lisses ou très-finement striées : il y en a quatre-vingts dans la longueur entre l'ouïe et la caudale. La ligne latérale est droite et va par le milieu de la hauteur.

Le poisson est d'un vert doré, comme nos tanches, auxquelles il ressemble beaucoup, si ce n'est par la conformation de la bouche et des dents pharyngiennes.

M. Ehrenberg a pêché ce poisson dans la rivière d'Abraham, au pied du mont Sinaï : l'individu est long de onze pouces.

Le Chondrostome aiguillonné.

(*Chondrostoma aculeatum*, nob.)

Nous devons à M. Aucher-Éloy un autre chondrostome, voisin de celui de M. Ehrenberg.

Celui-ci a la tête un peu moins courte, le corps plus étroit ; car la hauteur du tronc égale la longueur de la tête, qui est comprise cinq fois et demie dans la longueur totale. Le museau est moins gros ; l'œil, moins loin du bout du museau, a une fois et demie le diamètre ; le barbillon est très-court ; les dents pharyngiennes, en même nombre, ont la couronne plus large, plus creuse et moins oblique. La dorsale est plus avancée et remarquable, parce que le second rayon est dentelé ; l'anale est courte.

D. 10 ; A. 8, etc.

Les écailles sont assez grandes ; car il n'y a que trente-huit rangées entre l'ouïe et la caudale. Nos individus, quoique décolorés, paraissent avoir été verdâtres.

L'intestin est très-long et fait de nombreuses circonvolutions sur lui-même.

M. Aucher nous a envoyé ces poissons des eaux douces de la Perse. Nos individus sont longs de sept pouces.

La nature des lèvres et la forme de la bouche ne peuvent laisser de doute sur les affinités de cette espèce avec les chondrostomes, quoiqu'il semblerait que j'aurais dû placer notre *Chondrostoma aculeatum*, à cause de ses barbillons et du rayon dentelé de la dorsale, dans la première division des cyprinoïdes, près des Rohites, mais ceux-ci n'ont pas d'étui corné aux lèvres.

CHAPITRE XV.
Des Catlas.

Je sépare des cyprinoïdes précédens et surtout des chondrostomes, le cyprin de l'Inde, que M. Buchanan a fait connaître sous le nom de *Cypr. catla.* Ce poisson a les maxillaires dilatés, avancés, et recouvrant, sous forme de lames minces, les intermaxillaires, qui eux-mêmes sont amincis, ainsi que les mêmes os le font dans le chondrostome; mais ils ne constituent pas un museau avancé au-dessus de la bouche. C'est le contraire ici : le museau est plus court que la mâchoire inférieure, dont les branches sont tellement dilatées qu'elles s'enchevêtrent l'une sur l'autre, et que leur forme arrondie donne à la mâchoire inférieure une saillie remarquable sous la gorge, et fait, quand la mâchoire inférieure s'abaisse, qu'elle ressemble à un large cuilleron, qui aurait comme axe longitudinal la langue. Les lèvres, surtout l'inférieure, sont charnues et épaisses et ne portent aucun barbillon. Les dents pharyngiennes sont semblables à celles des chondrostomes indiens, et leur réunion constitue un groupe petit pour la grandeur du poisson. Les râtelures des branchies sont longues et comme capillaires, tant elles sont souples et fines : je ne trouve rien de semblable dans aucun autre cyprinoïde; elles ressemblent à celles des espèces de la famille des Clupées.

Tels sont les caractères qui m'ont paru devoir faire distinguer comme genre les catlas, soit des ables, à cause de la forme des maxillaires, soit des chondrostomes, à cause de la forme de la bouche.

L'espèce, qui nous paraît assez abondante dans l'Inde, ayant été décrite d'abord par M. Buchanan, je l'appellerai

Le Catla de Buchanan.

(*Catla Buchanani*, nob.; *Cyprinus catla*, Buch.)

Ce que ce poisson offre de plus remarquable, est la grosseur de sa tête et la brièveté de son corps, ramassé et trapu.

La ligne du profil supérieur monte par un arc de cercle très-convexe et régulier jusqu'à la dorsale : elle devient un peu concave depuis les narines jusqu'au bord de la lèvre supérieure, qui est plus soutenue. La ligne du profil inférieur est d'abord très-concave sous la mâchoire inférieure, puis elle est presque droite depuis l'isthme des branchies jusqu'à l'anale : elle se relève un peu pour devenir droite sous la queue.

La hauteur est trois fois et presque une demie dans la longueur totale. L'épaisseur du tronc est juste la moitié de la hauteur. La grosseur de la tête dépend surtout de celle du museau, et celle-ci est une conséquence de l'élargissement des branches de la mâchoire inférieure. Il ne s'en faut guère que d'un huitième que la tête ne soit aussi haute que longue. Je ne connais pas d'autre poisson chez lequel le bord membraneux de l'opercule soit aussi large et s'étend jusques sur la troisième rangée d'écailles, au-delà de l'ossature de l'épaule : il est du cinquième de la distance du bout du museau au bord osseux et arrondi de l'opercule, de sorte que la longueur de la tête varie beaucoup, selon qu'on la prend depuis le bout du museau au bord de l'os operculaire, ou du bord libre de la membrane de l'opercule; dans la première dimension elle est du quart de la longueur totale, et dans la seconde la longueur de la tête ne serait comprise que trois fois et un cinquième dans la même longueur totale. L'œil est petit et sur le tiers de la hauteur de la joue, a deux fois son diamètre du bout du museau. Ce diamètre est compris six fois dans la distance entre l'extrémité antérieure et le bord de l'opercule osseux. L'intervalle, très-bombé, qui sépare les deux yeux, est de plus de quatre diamètres. A une fois cette distance et un peu obliquement, on voit les deux ouvertures de la narine, qui sont séparées l'une de l'autre par l'épaisseur d'une simple membrane papillaire, élevée comme un petit tentacule. L'os du nez est très-petit; le surcilier est mobile et assez large; le premier sous-orbitaire est courbe pour contribuer à soutenir la portion convexe du museau : les trois autres sont très-étroits. La joue est assez large; le bord du préopercule est arqué; l'opercule forme une grande et large plaque bombée et articulée haut sur la tempe; le bord de l'os est arqué; l'arc du sous-opercule complète le bord de l'ouïe; l'interopercule est large, sans cependant toucher sous la gorge à celui du côté opposé. La fente de la bouche est grande et s'ouvre tout-à-fait en avant par le mouvement de bascule des mâchoires, peu protractiles. Le maxillaire, courbé et caché en partie par le sous-orbitaire, n'a presque pas de branche montante; de sorte que, quoique plus étroit que celui d'un chondrostome, il a la même forme : il est très-mince, ce qui lui donne l'apparence d'un voile étendu sur les intermaxillaires, qui ont la même courbure et dont la lèvre est ici très-mince. L'inférieure est au contraire charnue et très-épaisse, et borde tout l'arc de la mâchoire. La symphyse est d'ailleurs mince et arquée, au lieu d'être une sorte de bourrelet, comme dans le chondrostome; les branches, très-élargies et concaves en dedans, s'entre-croisent sous l'isthme de la gorge. La langue est entièrement adhérente; chaque arceau des branchies porte une double râtelure, composée de soies grêles et flexibles, et faisant une saillie dans le large pharynx qui fait le fond de la bouche, comme cela a lieu dans une clupée, de sorte que l'eau est obligée de passer à travers un crible de seize lames de fanon pour arriver sur les branchies. L'eau doit rester sous l'opercule assez long-temps, malgré la grandeur de la fente branchiale, à cause de la largeur du bord membraneux de l'opercule. Il y a de plus une ligne impaire de ces peignes sur le corps même de l'hyoïde. Le bourrelet charnu du palais de ce cyprin est assez épais et sillonné de stries transversales

très-fines qui répondent aux rangées des peignes. Les dents pharyngiennes sont au nombre de cinq sur la première rangée, de
quatre sur la seconde, et de deux sur la troisième. La couronne
est taillée en biseau oblique et concave.

La dorsale est assez étendue, et les rayons antérieurs alongés
en pointe : elle s'élève sur le milieu de la longueur, en n'y comprenant pas la caudale de la nageoire fourchue, et dont chaque
lobe est compris quatre fois et un tiers dans la longueur totale.
La base de la dorsale égale en longueur le lobe de la caudale, et
la hauteur du plus long rayon égale les neuf dixièmes de la longueur de la base. L'anale est courte, mais le long rayon étant
presque aussi haut que celui de la dorsale, cela rend la nageoire
très-pointue. La pectorale, égale à la ventrale, est aussi longue
que l'anale est haute, de sorte que la pectorale atteint au-delà de
l'insertion de la ventrale, qui atteint au-delà de l'anus.

B. 3; D. 18; A. 9; C. 21 3/4; P. 19; V. 9.

En soulevant le bord de l'opercule pour découvrir l'ossature
de l'épaule, on voit que le scapulaire forme une lamelle arquée
comme une lame de canif, qu'il recouvre par sa pointe celle de
l'huméral, ce qui fait à cette jonction une échancrure bien sentie.
L'huméral a le bord arrondi, arqué, et ne donne pas d'angle
saillant à l'insertion de la pectorale.

Je compte, après cet os, quarante-trois rangées d'écailles, huit
rangées au-dessus et six au-dessous de la ligne latérale, qui est
très-peu concave. Une écaille est un parallélogramme assez grand,
dont la plus grande portion est recouverte. Du centre radical naissent, vers le bord de la base ou vers le bord externe, de nombreuses stries rayonnantes : il y en a davantage sur la surface libre.
La couleur est un vert doré avec quelques traits verticaux, et lilas
obscur sur le poisson conservé dans l'alkool.

Mais M. Dussumier dit du poisson frais, que le corps, jusqu'à
la ligne latérale, est bleuâtre avec des reflets argentés; que le dessus
de la tête est verdâtre, et le dessous de la gorge, ainsi que les
opercules, sont argentés.

Les intestins font de nombreux replis comme ceux des chondrostomes de l'Inde ; la vessie aérienne est grande et double ; je compte au squelette trente-six vertèbres, les trois premières pour la grande vertèbre de la vessie, quinze ensuite portent des côtes, et les trois suivantes appartiennent encore à l'abdomen, les quinze derniers soutiennent les muscles de la queue.

Le plus long de nos individus a un pied : nous en avons reçu les premiers exemplaires en 1826, par M. Alfred Duvaucel ; puis M. Belanger, en 1828, en a rapporté d'autres au Cabinet, et il s'en trouvait aussi dans les collections faites à bord de la Chevrette, par M. Regnault ; mais les plus beaux proviennent des envois de M. Dussumier. Aux notes sur les couleurs citées plus haut, étaient ajoutées les observations suivantes sur les mœurs.

Cette espèce est fournie en abondance par les étangs seuls des environs de Calcutta. M. Dussumier ne croit pas que l'espèce habite le Gange. A cause de l'extrême abondance de ce poisson, les Européens n'en font aucun cas, les Indiens seuls le mangent.

Toutefois ces renseignemens ne s'accordent pas avec ceux que nous a fournis M. Buchanan, puisque ce zélé voyageur dit du catla, qu'il est semblable à la carpe par ses formes, ses habitudes et le goût de sa chair. C'est un bon animal, qui a peu d'arêtes, et il atteint à trois ou quatre pieds. Il est commun dans les rivières et les étangs du Bengale, mais il est plus rare à l'ouest, et il est même inconnu dans le Béhar. M. Buchanan[1] a placé ce poisson dans ses *Cyprinus* proprement dits, c'est-à-dire, dans le groupe qui n'avait pas de caractères nets et tranchés, une

---

1. Ham. Buch., *Gang. fish.*, p. 287, pl. XIII, fig. 81.

forme grosse et épaisse, et la ligne latérale par le milieu du corps. On peut voir, par la description plus haut, que ce poisson est loin d'être aussi peu caractérisé. La figure de cet auteur est d'ailleurs exempte de tout reproche.

J'en ai moi-même[1] donné une description et une figure dans la publication que j'ai faite des poissons rapportés par M. Belanger; mais à l'époque où j'ai rédigé ces descriptions je n'avais pas encore étudié avec assez de soin la famille des cyprins, et j'avais cru devoir laisser cette espèce pour les ables. Le lecteur qui étudiera mon travail sur les cyprinoïdes, trouvera, je crois, que je faisais mieux alors d'associer ce catla aux autres ables, que de le placer parmi les *Cyprinus* de Cuvier, comme l'a fait M. John M'clelland[2], qui le compare au *Cypr. gibelio*.

Il a fallu une comparaison bien superficielle pour arriver à ce rapprochement; d'ailleurs l'auteur écossais n'ajoute rien à ce que nous a appris M. Buchanan.

---

1. Val., Poissons du Voyage aux Indes orient., par Belanger, p. 379, pl. III, fig. 2.

2. J. M'clell., *Ind. Cypr.*, p. 275 et 348.

CHAPITRE XVI.

Des Catostomes.

Le nom de Catostome a été imaginé par J. R. Forster, pour désigner une espèce de poisson de la baie d'Hudson, appelé par les Anglais *the sucker,* et que ce célèbre naturaliste rangeait dans le genre des Cyprins. La Société royale avait reçu du gouverneur des établissemens anglais dans la baie d'Hudson quelques poissons, et elle chargea Reinhold Forster d'en donner une notice. Il publia son travail sous la forme d'une lettre adressée à Pennant, qui a été insérée dans les Transactions philosophiques de 1773, avec une planche représentant le nouveau cyprin, appelé *Cyprinus catostomus.*[1]

Pennant[2], profitant du travail de son savant collègue à la Société royale, comprit d'abord dans l'introduction à la Zoologie arctique, puis dans le corps même de l'ouvrage, le *Cyprinus catostomus,* en faisant observer que les Indiens en distinguent deux variétés, l'une marquée de bandes rouges longitudinales, et l'autre blanche.

Cette espèce, si bien établie par la description et par la figure de Forster, et aussi par ce que Pennant venait d'y ajouter, fut cependant oubliée par Linné et Gmelin, mais Bloch la fit entrer dans son *Species.*

Lacépède[3], qui avait de son côté pris de Bonnaterre le cyprin décrit par Forster, inscrivait, d'après les notes

---

1. J.ᵃ Reinh. Forster, *Phil. Trans.,* 1773, vol. 63, p. 149, pl. VI.
2. *Intr. to the Arct. zool.,* p. CCXCIX, et *Arct. zool.,* t. II, p. 402.
3. Lacép., Hist. des poiss., t. V, p. 502 et 508.

de son collègue M. Bosc, une autre espèce, voisine de celle-ci, sous le nom de *Cyprin sucet*[1]. Je suis même porté à croire que le *Cyprin commersonien*[2], dont je ne retrouve pas le dessin original dans les manuscrits de Commerson, a été décrit et figuré par Lacépède d'après un catostome conservé dans l'alkool, fort ancien au Cabinet; et que M. de Lacépède aura attribué aux manuscrits de Commerson les notes relatives à cette espèce, qu'il avait prises sur la nature. Nous avons déjà fait remarquer que ces transpositions devaient arriver souvent par la manière de travailler de ce célèbre savant, parce que ses notes étaient consignées sur des petites feuilles volantes, qu'il ne rédigeait le plus souvent que sur elles et sans avoir les objets eux-mêmes devant lui.

Shaw[3], qui a pris tant d'espèces incertaines dans Lacépède, qui n'a pas négligé le Cyprin catostome de Forster, ne lui a pas emprunté ni le Cyprin sucet ni le Cyprin commersonien.

Ces observations et celles qui ont été faites postérieurement par M. Lesueur, sembleraient faire croire que tous ces poissons étaient américains, et qu'il n'y a pas d'espèces du même genre dans l'ancien monde. Cependant M. Tilesius, en comparant les matériaux de ses voyages à ceux rapportés par Pallas, publiait en 1813, dans les Mémoires de Saint-Pétersbourg, un *Cyprinus rostratus*, et, en étudiant la figure et la description où ce savant caractérise le poisson et le distingue du *Cyprinus labeo* de Pallas, il semble montrer qu'il existe dans l'Amur, la Lena et le

---

1. Lacép., Hist. des poiss., t. V, p. 503 et 610.
2. *Ejusd. ibid.*, p. 503 et 610, et t. III, pl. XI, fig. 3.
3. Sh., *Gen. Zool.*, vol. V, part. I, p. 237.

Covyma une espèce de cyprinoïde du genre Catostome.
La disposition de la lèvre inférieure, la granulation de la
supérieure, la protractilité en-dessous de la mâchoire et
la forme des nageoires ne me paraissent donner lieu à aucune hésitation sur cette détermination. Mais, comme
nous n'avons pas vu ce poisson, nous en placerons la description, tirée de M. Tilesius, à la fin du genre. Ce n'est
pas le premier exemple des formes génériques abondantes
en Amérique, et qui ne sont représentées en Europe que
par une seule espèce. Le Nil en possède plusieurs cas.

Tel était l'état de la science et de l'histoire naturelle
de ces espèces, lorsque M. Lesueur passa aux États-Unis,
à l'époque où la paix ouvrait une nouvelle carrière aux
études des savans. L'Amérique était bien loin d'avoir été
étudiée alors comme elle l'a été depuis vingt-cinq ans.

Au milieu des trésors qui s'offraient à M. Lesueur, et
parmi lesquels il n'avait en quelque sorte que l'embarras
de choisir, ce zélé zoologiste porta son attention sur les
poissons dans lesquels il retrouva assez d'affinité avec les
cyprins pour les placer dans cette famille, mais qui lui
offraient des caractères assez tranchés pour être réunis en
un genre distinct, et qui tous venaient se grouper autour
du *Cyprinus catostomus* des Transactions philosophiques.
M. Lesueur se mit alors à faire une monographie de ces
nombreuses espèces, pour la plupart encore inédites. Il
en réunit les descriptions dans un mémoire inséré dans le
Journal des sciences naturelles de l'académie de Philadelphie, et il l'accompagna de neuf planches. C'est ainsi que
fut établi le genre Catostome, qui prit alors rang dans la
science.

Le docteur Mitchill aurait déjà pu faire ce qu'il a laissé

à la sagacité de M. Lesueur ; car, dans son Mémoire sur les poissons de New-Yorck, il a décrit deux cyprinoïdes différens de ceux de Forster et de Lacépède, mais, comme ceux-ci, du genre des Catostomes. Je vois aussi dans le Mémoire de M. Lesueur, que M. Peck a donné dans le Recueil de l'académie américaine des sciences et arts de Boston, ouvrage que je n'ai pas pu me procurer, la description d'une seconde espèce, sous le nom de *Cypr. catostomus*, quoique différente de celle de Forster.

Depuis M. Lesueur, le docteur Richardson a donné de nouveaux documens sur les espèces qu'il recueillait pendant son périlleux et fatigant voyage avec le capitaine Franklin.

MM. Lesueur et Milbert ont envoyé de nombreux exemplaires de ces poissons au Cabinet du Roi. Avec ces précieux matériaux, et avec les papiers originaux de M. de Lacépède, que je tiens de l'amitié que cet excellent homme avait pour moi, j'ai pu faire l'histoire des Catostomes.

Ils diffèrent des ables, avec lesquels ils ne sont pas sans affinité, par la position de leur bouche et par la forme des lèvres qui la bordent. Ces organes sont aussi distincts de ceux des Chondrostomes.

L'absence des barbillons les éloigne aussi des Labéons, avec lesquels ils ont d'ailleurs moins de rapports que M. Cuvier ne le supposait quand il a rédigé le Règne animal. Enfin, ils diffèrent de tous ces genres par leurs dents pharyngiennes.

Par la forme générale de leur corps, ils ressemblent à nos barbeaux, dont ils ont presque tous la tête alongée, lisse et nue, et le museau un peu proéminent, mais ils n'ont pas leurs barbillons, et la dorsale manque de rayons épineux et dentelés. La bouche est située sous le museau : elle est sans dents, et les lèvres, élargies, lobées, caronculées, mais sans prolongemens filiformes, servent à constituer une sorte de ventouse, au moyen de laquelle ces poissons peuvent adhérer ou sucer. Les pharyngiens sont grands et arqués, presque en demi-cercle ; tout le bord interne est garni de dents comprimées, à couronne striée, un peu plus large que la base : toutes ces dents décroissent régulièrement depuis les inférieures jusqu'aux supérieures, le nombre en varie selon les espèces : elles forment un peigne sur le corps de l'os. Les opercules sont grands ; les narines ont chacune, comme à l'ordinaire, deux ouvertures rapprochées ; les yeux, assez larges, sont elliptiques et ont l'iris ordinairement jaune ; les écailles sont en général petites sur la nuque et près de la tête, et elles vont ensuite en augmentant à mesure qu'on s'approche de la queue : elles sont plus ou moins rhomboïdales et striées ou frangées.

Les viscères rappellent ceux des cyprinoïdes en général, mais l'intestin, à cause de ses nombreux replis, a encore plus d'étendue dans un *Cat. macrolepidotus* de seize pouces de long, j'ai, comme M. Lesueur, mesuré trois pieds cinq pouces d'intestin. Le foie se résout bientôt en huile ; la vessie aérienne est communément divisée en deux, et communique avec le haut de l'œsophage, comme dans nos cyprins. Une espèce, le *Cat. macrolepidotus,* offre l'exemple singulier d'une vessie aérienne encore plus divisée. M. Lesueur dit qu'elle se compose de quatre vessies : je n'en ai trouvé que trois dans ceux que j'ai disséqués. L'estomac était rempli de débris de coquilles fluviatiles, tels que des lymnées, des paludines, etc.

M. Lesueur a aussi appelé l'attention sur les rangées de pores muqueux, dont les orifices béans sur la tête sont sur deux lignes, l'une va de la nuque sur le devant des yeux, et l'autre traverse la joue sous l'œil : Forster a appelé ces lignes des sutures. Notre compatriote ajoute aussi que plusieurs espèces qui, examinées sur des individus desséchés, paraîtraient tuberculeuses, sont lisses à l'état frais, et on ne peut voir sur elle aucune trace de tubercules. Je crois cependant que l'individu dessiné par Forster avait des tubercules, et, comme il n'est pas de l'espèce que Lesueur a nommé *Cat. tuberculatus,* on doit croire, par une analogie facile à déduire, que quelques espèces peuvent se couvrir de tubercules à certaines époques de l'année.

La chair des catostomes est insipide, aussi ne l'estimet-on pas comme nourriture.

Les habitudes des catostomes et leur manière de prendre la nourriture, leur fait éviter le piège du hameçon; et, quoiqu'on ait dit de quelques espèces qu'on peut les pêcher avec un appât particulier, le fait est que ceux qui viennent aux marchés sont pris dans les filets, sans qu'on en fasse l'objet d'une pêche spéciale. Quelques espèces paraissent sur les marchés pendant toute l'année; d'autres ne sont apportées que dans les mois de Septembre, Octobre et Novembre et pendant le commencement du printemps. Pendant l'hiver, la plus grande partie se retire dans les eaux profondes.

Je vais commencer par donner la description des espèces du Cabinet du Roi : elles seront faites d'après nature. J'indiquerai ensuite les espèces que je n'aurai pas vues, d'après les auteurs qui les ont décrites.

Le CATOSTOME COMMUN.

(*Catostomus communis*, Lesueur.[1])

La première espèce, qui a paru la plus abondante à
M. Lesueur, puisque ce savant naturaliste lui a donné
l'épithète de *communis*,

a le corps alongé et arrondi; la hauteur, égale à la longueur de la
tête, est comprise cinq fois et deux tiers dans la longueur totale;
l'épaisseur du tronc est des deux tiers de sa hauteur. Le museau est
très-obtus et charnu; toutes les parties étant cachées sous une peau
épaisse, lisse et sans écailles. On distingue cependant très-bien les
quatre osselets de l'appareil operculaire; le préopercule est large,
et son bord, augmenté de l'interopercule, forme une sorte de limbe
qui embrasse le dessous de la gorge; l'opercule est trapézoïdal et
assez grand; le sous-opercule est étroit et suit le contour inférieur
de l'opercule : on ne voit aucun pore sur toute cette partie de la
tête. L'œil est ovale, de grandeur moyenne sur le haut de la joue;
le cercle de l'orbite entame peu cependant le profil du front. Le
diamètre longitudinal, d'un quart plus grand que le vertical, est
compris cinq fois et quelque chose dans la longueur de la tête, et
l'œil est éloigné du bout du museau de deux fois et demie ce diamètre. Le sous-orbitaire antérieur est une lame osseuse, mince, à
bord supérieur droit; l'inférieur étant arrondi comme l'extrémité
d'une lame de sabre. Les autres osselets sous-orbitaires sont très-
étroits.

Les deux ouvertures de la narine sont très-rapprochées l'une de
l'autre, et la papille du bord postérieur de la première recouvre la
seconde, qui est cependant beaucoup plus grande que la première.
Il faut relever cette papille avec la pointe du scalpel, de sorte qu'on
pourrait facilement croire que l'ouverture de la narine est unique.
L'œil droit est éloigné de l'autre de deux fois et demie le diamètre

---

1. Lesueur, *Journ. of the acad. nat. scienc. of Philad.*, vol. 1, p. 95, n.° 6.

longitudinal, ce qui rend le front large, lisse par l'épaisseur de la
peau qui le recouvre; le profil de la tête est légèrement bombé.
A partir de l'angle supérieur de la fente de l'ouïe et en continua-
tion directe sur le haut de l'épaule avec la ligne latérale, on voit
commencer plusieurs séries de pores en ligne continue, dont une
contourne le bord supérieur de l'opercule, passe autour de la saillie
de l'articulation de cet os et de celle du préopercule, suit le contour de l'œil en s'élevant sur le milieu du sous-orbitaire, et dépasse
l'œil pour se rendre à l'extrémité du museau par le milieu du sous-
orbitaire antérieur.

Du même point d'origine de cette première ligne, il y en a une
autre en travers sur la nuque et allant d'une épaule à l'autre; une
troisième ligne longitudinale va de la région mastoïdienne sur le
front se perdre vers la narine. Ces sortes de petites chaînettes de
pores donnent à la tête une physionomie remarquable, et la ligne
du sous-orbitaire se continue si directement avec la ligne latérale,
qu'on pourrait dire de celle-ci qu'elle est étendue sur le côté du
corps, depuis le bout du museau jusqu'à la naissance de la caudale. La bouche est petite, peu fendue; sous la saillie du museau
et des lèvres épaisses et charnues se cachent les os maxillaires ou
intermaxillaires, qui d'ailleurs ne présentent rien de remarquable.
De nombreuses papilles tuberculeuses s'élèvent sur ces lèvres : l'inférieure est comme bilobée. Il n'y a d'ailleurs aucun vestige de barbillons.

Les mâchoires n'ont aucunes dents; le palais est épais et charnu,
comme c'est l'ordinaire dans les cyprinoïdes : il l'est moins que
celui de la carpe.

Les pharyngiens ont des dents nombreuses sur une seule rangée : elles garnissent toute la face postérieure ou œsophagienne de
l'os; on en compte trente-six à trente-huit : les plus grosses sont
les internes. Chaque dent a un long talon comprimé, sur lequel se
développe la portion émaillée, qui est aussi émaillée, comprimée,
élargie d'avant en arrière, un peu renflée et arrondie; la peau qui
recouvre l'os est garnie le long du bord antérieur du pharyngien,
de dix-huit papilles en crochets, qui vont contribuer à arrêter un

peu la proie que broie la dent pharyngienne. Ces papilles représentent les râteliers des branchies, qui sont assez longues sur le premier arceau.

Les ouïes ne sont pas plus fendues que celles de la carpe; le bord membraneux de l'opercule est moins large; l'isthme de la gorge est assez large; il y a trois rayons plats à la membrane branchiostège; l'ossature de l'épaule forme un arc simple, un peu dilaté par l'élargissement triangulaire que prend l'huméral dans l'angle de la pectorale. Cette nageoire est longue et étroite : elle est comprise six fois dans la longueur totale. La ventrale répond à la vingt-huitième rangée d'écailles sous le milieu de la dorsale : elle est plus courte à peu près d'un tiers que la pectorale.

Le premier rayon de la dorsale répond à la dix-neuvième rangée d'écailles sur le milieu de la longueur du corps, la caudale non comprise. Sa hauteur égale l'étendue de sa base et mesure les deux tiers de la hauteur du tronc sous elle.

L'anale, qui est arrondie, commence à la vingt-huitième rangée d'écailles : elle surpasse en longueur la pectorale, c'est-à-dire, le sixième de la longueur totale, et sa base n'est que du tiers de sa hauteur. La caudale est fourchue : ses lobes égalent l'anale en longueur; ils sont pointus.

B. 3; D. 13; A. 9; C. 4 — 18 — 6; P. 19; V. 12.

Les écailles des catostomes sont plus larges sur le tronçon de la queue que sur la poitrine, de sorte qu'elles vont en s'élargissant à mesure qu'elles sont plus près de la caudale. J'en compte cinquante-six rangées entre l'ouïe et la nageoire de la queue. Une écaille est plus longue que large : elle est formée de couches superposées, formant des stries concentriques très-rapprochées, et du centre rayonnent sur la portion radicale ou libre, des stries plus fortes.

La ligne latérale est droite par le milieu du corps, et formée par une suite de tubulures relevées en petite carène. La couleur est uniforme, verdâtre sur le dos, argentée sous le ventre.

A l'ouverture du corps on trouve un foie divisé en lobes assez étroits, et un intestin roulé sur lui-même à la partie antérieure et inférieure de l'abdomen; l'œsophage qui passe dessus ces replis est étroit et sans aucune dilatation qui puisse marquer. L'estomac s'étend sur la vessie aérienne jusqu'au troisième tiers de la cavité abdominale; le tube intestinal remonte ensuite à cet œsophage jusques vers le premier sixième de la cavité : là il se courbe et descend en se portant dans le côté jusques vers le milieu; il forme alors, en remontant vers le diaphragme, une grande anse, et l'intestin s'engage sous le bord du foie, passe dans le côté gauche, un peu au-dessous du tiers, se replie en dedans, va se contourner sous le pli précédent, et suit l'intestin pour se plier de nouveau dans l'anse intestinale du côté droit, remonte sur le premier repli de l'intestin, et, repassant à gauche, se rend directement à l'anus.

Ce tube intestinal paraît continu et sans aucune division intérieure de l'œsophage à l'anus; du moins je n'ai pu observer aucune valvule, soit du pylore, soit du colon, dans toute la longueur du canal. La veloutée est très-fine et plissée longitudinalement de rides petites et très-étroites, pliées en chevrons nombreux et rapprochés.

La vésicule du fiel est étroite et longue : elle donne dans le canal digestif à ce premier tiers de sa première anse. La vessie aérienne est double : l'antérieure est ronde et de médiocre longueur; la seconde, du double plus longue, est conique : elle communique avec l'œsophage par un canal étroit.

Le péritoine est d'un beau blanc argenté; les reins sont alongés, étroits et ne se renflent pas en gros lobes entre les divisions de la vessie aérienne.

J'ai reçu ces catostomes étiquetés par M. Lesueur : il les a envoyés de Philadelphie; d'autres ont été envoyés de la même ville par M. Milbert.

Nos individus ont un pied de long; il y en a de seize pouces.

M. Lesueur a pris ce poisson dans le Delaware, et c'est le plus commun sur les marchés de Philadelphie. Les femmes des pêcheurs les apportent, pour la vente, sur

des petits fagots ou enfilés à des jets flexibles de saules.
Il n'est pas estimé et n'est acheté que par la classe peu
aisée. M. Lesueur en a donné une figure.

Le Catostome bostonien.

(*Catostomus bostoniensis*, Lesueur.)

Nous avons reçu cette espèce de Philadelphie par M. Lesueur, et de New-York, par M. Milbert.

La hauteur du tronc égale la longueur de la tête, et est comprise cinq fois dans celle du corps entier. Les yeux sont assez
grands; leur diamètre est cinq fois dans la distance du bout du
museau au bord de l'opercule, et deux fois dans l'intervalle d'un
œil à l'autre. La tête est tout-à-fait tétraèdre; le dessous de la gorge
est aplati comme le vertex. Les lèvres sont très-larges et tuberculeuses : elles forment une ventouse dont l'action doit être très-forte.
Les lignes des pores sous-orbitaires et frontales sont très-pronon-
cées.

La pectorale est grande et arquée; l'anale, très-longue, touche
à la caudale, qui est échancrée; la dorsale est quadrilatère; les ventrales sont courtes et arrondies.

D. 14; A. 9; C. 19; P. 18; V. 10.

Je compte cinquante-neuf rangées d'écailles entre l'ouïe et la
caudale; celles de la queue ne sont pas beaucoup plus grandes que
celles des premières rangées; elles sont finement granuleuses; la
ligne latérale est droite. La couleur est un vert doré avec le bord
des écailles rembruni, ce qui forme une sorte de réseau sur le
corps : le ventre est blanc.

La vessie aérienne n'a que deux lobes; l'intestin, d'un diamètre
égal dans tout son parcours, se courbe neuf fois à des distances
inégales. Sa longueur égale trois fois et un cinquième celle du corps
entier : les œufs sont gros.

Nos individus ont quinze pouces.

Le squelette de ces poissons présente des particularités fort remarquables.

Le dessus du crâne est de forme carrée : il est creusé de plusieurs fosses, et il ne ressemble plus à celui des autres cyprinoïdes. Le trou interpariétal, nul dans les brèmes et dans les ables, si petit dans les carpes, est ici très-grand. Il est trois fois aussi long que large, et sa longueur est du cinquième de celle de la tête. Le frontal principal, ou moyen, s'articule par une suture linéaire avec son congénère, et par une autre, peu dentelée, avec l'ethmoïde. Le bord se porte un peu en retrait pour s'avancer jusqu'à l'arcade sourcilière. L'os dans cette partie est mince comme une simple écaille; mais de la région postérieure il donne une languette relevée par une carène saillante qui va s'unir au pariétal, en laissant en dehors le frontal postérieur. Celui-ci, creux en dessus, bordant par une lame étroite et saillante le contour supérieur de l'orbite, est en partie recouvert par le mastoïdien. Tout le bord antérieur du cercle orbitaire est formé par le frontal antérieur, qui est aussi creux, et concourt à former avec l'ethmoïde la fosse frontale qui suit celle où se loge la narine. Le pariétal est irrégulièrement quadrangulaire; il reçoit par le bord postérieur l'interpariétal et l'occipital supérieur. La crête interpariétale est ici réduite à un simple stylet osseux, dont la base ferme en arrière le grand trou interpariétal. Le mastoïdien est également creux, et il donne en avant une petite crête osseuse avancée sur la fosse frontale postérieure, en même temps qu'une autre crête, plus petite et postérieure, dépasse la fosse mastoïdienne. En avant l'ethmoïde est très-large, et il donne à son milieu une apophyse épaisse, courte, obtuse, qui sépare les fosses nasales. En dessous, les fosses temporales, qui sont grandes dans la carpe, n'existent presque plus, et l'on conçoit que le crâne du catostome soit devenu aussi large, surtout de l'avant par l'élargissement de l'ethmoïde; l'écartement des frontaux et des pariétaux qui ne se touchent plus par leur bord interne pour former le grand trou interpariétal, et par la saillie des frontaux postérieurs, qui sont entièrement recouverts dans la carpe. A la base du crâne, l'occipital postérieur et le basilaire sont seuls dignes de quelques remarques. L'apophyse postérieure, qui va presque toucher aux lames verticales de la grande vertèbre, est constituée ici par une lame criblée d'un nombre infini de trous minces, convexe en dessous et dilatée sur les côtés, et une sorte de petite aile osseuse libre de chaque côté. Cette lame est recouverte, dans le frais, par une peau assez épaisse, animée par un nombre considérable de filets nerveux, et qui forme, en se continuant avec la peau étendue sur les pharyngiens, une sorte de bourrelet ou de palais charnu, que l'on prendrait pour beaucoup plus épais que celui de notre carpe. S'il n'a point autant d'épaisseur, il doit, sans aucun doute, jouir d'une beaucoup plus grande délicatesse ou finesse de tact.

Pour faire connaître les dents pharyngiennes, j'ai déjà parlé des pharyngiens inférieurs ; les supérieurs sont formés par quatre os situés en travers, renflés en dedans, grêles en dehors et poreux. Ces quatre pharyngiens, qui s'articulent par leur côté grêle ou externe avec l'arc branchial, s'unissent en dedans avec un os impair accolé le long du sphénoïde. La muqueuse de la bouche, qui suit les saillies ou les rentrans de ces os, donne naissance à un palais lisse, mais cannelé à travers, dont aucun autre poisson n'en a encore fourni d'exemples. La grande vertèbre, composée de la réunion des premières, comme dans les silures ou les cyprins, embrasse aussi la quatrième et la cinquième ; elle est surtout remarquable par le grand développement de ses apophyses, et surtout celles de la troisième. Les apophyses horizontales de la première ont neuf lignes dans cet individu, qui n'a que treize pouces de longueur totale ; elles sont d'ailleurs soudées avec les apophyses de la troisième, ce qui n'a pas lieu dans la carpe. Les apophyses de la seconde recouvrent les osselets de Webber, et les apophyses de la troisième, longues de quatorze lignes, se portent d'abord un peu au dehors, et s'élargissent en une lame caverneuse réunie à celle du côté opposé, et formant une cloison osseuse pleine et tendue derrière le basilaire, tandis que dans la carpe elle est percée de deux grands trous ovales. Deux apophyses internes, assez fortes, descendent du bord horizontal de la cloison. L'apophyse descendante, qui laisse dans la carpe une large échancrure dans laquelle s'engage l'osselet de Webber, devient ici un trou rond, à cause de l'étendue du bord osseux de la cloison du côté interne et postérieur. La base de l'apophyse donne un prolongement arrondi et descendant pour compléter le cercle dont je parle. Elle se dilate ensuite en une lame verticale étroite qui descend derrière la première cloison, et va s'unir à elle par une apophyse lamelleuse de jonction. Cet appareil, fait sur les mêmes principes et avec les mêmes matériaux que ceux de la carpe, est ici beaucoup plus développé, et, pour se convaincre, je ferai remarquer que les apophyses de la grande vertèbre de notre catostome sont aussi longues que celles d'une carpe dont le crâne est presque deux fois plus long. Je ne les trouve que de quatorze lignes dans une carpe, dont le crâne a trois pouces neuf lignes, du bord du condyle occipital à la tubérosité antérieure du vomer. Ces mêmes apophyses sont aussi hautes dans un catostome, dont le crâne n'a que deux pouces deux lignes entre les mêmes points. L'osselet de Webber est aussi plus large, et il se prolonge en arrière de la cloison osseuse en un stylet très-grêle, passant à travers le grand trou et revenant sur lui-même pour s'insérer sur la seconde cloison verticale décrite plus haut.

Les apophyses épineuses sont soudées en une seule grande lame, augmentée par la fusion des interépineux, et soutenue par les apophyses épineuses de la quatrième et de la cinquième vertèbre, ainsi que par leurs interépineux. Cette vertèbre est donc plus grande que celle des cyprins, et l'on conçoit que cela devait être ainsi, à cause de la grandeur de l'appareil webbérien. La vessie aérienne, même quand elle n'a que deux lobes, est plus grande à proportion que celle des autres cyprins. Il y a d'ailleurs vingt-trois vertèbres abdominales après les cinq qui concourent à la formation de la grande vertèbre; on compte vingt paires de côtes; mais, comme la quatrième et la cinquième vertèbres portent chacune les deux premières paires de côtes, il en résulte que les cinq dernières abdominales n'en soutiennent pas. Dix-sept vertèbres caudales complètent cette colonne épinière.

La ceinture humérale est aussi très-fortement conformée. Je

trouve d'abord couché sur le mastoïdien un petit surscapulaire étroit et styliforme; le scapulaire, trois fois aussi long, est aussi très-grêle et caché dans la rainure de l'huméral, qui se montre à l'extérieur sous la forme d'une plaque un peu élargie en triangle au-dessus de la pectorale, mais qui s'étend en dedans par une crête mince et large, donnant attache en dessous à une autre lame également mince et large, qui est le cubital. Le radial est très-court : son trou est large pour la grandeur de l'os. Je compte cinq os du carpe. Le styléal est petit, grêle et un peu arqué.

Les os pelviens, libres dans les muscles droits du ventre comme dans tous les abdominaux, sont formés d'un corps triangulaire étroit, donnant à sa base deux longues apophyses styloïdes grêles, qui viennent se rejoindre en chevron au-devant de l'os propre du bassin.

On conçoit qu'il était nécessaire de donner cette ostéologie détaillée, afin de faire connaître la curieuse organisation des espèces du genre Catostome.

M. Lesueur a envoyé de Philadelphie les catostomes bostoniens donnés au Muséum. Il dit, dans sa Monographie, qu'il les a obtenus des environs de Boston, où ils habitent les eaux douces de l'État de Massachusetts. Il regarde ce catostome bostonien comme l'espèce décrite et figurée par M. Peck sous le nom de *Cypr. catostomus,* parce que l'auteur croyait à tort que son poisson était le même que celui de Forster.

Si l'on compare maintenant la figure du poisson que M. de Lacépède a nommé *Cyprin commersonien* à ce catostome, il me semble que l'on ne doit pas tarder à se convaincre que la gravure citée représente un poisson du genre qui nous occupe. De toutes les espèces celle qui s'en rapproche le plus, est le Catostome bostonien, quoique je ne veuille pas l'affirmer ici. Mais on ne peut pas trouver

de plus grandes ressemblances génériques dans le nu de
la tête, dans sa forme tétraèdre, dans les lignes, quoique
vagues, dont elle est marquée, et qui sont celles des pores,
dans la forme arquée de la pectorale, dans la longueur
de l'anale, et je dirai aussi dans la dorsale et la ventrale.
Le museau, mal dessiné, est gros et arrondi; il n'y a pas,
jusqu'à la saillie de la ventouse des lèvres, qui ne soit
mal dessinée, mais exprimée. Je ne trouve d'ailleurs rien
dans les papiers de Commerson qui se rapporte à ce dessin,
et M. de Lacépède ne cite aucun texte de ce voyageur.

Le Catostome doré.

(*Catostomus aureolus*, Lesueur.[1])

Cette espèce

a le corps et la tête dans les mêmes proportions que la précédente;
mais l'œil est plus petit et plus arrondi : son diamètre longitudinal
est compris près de six fois dans la longueur de la tête; les pores
de la ligne sous-orbitaire sont beaucoup plus espacés, et il y en a
un plus grand nombre au contraire sur le dessus du museau dont
la saillie est plus grande. Les lèvres sont épaisses, papilleuses, et
l'inférieure est bilobée. Les dents pharyngiennes sont assez semblables, pour le nombre et pour les dispositions, aux dents du
catostome commun. Les grosses dents internes sont plus fortes et
moins hautes. La dorsale répond à la vingt-huitième rangée d'é-
cailles. La hauteur des rayons est des trois quarts de la longueur
de la base, et est comprise une fois et trois quarts dans celle du
tronc. Le bord est droit; la ventrale répond au neuvième rayon :
elle est large et tronquée. L'anale est large, et c'est le quatrième
rayon qui est le plus long, de sorte qu'elle est pentagonale au lieu

---

1. Lesueur, *Journ. of the acad. nat. sc. of Philad.*, vol. I, p. 95, n.° 5.

d'être arrondie comme celle du *catostomus communis*. La caudale est échancrée; ses lobes sont pointus.

D. 14; A. 89; C. 19; P. 17; V. 10.

La ligne latérale est droite; les écailles sont petites et égales : j'en trouve soixante-trois rangées sur le côté; une écaille est plus alongée, a ses stries concentriques ou rayonnées plus marquées; la couleur est un doré verdâtre uniforme sur le poisson conservé dans l'eau-de-vie; mais M. Lesueur les a vues très-brillantes; car il indique le corps d'un bel orangé plus foncé sur le dos. La base de chaque écaille est rouge foncé; de vifs reflets dorés éclairent les côtés; les pectorales, les ventrales et l'anale sont rouge-orangé; la caudale est d'un beau rouge carmin foncé; la dorsale est plus pâle que les autres.

Le canal intestinal, replié comme celui du précédent, est plus long; il n'y a de même que deux vessies aériennes; la seconde, plus cylindrique, a le bout arrondi au lieu d'être pointu. Les reins sont un peu renflés entre les deux vessies.

L'individu est long d'un pied deux pouces. Il a été envoyé par M. Lesueur, qui le tenait des environs de Buffalo, sur le lac Érié. L'espèce a été aussi figurée dans le mémoire cité, mais l'auteur ne donne aucune particularité sur ce poisson.

M. le docteur Richardson n'en parle dans sa Faune de l'Amérique septentrionale que d'après M. Lesueur; il ne l'a pas vue.

Le CATOSTOME CHUB.

(*Catostomus oblongus*, Lesueur; *Cyprinus oblongus*, Mitch.[1])

Ce catostome ressemble beaucoup, pour la forme, au rotengle ou à nos gardons.

---

1. Mitch., *Fish. of New-Yorck*, p. 459, n.° 2.

Le corps est beaucoup plus haut que celui des deux précédens; la hauteur du tronc égale le tiers du corps sans y comprendre la caudale. La tête est petite et le museau pointu; la longueur de la tête fait le cinquième de la longueur totale; le profil du front est concave; c'est le dos qui devient élevé avant la dorsale; les pores sous-orbitaires sont peu nombreux, et par conséquent très-écartés; le museau est peu saillant; les lèvres sont peu épaisses; les dents pharyngiennes sont petites, égales et en peigne plus régulier que dans les autres espèces. La dorsale est aussi haute que large, et presque de la moitié du tronc; l'anale est courte et a le bord festonné: sa base fait la moitié de sa hauteur. La caudale est peu fourchue: ses lobes sont larges et arrondis; les pectorales et les ventrales sont petites.

D. 14; A. 9, etc.

Les écailles sont grandes: j'en compte trente-cinq seulement entre l'ouïe et la caudale; une écaille est presque carrée; son bord radical est festonné; les stries concentriques sont fines et un peu ondulées sur la partie radicale.

Le dos est bleu foncé, à reflets dorés; la pectorale, la ventrale et l'anale sont rouge-orangé; la caudale est violacée, à teinte de carmin; la dorsale est vert-bleuâtre.

Le tube intestinal est replié comme celui des autres catostomes; le foie est plus large; les ovaires sont plus épais. Il n'y a que deux vessies aériennes: la postérieure est courte et large, et arrondie à l'extrémité.

Le poisson que je décris ici a été envoyé au Cabinet du Roi par le docteur Ravenel de Charleston sous le nom de *Chub-sucker*.

Nous le considérons comme le *cypr. oblongus* de Mitchill, parce qu'il a les plus grandes affinités avec le *Catostomus gibbosus* de M. Lesueur, espèce qui diffère par le nombre des rayons; celui décrit dans cet article n'a que quatorze rayons à la dorsale.

Le Catostome bossu.

(*Catostomus gibbosus*, Lesueur.[1])

Nous devons à M. Lesueur la connaissance de cette espèce, très-voisine de la précédente.

Elle a le dos élevé au-devant de la dorsale; cette nageoire est plus haute que large, et son bord est arrondi; l'anale est bilobée; la tête presque aussi haute que longue; le museau court et arrondi; la queue étroite; la caudale en croissant; les lobes arrondis; l'inférieur plus alongé que le supérieur; les écailles, très-confuses, près de la tête et à une petite distance des opercules, mais très-développées sur le reste du corps.

Voici les nombres comptés par M. Lesueur :

D. 17; A. 9; C. 18; P. 16; V. 9.

La couleur du dos est bleuâtre, à reflets dorés; le corps est traversé par quatre ou cinq bandes très-faibles; les nageoires, pectorale, ventrale et anale sont d'une belle couleur orangée rougeâtre; la caudale est teintée de carmin et de violet; la dorsale a du bleu verdâtre.

La longueur des individus est de onze pouces.

M. Lesueur a découvert cette espèce dans la rivière du Connecticut, près de Northampton. On l'y confond avec le précédent sous le nom de *Chub-sucker;* et il faut qu'elle soit bien semblable à ce *cyprinus oblongus* de Mitchill, puisque M. Lesueur nous avait envoyé le *cyprinus oblongus* sous le nom de *cat. gibbosus.* Aussi M. Lesueur termine sa description du *cat. gibbosus,* en faisant observer qu'il ressemble beaucoup à l'espèce de Mitchill; mais il a dû la considérer comme d'une espèce distincte, à cause

---

1. Lesueur, ouvr. cité, vol. I, p. 92, n.° 2.

de plusieurs caractères importans que je trouve dans le plus grand nombre de rayons à la dorsale, et dans la forme bilobée de l'anale.

M. Lesueur en a donné une figure.

Le Catostome aux tubercules.

(*Catostomus tuberculatus*, Lesueur.[1])

Cette espèce a été caractérisée par la présence de trois tubercules saillans sur les côtés du museau, que je retrouve, en effet, dans les individus placés sous mes yeux.

Sa hauteur est du cinquième de la longueur totale; la tête a la même dimension; le diamètre de l'œil en fait le quart; il n'y a pas tout-à-fait deux fois le diamètre entre les deux yeux. Deux tubercules coniques sont sur le premier sous-orbitaire, et le troisième sous le bord de cette pièce et au-dessus du maxillaire. Le museau n'est pas très-saillant, ni les lèvres très-épaisses. L'opercule a de fortes stries rayonnantes de son angle d'insertion vers le bord : elles ne s'étendent pas sur le sous-opercule. La dorsale a le bord arrondi; sa hauteur n'est pas des trois quarts de la longueur de sa base. L'anale est haute un peu plus de fois que la base n'est large; le troisième rayon est le plus long, saillant en angle sur le bord de la nageoire. La caudale est échancrée; la pectorale, égale à la ventrale, est aussi longue qu'est celle de la nageoire de la queue.

D. 14 (M. Lesueur dit D. 15; A. 8, etc.); A. 9, etc.

Je compte quarante rangées d'écailles sur le côté; les écailles ont la surface fortement striée parallèlement au bord; la ligne latérale est peu marquée et parallèle au bord.

Le corps est traversé par sept à huit bandes, que M. Lesueur dit faibles sur le poisson frais. Le dos est d'un brun bleuâtre, les côtés

---

1. Lesueur, ouvr. cité, p. 93, n.º 3.

jaunâtres ou couleur de crème, et le ventre blanchâtre. Toutes les nageoires sont brunâtres.

M. Lesueur a trouvé sur le marché de Philadelphie des exemplaires de cette espèce, longs de douze pouces, et larges de trois, ce qui montre que des individus, probablement les femelles pleines, ont une hauteur plus grande que celle indiquée plus haut. Les couleurs irisées dont brillait le dos, leur ont rappelé les reflets de la gorge des pigeons. Les couleurs orangées de la pectorale et de la ventrale étaient prononcées, et les bandes brunes, indiquées plus haut, étaient presque effacées. Les tubercules du museau étaient tombés, et on n'en voyait que la marque un peu brunâtre entourée d'un cercle jaunâtre.

Le même naturaliste a vu un autre poisson sans tubercule, mais qui lui a paru cependant de la même espèce.

Je ne doute pas que ce catostome ne soit d'une espèce distincte ; mais il y a lieu de croire que les tubercules ne sont pas aussi caractéristiques que l'a pensé M. Lesueur. Il est très-probable qu'ils sont caduques, et qu'ils se développent peut-être pendant certaines saisons sur le museau de l'animal de la même manière que nos brèmes ou nos gardons en sont souvent hérissés : ces tubercules sont évidemment de même nature.

M. Lesueur, qui en a donné une figure, nous apprend que cette espèce a été découverte par le jeune fils de M. Charles Wilson Peale, le propriétaire du Muséum de Philadelphie. M. Titian Peale a pêché ce poisson dans le petits ruisseaux de l'intérieur de l'État de Pensylvanie.

Le Catostome aux grandes écailles.

(*Catostomus macrolepidotus*, Lesueur. [1])

Une autre espèce, qui ne mérite l'épithète imposée par
M. Lesueur, que par la comparaison de la grandeur des
écailles avec celle des *cat. communis, cat. aureolus* et
autres espèces voisines, est celle dont nous allons parler.
Elle a, comme on va le voir, un caractère anatomique
bien autrement important.

Ce catostome a les mêmes formes que le précédent : ainsi, la
hauteur du tronc est quatre fois et deux tiers dans la longueur
totale; la tête y est comprise cinq fois et quelque chose. Le museau
est tronqué, la lèvre supérieure assez mince, quoique papilleuse;
l'inférieure, large, à peine divisée par un simple feston sous la
symphyse : elle a de gros plis plutôt que des papilles; de gros
pores forment la ligne sous-orbitaire, et une autre, non moins
visible, le long du bord du préopercule. Le dessus de la tête est
criblé de petits pores faits comme avec la pointe d'une fine aiguille :
on ne les voit qu'à la loupe. La dorsale est plus élevée de l'avant
que de l'arrière: son bord est concave. Le rayon le plus long l'est
à peine plus que la base de la nageoire; le dernier rayon en fait
la moitié. La base de l'anale est deux fois et demie dans la hauteur
des plus longs rayons, qui égalent la plus grande hauteur de la
dorsale. Le bord de la nageoire est un ovale pointu; la caudale est
fourchue, la pectorale est pointue sur le bord externe; la ventrale,
moitié moins longue, est coupée carrément.

D. 15 (M. Lesueur a compté D. 16; A. 9 : peut-être a-t-il pris ce dernier, qui
est double, pour deux rayons), A. 9, etc.

Les écailles sont aussi grandes et en même nombre que sur l'autre
espèce. J'en compte quarante-six rangées sur le côté. La couleur
est un gris verdâtre, argenté sur le dos et blanc sur le ventre.
M. Lesueur le dit, quand le poisson est frais, bleu foncé sur le

---

1. Lesueur, ouvr. cité, vol. I, p. 94, n.° 4.

dos, avec une tache brune à la base de l'écaille, les côtés blanchâtres à reflets jaunâtres, la tête d'un brun rougeâtre, l'opercule jaunâtre, les nageoires teintées de blanc et de jaune, à l'exception de la caudale, qui est grise.

A l'ouverture du corps on trouve les viscères digestifs semblables à ceux des autres catostomes, de grands ovaires dans la seconde portion de l'abdomen; après avoir écarté ces viscères, on voit l'appareil de la vessie aérienne, qui est composé de trois vessies très-distinctes : une première, de moyenne grandeur, arrondie, appuyée à la vertèbre et aux osselets de Webber comme à l'ordinaire; une seconde communique avec celle-ci, et avec l'œsophage par un conduit aérien, comme dans les cyprins ordinaires; elle est une fois et deux tiers plus longue que la première; elle est plutôt cylindrique que conique, bien qu'elle se rétrécisse un peu vers l'arrière; elle communique dans une troisième, qui est conique, pointue en arrière et un peu plus longue que des deux tiers de la seconde. Je n'ai observé cette disposition que sur cette espèce; j'ai vérifié cette organisation sur plusieurs individus de tailles différentes et de localités diverses. Mais il faut encore remarquer que le zélé naturaliste à qui l'on doit la connaissance de cette espèce, dit avoir trouvé quatre lobes à la vessie : on voit cependant que j'ai examiné plusieurs.

Notre plus grand individu a quatorze pouces et demi.

M. Lesueur l'a trouvé dans la Delaware. M. Milbert en a envoyé du lac Ontario, et j'ai eu soin d'en faire l'anatomie.

Le Catostome rayé.

(*Catostomus fasciatus*, Lesueur.[1])

M. Lesueur a aussi envoyé du Mississipi un catostome qui ne se trouve pas décrit dans son premier travail sur ce genre.

---

1. Lesueur, mss. cité.

Il a le corps alongé, dont la hauteur est quatre fois et trois quarts dans la longueur totale; la tête y est comprise cinq fois et un quart. L'œil mesure le cinquième de la tête : il est éloigné de celui du côté opposé de deux fois et demie le diamètre. La hauteur de la dorsale est égale à la longueur de sa base, et est comprise une fois et deux tiers dans la hauteur du tronc : son bord est rectiligne. L'anale l'égale en hauteur, et 'égale aussi le lobe de la caudale profondément échancrée. La base de l'anale est contenue deux fois dans le plus long rayon. La pectorale est alongée, sur le bord externe, d'un tiers au moins plus que la ventrale, qui est coupée carrément.

D. 14; A. 9, etc.

La ligne latérale est bien marquée le long du milieu du côté. Les écailles sont grandes et striées; j'en trouve quarante-cinq à quarante-huit rangées dans la longueur. La coloration du poisson desséché ressemble tout à fait à celle d'un *mugil cephalus* préparé; c'est-à-dire que sur un gris ou plombé mêlé de verdâtre sur le dos, on compte dix à douze lignes grises plus foncées, relevées de gros points noirâtres; le dessous du ventre est blanc et sans taches.

J'en ai deux individus empaillés, longs de quinze pouces et demi, qui sont appelés par M. Lesueur *Catostomus fasciatus,* nom que j'eus soin de conserver.

Le CATOSTOME A TÊTE PLATE.

(*Catostomus planiceps,* nob.)

Les eaux du Wabash nourrissent une espèce particulière de catostome que le Cabinet doit aux recherches de M. Lesueur; mais, comme la précédente, l'espèce n'a pas encore été décrite. Elle ressemble, par l'aplatissement et l'élargissement de son crâne, à un Trigle.

Son corps, arrondi de l'avant, aminci et comprimé de l'arrière, a une hauteur égale au sixième de la longueur totale; la tête n'y est que quatre fois et deux tiers; l'œil est reculé sur l'arrière de la tempe à cause de l'étroitesse de l'opercule; le cercle de l'orbite entoure la ligne du profil. Le diamètre est du cinquième de la longueur de la tête; la largeur du crâne, entre les deux yeux, est de deux fois et demie le diamètre de l'œil; la largeur de la nuque, ou celle d'un mastoïdien à l'autre, est de trois fois ce diamètre; celle entre les deux narines est de deux diamètres, et à l'extrémité du museau elle l'est d'une fois et demie; la distance, du bout du museau à l'angle antérieur de l'œil, est de trois fois et deux tiers le diamètre. Le profil du front est rectiligne de la nuque à l'œil, puis il descend par une courbe très-convexe vers la bouche. Le profil du dos suit la ligne droite de la nuque; celui du ventre est bombé. La ligne des pores sous-orbitaires est très-marquée; il n'en a aucun le long du préopercule, et ceux de la nuque sont en petit nombre et presque effacés. Le préopercule est très-large et couvre toute la joue et le dessous de la gorge; l'opercule, quoique étroit à son insertion supérieure, s'élargit et descend jusque par le travers de l'angle de la pectorale; le sous-opercule, très-étroit, complète le pourtour arrondi de l'ouverture de l'ouïe, presque à lui seul, parce que l'interopercule, petit et étroit, est presque tout entier caché par le bord inférieur du préopercule. Il faut chercher avec soin la quatrième pièce de l'appareil operculaire; au premier moment on peut croire facilement qu'elle manque. Les ouïes sont fendues comme à l'ordinaire; elles n'ont que trois rayons. La dorsale est basse et courte; sa hauteur n'est que des trois quarts de la longueur de sa base; l'anale, arrondie, est un peu plus de deux fois plus haute que longue; la caudale, échancrée, a ses lobes un peu plus longs que l'anale; la pectorale est, comme la ventrale, coupée carrément.

D. 13; A. 8; C. 4 — 19 — 4; P. 13; V. 8.

La ligne latérale s'infléchit vers le bas avant d'atteindre le dessous de la dorsale; elle se relève un peu en cet endroit, et se rend droit ensuite à la caudale.

Je compte quarante-huit rangées d'écailles sur le côté. Les stries rayonnantes de ces écailles sont fortes et visibles; les circulaires sont très-fines et très-nombreuses.

La couleur est une marbrure verte, foncée sur le dos et les flancs, qui passe en s'effaçant sur le blanc du ventre par des points épars. Les nageoires sont verdâtres et pointillées.

Je n'ai vu que deux individus desséchés de cette curieuse espèce : le plus grand a treize pouces et demi de long. M. Lesueur les a envoyés sans noms.

Le Catostome longirostre.

(*Catostomus longirostrum*, Lesueur.[1])

Après ces espèces décrites sur nature, voici l'extrait de quelques descriptions de catostomes qui ne nous sont pas encore parvenus.

Celui-ci a

la dorsale plus haute que large; quadrangulaire; l'extrémité de l'anale n'atteint pas à la base de la caudale; la tête, aplatie, est terminée par un museau pointu. Le corps est alongé et presque cylindrique, les yeux grands, l'ouverture de la bouche très-arquée et grande, les écailles très-petites et rondes.

D. 12; A. 7; C. 18; P. 16; V. 9.

Le dos est rougeâtre, les côtés pâles, l'abdomen blanc à reflets bleuâtres.

La longueur de l'individu décrit est de cinq pouces. M. Lesueur a découvert ce poisson dans l'État de Vermont; il ne l'a pas revu autre part.

---

1. Lesueur, ouvr. cité, vol. I, p. 102, n.° 7.

Le CATOSTOME NOIRATRE.

(*Catostomus nigricans*, Lesueur.[1])

Cette espèce, plus septentrionale, a

une tête large, quadrangulaire; l'anale étroite, atteignant à la base de la caudale; les yeux oblongs, la ligne latérale droite au-dessous de la ligne tirée par l'orbite. Le corps est peu tétraèdre près de la tête, la queue étroite et courte, la caudale fourchue, les lobes pointus, la dorsale petite et quadrangulaire, les écailles arrondies.

D. 11; A. 8; C. 18; P. 18; V. 9.

Le dos est noirâtre, les côtés et l'abdomen d'un jaune rougeâtre avec des taches rembrunies; la pectorale, la ventrale et l'anale rougeâtres; la dorsale et la caudale noirâtres.

La longueur du poisson décrit est de treize pouces.

M. Lesueur a découvert cette nouvelle espèce dans le lac Érié, où elle est connue sous le nom de *Black-sucker* et de *Schœmaker*.

M. Richardson a aussi inscrit cette espèce dans sa Faune de l'Amérique septentrionale, sans l'avoir rencontrée. Il a pris la description dans le Mémoire de M. Lesueur.

Le CATOSTOME TACHETÉ.

(*Catostomus maculosus*, Lesueur.[2])

Celui-ci a

une tête grande, carrée, penchée; les yeux petits, arrondis; la ligne latérale est droite et tracée à la hauteur de l'œil. Comparé au précédent, M. Lesueur lui a trouvé la tête plus pointue, la partie antérieure du corps plus épaisse, la postérieure plus étroite, la

---

1. Lesueur, ouvr. cité, vol. I, p. 102.
2. *Idem, ibid.*, p. 103, n.° 9.

queue plus longue, la dorsale plus grande, plus étendue ; l'anale plus courte, la caudale plus grande.

D. 12; A. 9; C. 18; P. 16; V. 9.

Les écailles sont arrondies ; le corps est de couleur rougeâtre, irrégulièrement tacheté de noir ; les nageoires paires sont rougeâtres, salies de noirâtre ; l'anale et la caudale blanches, à teintes rougeâtres ; la dorsale bleue et les rayons noirs.

On nomme aussi ce poisson *Black-sucker* dans le Maryland, où il a été découvert. M. Lesueur l'a distingué comme une espèce, tout en se demandant s'il n'est pas une simple variété du précédent.

Le Catostome alongé.

(*Catostomus elongatus*, Lesueur.[1])

Voici une espèce

à corps très-alongé, presque cylindrique ; la dorsale est très-longue, elle a le tiers de la longueur du corps ; la base un peu élevée des premiers rayons est falciforme. La tête est petite, en coin par dessous, large entre les yeux (d'un pouce et demi) ; le museau étroit, arrondi et chargé, ainsi que sur les opercules, de petits tubercules. Les pectorales, plus longues que la tête, sont insérées en bas ; les ventrales sont presque aussi longues que les pectorales ; l'anale, au contraire, est petite et tronquée ; la caudale est grande et profondément fourchue ; ses lobes sont pointus.

D. 32; A. 8; C. 18; P. 16; V. 10.

Les écailles sont grandes, flexibles et deviennent carrées sur la queue ; il y a une callosité sous l'aisselle de la pectorale.

Dans un individu long de deux pieds la tête avait trois pouces à la pointe du museau. M. Lesueur n'en a vu que

---

1. Lesueur, ouvr. cité, vol. I, p. 103, n.° 10.

des exemplaires desséchés qui font partie du Cabinet de
l'académie des sciences de Philadelphie. L'espèce a été découverte dans l'Ohio par M. Th. Say.

La longueur de la dorsale, presque aussi étendue que
celle du *Catostomus cyprinus* de M. Lesueur, dont nous
parlerons dans le chapitre suivant, pourrait faire supposer
que ce poisson décrit dans cet article doit être rapporté
au genre des Sclérognathes. Mais le dessin de M. Lesueur,
qui est toujours d'une grande exactitude, ne donne aucune ressemblance à la bouche de son catostome alongé
avec celle du *Cat. cyprinus* : c'est au contraire celle des
catostomes ; aussi ai-je laissé l'espèce dans le genre où
M. Lesueur l'a placée.

Le CATOSTOME CARPE.

(*Catostomus carpio*, nob.)

M. Milbert a envoyé du même lac Ontario un grand
catostome à grandes écailles, que je regarde comme d'une
espèce distincte, en me fondant sur la différence qu'offre
la dorsale.

Ce poisson ressemble tout-à-fait au premier aspect à une
carpe.

Son corps, alongé et arrondi, a la tête égale à la hauteur du
tronc, et comprise cinq fois et demie dans la longueur totale ; les
lignes de pores sous-orbitaires et préoperculaires sont semblables.
La hauteur du troisième rayon de la dorsale est une fois et demie
dans la longueur de la base ; elle a la dorsale plus étendue sur le
dos que les autres espèces, sans que cette nageoire soit aussi longue
que celle des espèces de sclérognathes. La base de l'anale est deux
fois et demie dans sa hauteur, et cette hauteur du quatrième rayon
égale, à bien peu de chose près, au huitième la base de la dorsale.

L'anale, à bord ovalaire, est donc plus haute que dans aucun autre ; elle surpasse en longueur le lobe de la caudale, qui est échancrée.

La pectorale est très-large, et longue une fois et demie comme la ventrale, qui est coupée carrément.

D. 16 ; A. 8 ; C. 4 — 19 — 4 ; P. 16 ; V. 8.

La ligne latérale est droite et par le milieu du côté.

Les écailles sont grandes, arrondies, très-fortement striées en cercle et peu en rayonnant : il y en a quarante-cinq rangées le long des flancs. La couleur est vert doré, comme dans la carpe.

La longueur de l'individu est de deux pieds un pouce six lignes.

Je ne puis rapporter ce poisson à aucun de ceux décrits par M. Lesueur ; il doit avoir quelque ressemblance avec le *cat. Sueurii* de M. le docteur Richardson ; mais, comme celui-ci a la queue fourchue, la dorsale plus courte, je crois devoir considérer le poisson du lac Ontario comme d'une espèce distincte.

Le Catostome de Duquesne.

(Catostomus Duquesnii, Lesueur.)

M. Lesueur a joint une figure de cette espèce à la description.

La tête est longue et grosse, à peu près du cinquième de la longueur totale ; la bouche est ample, pourvue de lèvres épaisses, plissées, et très-larges.

Les écailles sont grandes, et aussi hautes que longues : elles sont de même grandeur dans toute la longueur du corps.

La dorsale est carrée ; l'anale touche à la caudale, qui est profondément fourchue ; ses lobes sont très-pointus ; le supérieur est le plus long.

D. 14 ; A. 9 ; C. 18 4/4 ; P. 17 ; V. 10.

La ligne latérale est courbée vers le milieu du corps.

Cette espèce, bien caractérisée, habite l'Ohio. Elle y a été découverte près de Pittsburg, l'ancien fort Duquesne, par M. Thomas Say.

Le CATOSTOME A BANDELETTES.
(*Catostomus vittatus,* Lesueur.)

Cette espèce se distingue par ses couleurs;

Une bandelette noire passe à travers le museau; l'œil par le milieu du corps jusqu'à la base de la caudale.

Le corps est très-petit, peu comprimé, haut vers le milieu du dos. La couleur de cette région est un rouge pâle, à teinte jaunâtre; le dessous du corps est blanc; la bouche est petite, et quand le poisson prend sa nourriture, la lèvre inférieure est facilement portée en avant, comme par le moyen d'un ressort. Les écailles sont très-petites et rondes.

D....; A. 8; C. 18; P. 16; V. 9.

La longueur de ce poisson n'est que de deux pouces. Cette petite espèce fort remarquable a été trouvée dans le ruisseau de Wissahickon, près Philadelphie, par M. Reuben Haines, correspondant de l'Académie des sciences naturelles de Philadelphie.

Le CATOSTOME HUDSONIEN.
(*Catostomus Hudsonius,* Lesueur.)

M. Lesueur place dans son Mémoire sur les catostomes le poisson de Forster (*cypr. catostomus*) à la suite du *Catostomus Bostoniensis.* Voici la description des Transactions philosophiques :

La tête, de forme tétraèdre, atténuée vers le museau, un peu obtuse, est moins épaisse et moins haute que le corps. A la pointe du museau, elle porte des tubercules globuleux et rapprochés, et ceux du vertex sont épars, carénés et pointus. Les narines sont doubles; les yeux grands, près de la ligne du profil et vers le milieu de la longueur de la joue.

Les opercules larges, nus, plusieurs lignes de pores sur la tête; la bouche en dessous est en croissant, bordée de lèvres minces : la supérieure concave, quand la bouche est fermée, pour recevoir l'inférieure, qui est convexe et étendue par une caroncule charnue, couverte de papilles, plus grande aux angles de la bouche, qu'elle contourne, et profondément échancrée dans le milieu. La dorsale est rhomboïdale et sur le milieu du corps; les pectorales alongées; l'anale de la longueur de la pectorale; la caudale échancrée plutôt que fourchue.

B. 3; D. 12; A. 8; C. 17; P. 17; V. 10 ou 11.

Le corps est couvert d'écailles ovales très-petites sur la partie antérieure de l'abdomen et de la ceinture humérale, et augmentant de dimension sur la queue, où elles restent encore petites. La ligne latérale est parallèle au dos, et remonte un peu à son origine sur le haut de la nuque.

Forster ajoute que ce poisson, long de treize pouces anglais, se nomme, par les Anglais de la baie d'Hudson, *Sucker,* et qu'il abonde dans toutes les rivières. Il a joint[1] à cette description une planche où le catostome est représenté sur trois côtés.

C'est M. Lesueur[2] qui a introduit, avec raison, l'espèce dans sa Monographie; le goût de la chair de ce poisson n'est pas désagréable, quoiqu'elle soit aqueuse; et il passe pour un des meilleurs poissons du pays pour faire de la soupe. Comme tous les catostomes, il a la vie très-tenace; et il peut être gelé, puis dégelé, sans perdre la vie. Quand

---

1. Forster, *loc. cit.*, *Phil. trans.*, 63, p. 158, pl. 6.
2. Lesueur, ouvr. cité, vol. I, p. 107, n.° 14.

il est cuit, on voit, à cause de la destruction de la membrane cartilagineuse qui ferme le trou interpariétal, le cerveau décrit par la cuisson au fond de la boîte cérébrale. Les Indiens le prennent pour une grenouille qui vivrait dans le crâne du poisson.

Pennant avait distingué[1] deux variétés de catostome : l'une, celle dont vient de parler M. Richardson, ou la variété blanche, le *Namaypeth,* et l'autre, dont le corps est marqué d'une large bandelette rouge le long de la ligne latérale, sous le nom de *Mithomapeth* des Indiens, et dont M. Richardson a fait une espèce distincte. Dans la Zoologie arctique Pennant n'a que le *Cypr. catostomus,* avec lequel il aurait confondu les espèces du Sud, qu'il connaissait mal.[2]

Bloch et Lacépède ont parlé du *cyprinus catostomus* ou de notre catostome hudsonien, d'après Forster, Pennant et Sprengel.

M. le docteur Richardson[3], qui a vu cette espèce, en a donné une description fort détaillée dans l'appendice du Journal de l'expédition du capitaine Francklin, et il l'a reproduite dans sa Faune de l'Amérique boréale[4], sous le nom que nous lui avons conservé, en observant que la longueur de la pectorale de ce catostome est remarquable, et qu'elle n'est égalée que par celle du *catostomus elongatus.* Il en a fait l'anatomie avec soin; il a constaté que la vessie aérienne n'a que deux lobes; il a fait trèsbien connaître le singulier appareil pharyngien de cette

---

1. *Introd., Arct. Zool.,* p. CCXCIX.
2. *Arct. Zool.,* II, p. 402, n.° 196.
3. *App. journ. Francklin,* p. 13.
4. *Faun. Bor. Amer.,* p. 112 (52), 1.

espèce; mais il n'a pas donné assez de détails sur le reste du squelette. Il l'a décrit sur des exemplaires pris par 54° de latitude, à Cumberland-House. Comme on en connaît plusieurs espèces, on nomme celle-ci *Grey Sucking-Carp*, ou *Namaypeeth* des Indiens Crees.

Ce poisson abonde aussi bien dans les étangs et les lacs intérieurs que dans les fleuves. Au commencement de l'été, il cherche les eaux rocailleuses pour y frayer en Juin. Il se nourrit d'insectes ou de plantes aquatiques.

Le Catostome de Forster.
(*Catostomus Forsterianus*, Rich.[1])

La seconde variété de Pennant a

le dos plus large et plus droit que le précédent; la hauteur du tronc est moindre, et d'un cinquième du corps, la caudale exceptée, et excède à peine l'épaisseur. La tête est comprise cinq fois et demie dans la longueur totale; elle n'est pas autant comprimée que dans les autres espèces; le museau est plus long et plus aigu, et aussi plus mobile. Le front est droit, et le bord antérieur de l'orbite est juste au milieu de l'intervalle entre le bout du nez et le bord de l'opercule. La bouche est plus grande et plus reculée, de sorte que la lèvre supérieure, aussi étendue que possible, n'atteint plus au bout du museau; les lobes de la lèvre inférieure sont plus grands, et les papilles sont plus grosses.

La hauteur de la dorsale surpasse la longueur de sa base; le huitième et le neuvième rayons sont au-dessus des ventrales, et l'anale n'atteint pas la caudale.

D. 12 à 14; A. 8 à 9; C. 18 3/3; P. 18; V. 10.

Les écailles sont beaucoup plus petites que celles du *Cat. hudsonius*. M. Richardson en compte de quatre-vingt-dix-huit à cent

---

1. *App. journ. Francklin, fish.*, p. 16, et *Faun. Bor. Amer.*, p. 116 (53), 2.

sept rangées, tandis que l'autre n'en a pas quatre-vingts rangées. La ligne latérale est droite.

La couleur est le vert olivâtre, avec une suite de taches carminées sur les côtés, plus ou moins continues et formant alors une bande rouge irrégulière le long de la ligne latérale; le ventre est blanc.

Le péritoine est noirâtre; la vessie aérienne a deux faces.

Ce poisson, bien connu dans toutes les parties de l'Amérique boréale, au nord du Canada, a été trouvé dans le lac Huron et dans celui des Esclaves. Il a les mêmes habitudes que l'autre espèce, mais il remonte plus haut vers le nord. Il fait une soupe plus gélatineuse qu'aucune autre espèce, et il est le meilleur appât pour la truite ou le brochet : c'est le *Red Sucker* ou le *Red Sucking Carp* des colons anglais, ou le *Meethquà-maypeth* des Indiéns Crees. On voit que c'est le nom déjà indiqué par Pennant, mais écrit un peu autrement.

Le Catostome de Lesueur.

(*Catostomus Suerii*, Rich.[1])

Le même savant et intrépide voyageur a découvert une nouvelle espèce de ce genre, qu'il a dédiée avec raison à M. Lesueur.

Le corps est plus comprimé que celui du précédent. La plus grande hauteur, du quart de la longueur totale, se mesure sous la dorsale; la tête, plus petite, n'a guère que le sixième de cette même longueur. La bouche, très-étroite, est plus éloignée que celle du Cat. hudsonien; les lèvres, chargées de papilles, sont fortement sillonnées.

---

1. Ouvr. cité, p. 118 (n.° 54, 3).

17.   44

La dorsale est plus grande que celle du *Cat. aureolus;* la caudale fourchue; l'anale touche à sa base.

D. 14; A. 9; C. 18 3/3; P. 16; V. 9 à 10.

Les écailles sont grandes, quadrangulaires; il n'y en a que quarante-sept rangées sur le côté. '

La couleur du dos et des côtés tire sur celle que nous appelons couleur de bois, avec des reflets plus ou moins brillants, où le vert émeraude et le jaune doré prédominent. La base des écailles, d'un gris bleuâtre, produit une sorte de réseau sur le corps; le ventre est blanc rougeâtre; la dorsale, de la couleur du dos, a le bord rougeâtre, et les autres nageoires sont entièrement rouges.

Cette belle espèce a été observée par M. Richardson dans le seul lac de Pine-Island par 54° latitude et 110° de longitude; mais elle n'est pas inconnue dans les autres contrées à fourrure, quoique beaucoup plus rare que les deux précédentes espèces. Elle a, comme le *catostomus macrolepidotus,* la vessie aérienne divisée en trois lobes.

Les voyageurs l'appellent *Picconou,* et les Indiens Crees *Wawpawhaw-Keeshew.* Elle fraie en Juin, et ses habitudes sont celles des autres espèces.

Le CATOSTOME SUCET.

(*Catostomus Suceti,* nob.)

Nous avons dit que M. de Lacépède avait aussi inscrit dans ses cyprins, d'après M. Bosc, un catostome.

Voici la description de M. Bosc, que j'ai retrouvée dans les manuscrits de M. de Lacépède :

Tête comprimée, aplatie en dessus et triangulaire; bouche très-petite, demi-circulaire en dessous et sans dents; la lèvre inférieure, très-épaisse, recourbée en dehors, échancrée dans le milieu; le corps comprimé, brun clair en dessus, argenté en dessous, avec

des taches brunes sur la base des écailles des flancs; les nageoires
brunes, la queue fourchue, les écailles presque rhomboïdales.

D. 12; A. 9; C. 18; P. 13; V. 9.

Longueur, sept pouces, et hauteur deux.

Le dessin original de M. Bosc représente le poisson de
grandeur naturelle. Cette figure, bien peu soignée, ne
caractérise pas mieux l'espèce que la description vague
que je viens de reproduire. Le dessin a été copié dans
Lacépède avec plusieurs inexactitudes : ainsi les écailles
sont trop régulières et trop arrondies; l'anale trop étroite
et trop haute; toutes les nageoires sont trop rembrunies,
et la bouche ne ressemble pas autant à celle d'un catostome
que celle du dessin original. Cependant on ne peut déterminer l'espèce avec ce dessin. Tout ce que ces documens
prouvent, c'est que Bosc a vu un catostome. J'ai cru long-
temps qu'il était assez voisin du *cat. gibbosus* pour l'y
rapporter; cependant je trouve dans les nombres des nageoires, dans la grandeur des écailles, des différences qui
me décident à le considérer comme d'une autre espèce.

M. Lesueur[1] l'a placée à la suite de sa monographie du
genre.

Le CATOSTOME GRÊLE.

(*Catostomus teres*, Lesueur.)

Nous avons déterminé le *Cyprinus oblongus* de Mitchill; mais il nous reste beaucoup de doutes sur son
Cyprinus teres[2], quant à l'espèce; car il n'y a pas à hésiter
sur la place à lui assigner. M. Lesueur l'a déjà bien placé
dans ses catostomes.

---

1. Lesueur, ouvr. cité, vol. I, p. 109, n.° 17.
2. Mitch., *Fish. of New-York*, pl. VI, fig. 11.

Mitchill lui donne

un corps alongé, arrondi; la bouche inférieure sans dents et ridée ou plissée; la tête petite; le dos et les côtés tachetés de noir et de blanc, le ventre blanchâtre, les nageoires jaunes, excepté la dorsale et la caudale, qui sont brunes.

D. 13; A. 8; C. 19; P. 17; V. 9.

Il vit dans les étangs et les rivières, et il est souvent pêché en grande abondance. Sa taille varie de douze à quinze pouces. La figure de Mitchill n'est pas plus correcte que sa description; c'est une espèce voisine du *catostomus bostoniensis*. Il n'en est peut-être pas différent.

Le Catostome de Tilesius.

(*Catostomus Tilesii*, nob.)

J'ai dit, en commençant l'histoire de ce genre, que je pensais convenable de placer dans le genre qui nous occupe, le poisson décrit et figuré par M. Tilesius [1], sous le nom de *Cyprinus rostratus*.

C'est un poisson à tête osseuse, longue, tronquée à l'extrémité par un museau descendant, et que l'auteur dit un peu semblable à celui d'un cheval. L'ouverture de la bouche est étroite, bordée de lèvres épaisses et charnues : la supérieure est demi-circulaire, l'inférieure est droite et bordée de lobes repliés : toutes deux sont garnies de nombreuses papilles. Les yeux, éloignés et sur le haut de la joue, sont ovales et de couleur jaune, deux circonstances qui les font ressembler entièrement à ce que M. Lesueur nous dit des yeux des catostomes américains.

B. 3; D. 10 à 12; A. 7; C. 20; P. 14; V. 10.

---

1. Tilesius, Mém. de l'acad. des sciences de Saint-Pétersbourg, tom. IV, p. 155, pl. XV, fig. 1, *a* et *b*, 1813.

Le corps est couvert de petites écailles oblongues finement striées, plus petites vers la tête et plus grandes vers la queue : nouvelle preuve de l'affinité générique de ce poisson et des autres catostomes.

La ligne latérale est droite, tout en s'infléchissant un peu vers le milieu du tronc. La couleur du dos est bleu-noirâtre assez brillante, argentée sur les côtés et blanche sous le ventre.

La grandeur des adultes surpasse un pied, mais n'atteint pas au-delà de dix-huit à vingt pouces.

Plusieurs exemplaires desséchés ont été apportés au Cabinet de l'Académie des sciences de Saint-Pétersbourg par le célèbre Merk, qui les prit dans le Covyma et qui les avait entendus nommer *tschukutschan*.

Ce voyageur a aussi noté que ce poisson abonde dans la Léna et l'Indigirca, et dans son affluent à fond pierreux, le Dogdo ; qu'il est difficile à prendre à cause de sa rapide natation, qu'il vit en troupes, que sa chair est de très-bon goût, excepté pendant le printemps, époque de son frai ; que cependant les riverains de Covyma et de l'Indigirca n'estiment que sa tête, et qu'ils abandonnent le reste du corps à leurs animaux domestiques.

M. Tilesius, pour mieux faire comprendre les caractères de ce poisson et en rendre la comparaison plus facile, soit avec le chondrostome nez, soit avec le *Cyprinus labeo* de Pallas, a fait représenter, à côté l'une de l'autre, la tête de ces trois poissons (*loc. cit.*, tab. XV, fig. 1 *b*, 2, 3, 4), et il a ainsi complété la description détaillée et ce que l'on pouvait apprendre de la bonne figure donnée de cette curieuse espèce. Si l'épithète de *rostratus* convenait bien à ce poisson comparé au *Cypr. nasus*, elle ne peut plus le caractériser quand on place l'espèce dans le genre des Catostomes; voilà pourquoi j'ai changé le nom spécifique de ce catostome, et j'ai rendu à M. Tilesius le tribut de respect que je lui devais en lui dédiant cette espèce.

Le même savant a reproduit son travail dans des notes explicatives à la suite du *Cyprinus labeo* de la Zoographie russo-asiatique de Pallas.[1]

Au nom des Tonguses du Covyma, M. Tilesius a joint celui de *onatscha* chez les Jugarisses.

---

1. *Zoogr. ross. asiat.*, t. III, p. 3o8.

CHAPITRE XVII.
Des Sclérognathes.

On a pu remarquer que déjà M. Cuvier avait établi dans une note du Règne animal que la première espèce de la monographie du genre Catostome par M. Lesueur, devait être retirée de ce genre. L'illustre auteur du Règne animal la reportait aux labéons. Je ne partage pas son opinion sur ce dernier point; mais il est de toute évidence que le *catostomus cyprinus* n'offre pas, dans la disposition et le développement des lèvres, les caractères des catostomes.

La bouche n'est pas tout-à-fait terminale; cependant le museau avance moins au-dessus d'elle; l'extrémité est soutenue, comme dans le catostome, par l'intermaxillaire, redressé au-devant d'un ethmoïde cartilagineux, développé et porté en avant. On pourrait dire que la branche montante est longue et styloïde, tandis que la branche horizontale, raccourcie, ne fait plus qu'un petit talon, dont le bord inférieur ne sert qu'à soutenir la symphyse supérieure de la bouche. Le reste de l'arcade maxillaire est formé par un ligament fibreux, recouvert par une lèvre mince non dilatée, réduite à un simple bourrelet peu épais et peu charnu. Le maxillaire supérieur est une large pièce osseuse très-solide, sous laquelle se retire en partie la lèvre supérieure; cet os est lui-même caché par les deux premiers sous-orbitaires, devenus plus larges et non moins avancés que ceux des catostomes. La lèvre inférieure est étroite et mince, d'où il résulte que la bouche de ce poisson ne peut plus exercer la succion à la manière des autres catostomes. C'est, quant aux lèvres, un able ordinaire, mais dont l'appareil osseux de la bouche est différent, et ressemble tout-à-fait à celui des catostomes. Si l'on ajoute à ces caractères celui de la longueur de la dorsale étendue sur le dos, comme celle de nos carpes, on aura une idée de l'ensemble des caractères de ces poissons, que M. Cuvier retirait donc avec raison des catostomes, mais qui ne vont pas prendre place dans le genre des Labéons. D'ailleurs, les sclérognathes ont, comme les espèces avec lesquelles ils avaient été réunis, la tête nue, sillonnée par des lignes de pores muqueux très-marquées; les pharyngiens portent des dents en peigne, mais plus fines et plus égales que celles des catostomes. La vessie aérienne est divisée; on remarque d'abord deux gros lobes : l'antérieur est gros et arrondi, avec une légère dépression à la face supérieure; la seconde vessie est conique, elle est deux fois plus longue que la première, et suivie de deux petits lobules; la seconde communique avec l'œsophage par un conduit aérien.

Le sclérognathe que j'ai disséqué est de l'espèce du *catostomus cyprinus* de Lesueur; c'était une femelle ayant deux énormes ovaires, contenant des œufs assez gros, de sorte que le ventre du poisson était très-saillant. L'intestin est encore plus long que celui du *catostomus bostoniensis;* il a cinq fois et demie la longueur du corps, et fait quinze replis.

Je ne connais encore que deux espèces de ce genre, qui est voisin des catostomes, mais dont la bouche est très-différente.

L'une des deux espèces est très-répandue dans les

États-Unis et devient assez grande. Je ne connais l'autre que par un petit individu envoyé du lac Pontchartrain.

Le Sclérognathe cyprin.

(*Sclerognathus cyprinus*, nob.)

Il est assez singulier qu'un poisson devenant aussi gros et commun sur les marchés des États-Unis, ait été oublié par le docteur Mitchill dans son Mémoire descriptif des poissons de New-York.

A cause de la hauteur du corps on devait plutôt comparer ce sclérognathe à une bordelière ou à notre *cyprinus Kollarii*, qu'à une carpe.

Le profil monte en effet du bout du museau vers la dorsale en suivant une courbe soutenue : elle incline très-peu sous la dorsale et ne s'abaisse que sur le tronçon de la queue. Le profil du ventre est courbe, se relève assez brusquement sous l'anale, de sorte que la hauteur de la queue n'est que du tiers de celle du tronc sous la dorsale; à cet endroit la hauteur est trois fois et un tiers dans la longueur totale. L'épaisseur est près de moitié de la hauteur; la tête est courte, elle n'est pas tout-à-fait cinq fois dans la longueur totale; le museau est obtus et oblique vers la bouche, et haut environ du tiers de la hauteur de la tête à la nuque; l'œil est éloigné d'une fois la hauteur du museau; le diamètre est du cinquième de la longueur de la tête; l'intervalle entre les deux yeux est bombé et égal à deux diamètres; les lignes des pores sont grosses et sinueuses; le préopercule est grand; l'interopercule, à cause de cela, très-étroit; l'opercule assez fortement strié, et a au-dessous un assez grand sous-opercule. L'isthme de la gorge est large; la membrane branchiostège épaisse et soutenue par trois rayons; les dents pharyngiennes sont d'une grande finesse, et au nombre de cent trente sur chaque osselet. Les pharyngiens supérieurs ressemblent à ceux des catostomes.

L'ossature de l'épaule forme un grand arc étroit, sans talon au-
dessus de la pectorale; l'espace de la gorge au-devant d'elle est
aplati et couvert d'une peau nue; la pectorale, insérée en dessous,
est petite; la ventrale paraît plus longue à cause de son étroitesse :
ces deux nageoires sont cependant égales; la dorsale est étendue
sur presque toute la seconde moitié du dos; ses premiers rayons
sont hauts, ce qui donne à la nageoire la forme d'une faux; la
caudale est fourchue.

B. 3; D. 30; A. 9; C. 17 4/5; P. 17; V. 11.

Les écailles sont grandes et semblables à celles de notre carpe.
J'en compte trente-cinq rangées entre l'ouïe et la caudale; la ligne
est peu marquée, presque droite. Il y a sept rangées d'écailles, et
six au-dessous d'elles; une écaille isolée, est presque ronde; son
bord radical, coupé, est festonné. Il y a sur le corps de très-fines
stries d'accroissement et des petites stries en rayon. La couleur est
le doré de notre carpe.

Je n'aurais rien à ajouter par une description plus détaillée des viscères à ce que j'ai dit plus haut. Leur péritoine est noir; mais le squelette présente des particularités
fort notables.

La plaque basilaire est tout-à-fait différente de celle des catostomes; les branches du chevron antérieur sont plus longues, le
corps ne fait plus aucun prolongement postérieur, et se réduit à
l'angle osseux des deux branches; les deux grandes apophyses de
la grande vertèbre sont rapprochées davantage du basilaire; les deux
ailes de la grande vertèbre sont plus étroites; les trous qui sont au-
dessus plus grands, et les deux osselets de Webber plus longs et
plus larges. Je compte dix-huit fortes côtes de chaque côté, et vingt
vertèbres abdominales.

Cette description est faite sur des individus envoyés
de Philadelphie, longs de quinze pouces; mais l'espèce devient beaucoup plus grande. M. Despainville en a envoyé

un exemplaire du lac Pontchartrain long de deux pieds un pouce.

M. Lesueur dit qu'on le nomme *Carpe,* à cause de sa ressemblance avec la carpe d'Europe ; qu'il habite la baie de Chesapeak, et particulièrement la rivière Elk, qui fournit les marchés de Philadelphie. Il en a donné une très-bonne figure ; je trouve seulement que le détail de la bouche montre les papilles plus grosses que dans notre grand individu de la Nouvelle-Orléans.

Le Sclérognathe cyprinelle.

(*Sclerognathus cyprinella,* nob.)

Rien, ce me semble, ne justifie mieux la séparation des sclérognathes du genre des Catostomes que l'espèce dont je vais donner ici la description. Avec une bouche, formée comme celle du *sclerognathus cyprinus,* nous voyons l'ouverture portée au bout du museau, la lèvre inférieure plus longue que la supérieure, et par conséquent il n'y a plus de possibilité d'employer la bouche pour sucer.

Ce poisson a le corps assez semblable au précédent ; sa hauteur est trois fois et un tiers dans sa longueur totale ; la longueur de la tête y est comprise quatre fois et demie ; l'œil est petit, et sur le haut de la joue, le diamètre est contenu cinq fois et un tiers dans la tête, et deux diamètres et demi, donnant la mesure de l'intervalle entre les deux yeux ; le dessus du crâne couvert, comme à l'ordinaire, d'une peau nue, est moins convexe ; les deux lignes de pores sont tracées à leur place ordinaire, et sont sinueuses, comme celles de l'espèce précédente ; l'opercule est strié et bombé et est plus grand, ce qui rend le sous-opercule plus petit que dans l'autre sclérognathe. L'on sent les intermaxillaires à l'extrémité supérieure du museau, soutenant une lèvre très-mince. L'inférieure est moins épaisse, et le nombre des papilles est plus faible. La dorsale a la même forme que celle de l'autre espèce ; mais l'anale est plus pointue ; la caudale est échancrée et large.

D. 33 ; A. 12, etc.

Les écailles sont beaucoup plus petites ; j'en compte quarante et une le long des côtés, dix au-dessus, et sept au-dessous de la ligne latérale, qui est étroite et mince.

La couleur est un doré verdâtre, avec les nageoires plus foncées.

Notre individu est long de sept pouces ; il vient du lac Pontchartrain, et a été envoyé et donné au Cabinet du Roi par M. Despainville de la Nouvelle-Orléans.

CHAPITRE XVIII.

Des Exoglosses.

Lorsque M. Lesueur[1] donna la description du *Cyprinus maxillingua*, il ajouta que cette espèce lui paraissait singulière, et il supposait qu'elle constituerait un jour un genre distinct, mais que jusqu'à la découverte d'une autre espèce il se contentait de la placer dans le genre Cyprin.

Il est fâcheux que ce motif ait empêché notre célèbre compatriote de compléter son travail en ne se servant pas des caractères si curieux que sa nouvelle observation lui offrait, et qu'il ait laissé le soin à un autre auteur d'essayer ce qu'il aurait probablement mieux fait.

En effet, au mois de Novembre de l'année suivante, M. Rafinesque[2], excité sans doute par la description de l'espèce découverte par M. Lesueur, publiait dans le même recueil la découverte de deux autres espèces, et il établissait pour elles et celle du naturaliste français, le genre EXOGLOSSUM.

Il lui donne pour caractère un corps alongé, peu comprimé, couvert de petites écailles; un anus très-près de la queue; la tête, sans écailles, aplatie en dessus; une bouche terminale sans dents; la mâchoire inférieure plus courte, divisée en trois ou cinq lobes, le mitoyen plus long et simulant une langue; les lèvres très-petites; la ventrale a neuf rayons opposés à la dorsale.

---

1. Lesueur, ouvr. cité, vol. I, p. 85, août 1817.
2. *Journ. sc. nat. of Philad.*, vol. I, p. 419, Nov. 1818.

Le nom d'*Exoglossum* (langue dehors) rend bien l'idée
que les auteurs se sont faite de l'apparence de la mâchoire
inférieure; mais il faut dire cependant que ce nom, comme
l'épithète latine imaginée par M. Lesueur, donne une idée
fausse de la nature du poisson, puisque je démontre par
la description détaillée de la première espèce, qu'il n'a
pas de langue. J'aurais préféré de beaucoup le nom de
glossognathus, de mâchoire en forme de langue, c'est
celui que nous avions d'abord imaginé avant d'avoir lu
le travail de M. Rafinesque; mais il vaut mieux conserver
un nom un peu défectueux que d'en créer encore un
nouveau. D'ailleurs la mâchoire inférieure, singulièrement
conformée, ne fait pas le seul caractère important pour
distinguer ce poisson, soit des ables, soit des catostomes.
Ils ont, comme ces derniers, des intermaxillaires étroits
qui ne bordent pas toute la mâchoire; la lèvre supérieure
est charnue et assez épaisse, mais elle n'est pas faite comme
celle des catostomes; les dents pharyngiennes, très-différentes de celles de ces dernières, ressemblent à celles des
ables : ce sont des dents en crochets, sans dentelures, avec
un petit méplat; elles sont sur deux rangs, j'en vois quatre
au bord externe ou inférieur, et deux petites en dedans.
Il n'y a pas non plus de signes de pores sur la tête. Les
exoglosses tiennent donc à la fois des ables et des catostomes.

L'Exoglosse de Lesueur.

(Exoglossum Lesurianum, Rafin.)

Ce petit poisson a le corps arrondi et assez semblable
à nos goujons; la tête est ronde, nue, sans aucune écaille.

La hauteur est cinq fois et quelque chose dans la longueur totale.

La tête est un peu plus longue; car elle n'est contenue dans la même mesure que, quatre fois et deux tiers. Le museau est arrondi, non avancé comme celui des catostomes, et cependant un peu charnu comme le leur; cela tient à ce que les intermaxillaires sont étroits et courts comme ceux des catostomes, et unis aux maxillaires par un ligament assez long pour border toute la bouche. La lèvre, très-épaisse et couverte de petites papilles, cache toute cette disposition. Le maxillaire est lui-même entièrement caché sous le repli de la peau du sous-orbitaire, et le sillon descend jusqu'à l'angle de la bouche, de sorte qu'on ne voit rien de cet os à l'extérieur. La mâchoire inférieure est étroite, et n'a de lèvres un peu épaisses et charnues, et pouvant être étendues de chaque côté de la branche de l'os que vers l'angle de la bouche; les lèvres inférieures y forment comme un gros bouton ou tubercule mou et charnu; la moitié interne de la mâchoire inférieure, c'est-à-dire, tout le demi-cercle de la symphyse se compose des deux petites branches de la mâchoire, minces et sans lèvres, et forment ainsi une partie rétrécie et avancée entre les deux lèvres charnues : c'est la portion nue et libre de la mâchoire inférieure avancée entre les deux tubercules labiaux que M. Lesueur a comparé avec assez de justesse à une langue; mais qui n'est pas, comme il l'observe bien lui-même, la véritable langue du poisson. Celle-ci, d'ailleurs, est presque nulle, étant attachée au corps de l'hyoïde, qui est ici d'une petitesse et d'une brièveté remarquables. Il faut de plus ajouter, que les deux branches de la mâchoire inférieure sont très-dilatées, et renflées, probablement par un excès de développement de l'angulaire, de sorte que ces deux os formant aussi deux gros tubercules sous la gorge du poisson, se touchent presque en dedans, et ont en quelque sorte, par l'excès de leur développement, atrophié les os qui prennent place ordinairement entre eux. Il y a, d'ailleurs, trois rayons branchiaux, comme dans tous les cyprinoïdes. Les pharyngiens sont petits, et portent des dents coniques crochues sur deux rangs, comme les ables ordinaires.

L'œil est sur le haut de la joue, de manière que l'orbite entame le bord du profil. Le diamètre longitudinal, plus grand que le vertical, fait le quart de la longueur de la tête. Les sous-orbitaires, ainsi que les pièces operculaires, sont cachés sous une peau épaisse; on voit que les deux sous-orbitaires sont larges et avancés, comme dans les catostomes, sur le bord de la lèvre.

Le préopercule est large, ainsi que l'interopercule qui descend sous l'isthme, et s'élargit pour suivre la mâchoire inférieure.

La ceinture humérale est peu forte à l'extérieur, et est presque tout-à-fait cachée sous le bord membraneux de l'opercule.

La pectorale est grande et nue, peu arquée en faux; la ventrale est arrondie et touche à l'anale; nageoire, assez large, arrondie, et qui n'est pas reculée sous la queue comme celle des catostomes; elle n'atteint pas à la base de la caudale. Celle-ci est peu échancrée; les lobes sont arrondis; enfin, la dorsale est courte et quadrilatère.

B. 3; D. 9; A. 8; C. 19 5/7; P. 15; V. 7.

Il y a quarante-huit rangées d'écailles assez fortement striées. Je ne crois pas que celles du dos soient sensiblement plus petites que celles des côtés. La ligne latérale, très-marquée, descend du sur-scapulaire vers le bord de la pectorale, puis elle se porte droit à la caudale par le milieu de la hauteur.

La couleur paraît un vert doré, comme celui de nos tanches; une bande noire règne le long de la ligne latérale, et il y a une tache noire à la base de la caudale.

Le foie est beaucoup plus simple que celui des ables : il se compose de deux lobes à peu près égaux, trièdres, étroits, et placés de chaque côté de l'œsophage, sans embrasser l'intestin dans ses nombreux lobules; on ne voit même à l'ouverture de l'abdomen que la simple bride qui les réunit, et qui passe sous le diaphragme. L'intestin est assez large, et ne fait que deux replis. La vessie aérienne est double, et semblable à celle de nos cyprins.

Cette description est faite d'après deux individus entièrement semblables et de même taille, l'un envoyé de Philadelphie par M. Lesueur, et l'autre pris dans le lac Owaska et envoyé par M. Milbert. Ils sont longs de trois pouces.

M. Lesueur a découvert cette espèce dans la petite rivière Pipe de l'État de Maryland : on la nomme *Little Sucker*. Ce n'est pas cependant l'organisation des catostomes, quoique son nom vulgaire puisse faire supposer que ce poisson en ait quelques habitudes : M. Rafinesque (*loc. cit.*) n'en parle que d'après M. Lesueur.

*L'*Exoglosse macroptère.

(*Exoglossum macropterum*, Rafin.[1])

Je n'ai pas vu cette espèce, et l'on peut regretter que la description de M. Rafinesque soit un peu trop vague et le dessin pas assez caractérisé pour faire bien connaître ce petit poisson.

Il a la tête presque carrée; le front tronqué, tuberculeux; la bouche protractile, sous un museau court et obtus; la lèvre inférieure à cinq lobes; elle est pyramidale; l'iris est grand et doré; la dorsale est plus près de la tête que de la queue; l'anale atteint à la caudale, qui est fourchue; la pectorale est lancéolée, et atteint à la ventrale. Celle-ci est insérée presque au milieu de l'intervalle entre elle et l'anus; mais elle n'y touche pas quand elle replie.

D. 12; A. 10; C. 20; P. 12.

Les écailles sont très-petites. La couleur, argentée, est variée de noirâtre, et le corps est articulé de lignes de cette teinte.

M. Rafinesque a trouvé cette espèce aux chutes de l'Ohio, où on la nomme *Stone toter*, à cause des tubercules pointus de sa tête. C'est un tout petit poisson, long de deux à trois pouces, qui ne sert que d'appât.

---

1. Rafin., *Descript. of three new gen. of fish.*, *Journ. acad. nat. scienc. Phil.*, vol. I, p. 420, n.° 2, pl. 17, fig. 4 (et non fig. 3, comme le dit le texte).

M. Rafinesque dit que cette espèce pourrait être considérée comme le type d'un sous-genre, à cause des cinq lobes de sa lèvre, et pour la dénomination duquel il proposerait le nom d'*Hypentelium*. Les espèces à trois lobes formeraient une seconde section sous le nom de *Maxillingua*. Je n'adopterai pas cette manière de voir. Si la mâchoire inférieure est saillante comme dans notre première espèce, les divisions des lèvres ne peuvent être que des caractères spécifiques.

*L'*Exoglosse a anneau.

(*Exoglossum annulatum*, Rafin.[1])

Cette troisième espèce serait plus voisine de la première que de la seconde, puisqu'elle n'a que trois lobes à la mâchoire inférieure.

Elle a la tête étroite; le front lisse et convexe; la lèvre inférieure trilobée; la dorsale est sur le milieu du dos; la caudale est fourchue; l'anale n'atteint pas à la caudale; la pectorale, elliptique et obtuse, ne touche pas à la ventrale quand elle est repliée; et celle-ci, aiguë et lancéolée, est beaucoup plus près de l'anus que de la tête.

D. 9; A. 9; C. 24; P. 15.

Les écailles sont beaucoup plus grandes que celles des précédentes espèces; la ligne latérale est courbée en dessous; la couleur, généralement olivâtre, est noirâtre sur le dos et sur le sommet de la tête; la nuque et les opercules sont verdâtres. La teinte du corps varie cependant du brun au noir; le ventre est quelquefois blanchâtre. Il y a constamment un anneau noir à la base de la caudale. Les nageoires sont olivâtres.

---

1. Rafin., *Journ. acad. nat. scienc. Philad.*, vol. I, p. 421, n.º 3, pl. 17, fig. 3 (et non fig. 4, comme l'indique le texte).

M. Rafinesque a découvert cette espèce au mois de Juin 1817, dans Fishkill, qui se jette dans l'Hudson au-dessus des Highlands. La longueur varie de trois à six pouces. C'est un poisson très-commun, que l'on mange et que l'on appelle *Black-chub,* nom que l'on donne à beaucoup d'espèces aux États-Unis.

L'Exoglosse noiratre.

(*Exoglossum nigrescens,* Rafin.)

L'auteur n'a pas pris le dessin de cette espèce.

La tête est courte; le front lisse et convexe; la lèvre inférieure trilobée; la dorsale sur le milieu du dos; la pectorale courte, ovale; la caudale peu fourchue; la ligne latérale presque droite. Le corps est noirâtre, et cette teinte s'étend sur les nageoires. Il n'y a pas d'anneau à la base de la caudale.

La longueur varie de deux à huit pouces; on le mange et on le confond avec le précédent sous le même nom de *Black-chub.*

M. Rafinesque a découvert cette espèce dans le lac Champlain en 1806, mais alors il la confondait avec le *Cyprinus melanotus* de l'Hudson.

M. Richardson a cité cette description dans son *Fauna borealis americana,* t. III, p. 122, mais il n'a pas vu cette petite espèce de poisson.

L'Exoglosse spinicéphale.

(*Exoglossum spinicephalum,* nob.)

Je crois que l'on peut encore placer à la suite de ce genre un petit poisson découvert dans le Wabash par M. Lesueur, et que cet infatigable naturaliste a envoyé au

Cabinet du Roi sous le nom de *Leuciscus spinicephalus*.

Les nombreux tubercules dont la tête est hérissée, la manière dont la bouche est bordée par des maxillaires grêles non aplatis ni dilatés aux extrémités, et par des intermaxillaires courts, semble justifier ce rapprochement. Cependant, comme mes individus sont desséchés, je ne vois pas assez bien la forme de la mâchoire inférieure pour être parfaitement sûr de cette détermination.

Ce sont d'ailleurs des petits cyprinoïdes

à tête courte, comprise plus de six fois dans la longueur du tronc, dont la hauteur est du quart de la longueur totale. La dorsale est très-petite, l'anale plus étendue, la pectorale pointue.

D. 7; A. 9, etc.

Les écailles sont lisses, au nombre de trente-cinq à trente-six rangées sur le côté. Le dos est verdâtre; le reste du corps argenté.

Les individus ont quatre pouces.

SUPPLÉMENT

AU VOLUME XVI ET AU VOLUME XVII.

Pour terminer le travail que je viens de faire sur la première section des cyprinoïdes, et pour insérer tout ce qui est venu à ma connaissance pendant la rédaction de ce volume, je vais ici donner en supplément la description d'une espèce du Nil que M. Ruppel a décrite dans ses Observations sur les poissons de ce fleuve, et que je n'avais pas cru devoir d'abord placer dans le genre des Labéons; mais depuis je me suis convaincu de la réalité de ce rapprochement.

Au volume XVI, p. 264, après l'article du Labéon selte (*Labeo selti*), ajoutez

Le Labéon beso.

(*Labeo varicorhinus*, nob.)

M. Ruppel, observant avec surprise ces tubercules cartilagineux ou cornés sur la partie antérieure du museau d'un labéon du Nil, et ne se rappelant pas sans doute la généralité de cette production dans tous les cyprinoïdes et surtout dans les ables, avait cru que la présence de ces tubercules sur l'extrémité du museau était suffisante pour distinguer génériquement des autres labéons le poisson qu'il observait, et il exprima ce qu'il notait comme diagnose saillante du nouveau genre par la dénomination de *Varicorhinus*.[1]

---

1. Rupp., *über neue Nilf.*, p. 20, pl. III, fig. 2.

Lorsque j'ai rédigé l'article des labéons, je ne consultai à tort que la figure gravée dans le Mémoire de M. Ruppel, et ne voyant pas de barbillons à l'extrémité du museau, je crus que le poisson n'appartenait pas aux labéons, et par suite de cette méprise, je pensais que l'espèce nouvelle, décrite par le savant de Francfort, devait être rapprochée de mon *Leuciscus apiatus.* En étudiant de nouveau cette espèce pour lui faire prendre place dans le genre des Ables, je relus avec plus de soin la description de M. Ruppel et je reconnus alors mon erreur; car l'auteur dit qu'il y a des petits barbillons à l'angle des maxillaires comme dans les labéons.

C'est pour réparer cette faute que je place dans le supplément la description de M. Ruppel, et je laisse à cette espèce de labéon comme nom spécifique, la dénomination que ce naturaliste avait composée pour nommer le genre nouveau dont il proposait l'établissement.

Le *Beso* a le corps alongé, elliptique ; la tête, arrondie, du cinquième de la longueur du corps, la caudale non comprise. La courbe du profil du dos et du ventre passant par le museau, a la figure d'une parabole, et de la mâchoire inférieure à la fin de l'anale, la courbe du profil est en segment d'arc de cercle. M. Ruppel compte trente et une ou trente-deux écailles le long de la ligne latérale; l'anale est courte; la caudale fourchue; la dorsale peu étendue, mais plus longue et plus haute que la nageoire de l'anus.

D. 13; A. 7; C. 19 3/3; P. 11; V. 9.

La couleur du corps est un bleu verdâtre, et à la base de chaque écaille il y a une strie verticale bleue.

M. Ruppel fait observer que les verrues du bout du museau sont plus grosses dans les mâles que dans les femelles.

L'intestin ressemble, par ses circonvolutions, à celui des autres labéons.

Ce poisson a été vu sur le marché de Goraza au mois de Février, où on le vend sous le nom vulgaire de *beso*.

Les individus ne paraissent pas dépasser quinze pouces.

———

Au volume XVII, p. 238, après l'Able de Storer, il faut placer cette description.

L'Able alongé.

(*Leuciscus elongatus*, nob.)

M. Lesueur a donné au Cabinet du Roi un petit able du Wabash

qui ressemble à une ablette, dont la tête, large en dessus et aplatie, est un peu plus longue que la hauteur du tronc, ou quatre fois et demie dans la longueur totale. Les écailles sont petites : j'en compte soixante-quinze entre l'ouïe et la caudale. La dorsale est reculée comme dans l'ablette.

D. 9; A. 8, etc.

Le corps est argenté, avec une ligne bleuâtre longitudinale.

Nos individus sont longs de quatre pouces.

M. Lesueur avait nommé cette espèce *alburnoides elongatus*. Il avait donc l'intention de séparer ces poissons des autres cyprins, mais je ne vois pas sur les individus desséchés sur quels caractères il se fondait pour établir le genre ALBURNOÏDE.

Au volume XVII, page 264, après l'article du *Leuciscus apiatus*,
il faut ajouter :

M. Gray a donné, dans les Illustrations de la zoologie
indienne du major-général Hardwick, sous le nom de
Cyprinus chedra de Hamilton Buchanan, la figure d'un
poisson à museau percé de pores très-nombreux qui se
rapproche du précédent. Il ne peut être de la même
espèce, mais ne l'ayant pas vu, je n'ose me prononcer
sur leur identité.

———

J'aurais placé à la fin du genre Chondrostome le poisson
suivant, si la description de Pallas ou de M. Tilesius n'eût
laissé moins d'incertitude; mais n'ayant pas vu cette espèce
et n'en ayant qu'une idée fort vague, j'ai préféré mettre
hors de rang, à la fin du volume, la description suivante,
extraite de Pallas.

Le Chondrostome labéon.

(*Chondrostoma labeo*, nob.)

Il me paraît que le poisson décrit et figuré par Pallas [1]
sous le nom de *Cyprinus labeo*, et qui a été introduit
sous cette dénomination dans le *Systema naturæ*, doit
être un chondrostome. Pallas, cependant, ne s'exprime
pas d'une manière assez nette sur la nature des lèvres
pour décider la question, et la figure de la bouche, don-

---

1 Pallas, *Nov. act. Petropol.*, vol. I, p. 355, pl. XI, fig. 8 et 9, 1783, et
Faun. ross. as., III, p. 305.

née à côté du profil du poisson, ne peut donner aucun éclaircissement.

C'est un poisson à tête grosse, épaisse, dont le vertex est plat. Le museau est conique, obtus, charnu, saillant au-devant de la mâchoire inférieure. La bouche sous le museau est lisse, protractile, grande, arquée, bordée de lèvres épaisses et charnues, d'une très-grande ressemblance avec le nez (*similitudo notabilis cum cypr. naso*). Les yeux sont grands, éloignés du bout du museau, presque sur le dessus de la tête. Le corps est oblong, épais, comprimé, à ventre arrondi. La dorsale, cendrée, rembrunie, a le premier rayon très-épais, osseux, triangulaire, lisse, sillonné au-devant; la caudale est fourchue.

D. 3; A. 7; C. 19; P. 19; V. 9.

Les écailles sont grandes; la ligne latérale est un peu arquée par le milieu du corps; la couleur, brillante sur le dos, est bleuâtre mêlée de brun; les côtés sont argentées et le ventre blanc mat; les pectorales, les ventrales et l'anale sont rouges; la base des ventrales est blanchâtre; la dorsale et la caudale sont cendré foncé.

L'individu décrit par Pallas est d'un pied deux pouces six lignes, et le poids était d'une livre trois quarts de Russie.

Pallas a d'abord observé cette espèce dans les fleuves de la Daourie, qui descendent vers le fleuve Amour. Cet illustre savant a depuis confondu avec cette espèce un autre poisson des fleuves de la Sibérie orientale, et sur lesquels M. Tilesius a appelé l'attention des naturalistes. Ce dernier m'a paru une espèce du genre des Catostomes dont j'ai parlé à son chapitre. Il résulte de cette confusion que je ne sais plus si tout ce que rapporte Pallas des habitudes et des mœurs de son *Cyprinus labeo* est bien en effet du chondrostome, ou doit être attribué au catostome. Ce qu'il y a de certain, c'est que le chon-

drostome de la Daourie nage avec une grande rapidité,
que les Russes l'appellent, à cause de cette rapidité, *kòn*,
ce qui veut dire cheval, et que sa chair, de bon goût, est
estimée.

FIN DU TOME DIX-SEPTIÈME.

AVIS AU RELIEUR

POUR PLACER LES PLANCHES.

---

* *NB.* Le nom de *Leuciscus Duvaucelii* se trouve répété une seconde fois par erreur, aussi je change le nom de l'espèce, que j'ai voulu dédier à M. Alfred Duvaucel en celui de *Leuciscus Alfredianus*.

** *NB.* C'est par erreur que cette espèce a conservé le nom de *Leuciscus clupeoides*, que je croyais pouvoir lui donner ; il faut le nommer L'ABLE DE DUSSUMIER, *Leuciscus Dussumieri*.